W0222541

LIEPMANN · JÄGER SIND GLÜCKLICHE MENSCHEN

HANS LIEPMANN

JÄGER SIND GLÜCKLICHE MENSCHEN

VERLAG J. NEUMANN-NEUDAMM · MELSUNGEN

Das Werk illustrierte Hannes Liederley

Die Fotos für den Bildteil und den Deckenbezug stellte
Hans Liepmann zur Verfügung.

CIP-Kurztitelaufnahme der Deutschen Bibliothek

Liepmann, Hans: Jäger sind glückliche Menschen / Hans Liepmann.
[Das Werk ill. Hannes Liederley].
2. Aufl. – Melsungen: Neumann-Neudamm, 1983.
ISBN 3-7888-0411-4

2. Auflage 1983

© Verlag J. Neumann-Neudamm, Melsungen.

Alle Rechte, vor allem die der Übersetzung, des Nachdruckes, der Verwendung von Abbildungen, der Funk- und Fernsehübertragung, der fotomechanischen Wiedergabe oder der Kopie auf anderem Wege sowie der Speicherung in Datenverarbeitungsanlagen, bleiben, auch bei teilweiser Verwertung, vorbehalten. Bei Vervielfältigungsstücken nach § 54 UrhG ist an den Verlag die entsprechende Vergütung zu entrichten.

Die Lithos zu den Abbildungen im Bildteil lieferte die Firma Druck + Verlag Paul Dierichs + Co. KG, Kassel. Satz und Druck besorgte die Firma Werbedruck Schreckhase KG, Spangenberg.

Die Buchbinderarbeiten übernahm die Buchbinderei Freitag & Co. KG, Kassel.

1

Der auf der Winkelmühle residierende Hofmeister erging sich in trüben Prophezeiungen: „Die verdammten Schweine . . .“ Im Verlorenen Paradies am Eichenhochsitz sollten zwei Mor= gen Kartoffeln gesteckt werden. Sie waren als Wildacker geplant, aber vorerst einmal zu gedeihlichem Wachsen be= stimmt. Ich mußte mich um die unverschämt gewordenen Sauen kümmern.
Ich meinte, den Besorgten mit gutem Gewissen beruhigen zu können: „Die buddeln immer nur ein bißchen am Vorge= wende.“
Damit behielt ich nur bedingt recht. Sie nahmen sich zwar, wie vorausgesehen, der Vorgewende an, aber auch alles dessen, was dazwischen lag. Noch heute lehne ich aus Über= zeugung jedes Greuelmärchen vom Total=Wildschaden ab. Niemals ist es tatsächlich so schlimm, wie es lamentierend geschildert wird; fast niemals. Dieser unglückselige Acker neben dem Eichensitz ist der einzige mir bekannte Fall ge= blieben, bei dem man bedrückt von hundertprozentiger Ver= wüstung sprechen mußte. Natürlich blieben noch Pflanz= kartoffeln in der Erde. Alles jedoch war so um und dumm gewühlt, daß jede fernere Bearbeitung unmöglich erschien.
Der Besitzer, dem wir den ehrenden Beinamen ‚der Landgraf‘ verliehen hatten, bestimmte: „Einen Überläufer=Keiler schie= ßen und neu pflanzen.“
Als die Sauen neben dem Eichensitz die Kartoffeln ausbud= delten, die erst wachsen sollten, hatte ich noch keine optische Eselsbrücke auf meinem Drilling. Dieses Mal wurde ich vom Hofmeister beruhigt: „Die ersten vier kommen Schlag halbneun, wenn es noch ganz hell ist.“
Der Hochsitz stand an einem bezaubernden Erdenfleck. Mit= leidig verhüllten die waagerechten Äste zweier starker Eichen den unschönen Kasten. Später habe ich mir oben auf seinem

Dach einen offenen Sommersitz gezimmert. So saß man ganz frei und konnte ungehindert um sich schauen.
Ein Stück hinter den Eichen jenseits einer schmalen Wiese begann der Staatswald mit hohen Birken und Kiefern, die dort, wo das Bruch anfing, in Erlen übergingen. Man saß mit dem Rücken zur Grenze. Vor dem Harrenden und auf beiden Seiten lagen Winkelmühler Felder und Wiesen. Das von alten Bäumen geschützte Gehöft war 500 Schritt entfernt.
An diesem Tage standen die Hofmeisterleute noch eine Weile neben dem Tor. Man merkte ihnen die Unruhe an, ob ihr so bestimmt angemeldetes Wild nun auch pünktlich erscheinen würde. Dann verschwanden sie, und nichts mehr störte den Abendfrieden.
Aus den Baumkronen erklang verliebtes Taubengebuhl, letztes Finkengeschmetter und das herzergreifend innige Flöten der Amsel. Feuchter Duft von frisch geackerter schwarzer Moorerde stieg auf und vermischte sich mit dem Atem von Gräsern und Kräutern, die sich zum Schlaf rüsteten. Zwei, drei, nein fünf Rehe ästen vertraut und warfen nur ab und an, unter eifrigem Weiterkauen, gewohnheitsmäßig auf. Ein Hase, einmal kugelrund und einmal langgestreckt, rückte ins Feld. Im Hopfwinkel, dicht hinter dem Hof, verkündete ein Fasanenhahn aller Welt, auf welchem Baume er sich zur Nacht eingeschwungen habe. Zu weit entfernt, um von mir gesehen zu werden, strich ein Reiher zum Fluß. Nur sein rauher Ruf grüßte: ‚Rho! Rho!'.
Da kamen sie angetrollt, die Sauen.
Ohne lange vorher anmeldendes, weit entferntes, kaum erst vernehmliches Dürrastknacken, ohne sorglich=sorgendes Sichern am Bestandesrand, unbekümmert, als könnte ihnen nichts Schlimmes zustoßen, trollten die drei ersten auf das lockende Kartoffelstück zu, flüchtete der letzte, aus unbekanntem Grund zurückgebliebene, mit den steifen, hölzernen Bewegungen eines Schaukelpferdes hinterher.

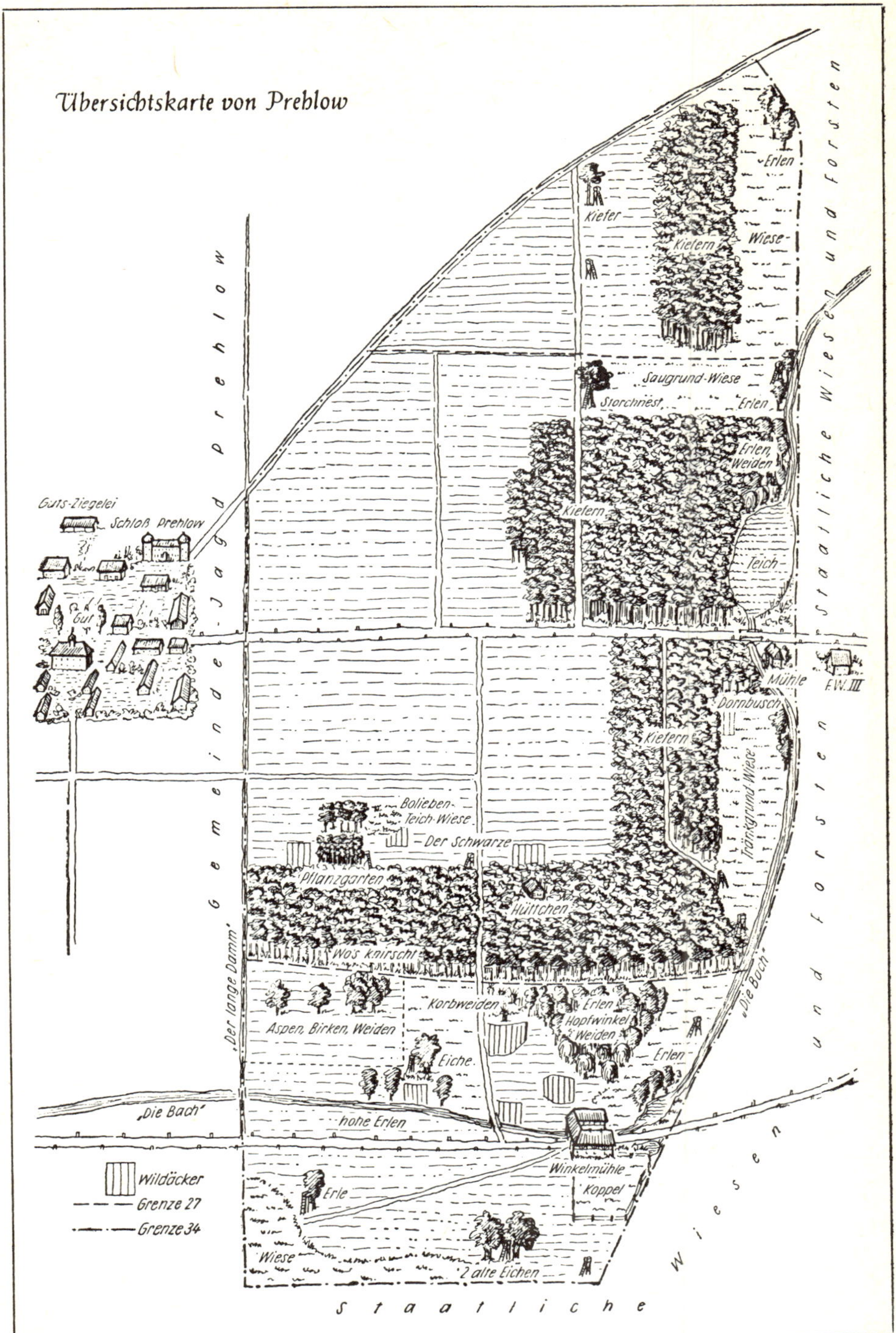

Übersichtskarte von Prehlow
Gemeinde-Jagd Prehlow
Staatliche Wiesen und Forsten
Staatliche Wiesen und Forsten
Guts-Ziegelei
Schloß Prehlow
Gut
Erlen
Kiefer
Kiefern
Wiese
Saugrund-Wiese
Storchnest
Erlen
Erlen, Weiden
Kiefern
Teich
Mühle
F.W. III
Dornbusch
Kiefern
Tränkgrund-Wiese
Bolieben-Teich-Wiese
Der Schwarze
Pflanzgarten
Hüttchen
Wo's knirscht
„Der lange Damm"
„Die Bach"
Korbweiden
Erlen
Hopfwinkel
Weiden
Aspen, Birken, Weiden
Eiche
Erlen
„Die Bach"
hohe Erlen
Winkelmühle
Koppel
Erle
Wiese
2 alte Eichen
Wildäcker
Grenze 27
Grenze 34

Es war kurz vor halb neun; das Schußlicht reichte aus, auch wenn die Hilfe des Zielfernrohres fehlte. Weisungsgemäß suchte ich einen Überläufer-Keiler aus, um die zukünftigen Begründerinnen eines reviertreuen Schwarzwildbestandes zu schonen.
Er lag mit gellem Aufklagen, noch ein wenig schlegelnd und zappelnd, im Feuer und verendete gleich danach.
Betrüblicherweise ließ man mir zu ehrfürchtig-feierlicher Totenwache keine Zeit. Noch hatte ich meine Siebensachen nicht zusammengepackt, geschweige denn die 13 oder 14 Leitersprossen bewältigt, als schon das Hofmeisterpaar schnaufend, aber augenscheinlich höchst zufrieden, daß sich ihre Voraussage mit meinem Schuß glücklich vereint hatte, nebst etlichen halberwachsenen Kindern aus dem Gehöft schwärmte. In einer Gangart, die jener der Überläuferrotte nicht einmal so unähnlich war, kamen sie unter aufgeregtem Schwatzen, Lachen und Quietschen angetrollt. So wurde das böse Tier gemeinsam bewundert und im Triumph zum Hof geschleppt.
Das würde helfen: Morgen konnten die Kartoffeln ein zweites Mal gesteckt werden.
Es half nur vorübergehend.
Diesen einjährigen, noch unerfahrenen Sauen fehlte alle der Wildart sonst eigene Scheu und Vorsicht. Wahrscheinlich lockte das Kartoffelfeld und später im Jahr der angrenzende Hafer die gelblich-grauen Burschen zu unwiderstehlich, steckten sie doch nur wenige hundert Schritte entfernt in Risch und Rohr und Rankengewirr.
Da die Sauen uns bald wieder Abend für Abend besuchten, erhielt ich weitere Abschußerlaubnis. So beförderte ich in diesem Vorsommer insgesamt fünf Überläufer mit fünf Kugeln vom kartoffelknautschenden und milchhaferschlabbernden Leben zum Tode.
Die beiden letzten waren sogar weiblichen Geschlechtes.

In wohlbegründeten Reden vermochte ich den Landgraf davon zu überzeugen, daß man im stehenden Getreide noch viel weniger die Keilerchen aussuchen könne als zu anderen Jahreszeiten und daß solche ängstliche Vorsicht, nach dem derzeitigen Bestand zu urteilen, kaum noch nötig erscheine.
Der letzte fünfzigpfündige, also nicht besonders gewichtige Überläufer eröffnete die Reihe der drei oder vier schwarz=weißen Sauen, die ich auf der Winkelmühle schoß. Die be=fremdlich=häßliche Farbabweichung konnte nicht geklärt werden. Nirgends wurden zahme Schweine im Wald ge=hütet. Demnach möchte ich an die Folgen unstandesgemäßer Heiraten nicht glauben. Mit Mißbehagen erinnere ich mich eines Sommerabends, als es im letzten Licht plötzlich schwarzweiß über die Staatswiesen flüchtete. Wildernde Hunde! war mein erster Gedanke. Es waren aber drei ge=

ringe Sauen, die mit ihrer scheckigen Schwarte keinen besonders ‚urigen' Anblick boten. Doch wurden die Fehlfarben mit der Zeit seltener; vielleicht half der bevorzugte Abschuß. Die Erlegung der fünf Stücke mit fünf Kugeln, ohne daß eine Nachsuche erforderlich wurde, sei ohne allzu große Selbstgefälligkeit vermerkt. Sie war keine schießtechnische Heldentat, sondern die Folge der einfachen Jagdart. Ich schoß vom Hochsitz aus mit aufgelegtem Gewehr und suchte das Ziel, wo Blatt und Hals zusammenstoßen. An dieser Stelle macht die dreifingerbreite Wirbelsäule einen Bogen nach unten. Dort getroffene Sauen verenden augenblicklich. Erst Jahre später gab ich das gefährliche Erzirkeln dieses hasenkopfkleinen Zieles auf.

In den nächsten Jahren erlegte ich auf der Winkelmühle einunddreißig Sauen; einen Überläufer schoß ich krank und konnte ihn trotz eifriger Nachsuche nicht finden.

Ich kam von vergeblichem Ansitz zurück. Da sah ich dicht neben dem Hof in den Koppeln drei dunkle Schatten: Sauen. Wenn auch bei schlechtem Licht, so schoß ich doch. Die Rotte stürmte durch den Zaun davon, daß der starke, untereinander verknotete Langdraht aufgellend riß.

Am andern Morgen fand ich nur spärliche Schußzeichen. Sie gaben mir über den Sitz der Kugel keine verläßliche Auskunft. Auf der 400 Schritt weiten Folge bis zum Bruch lag aber ein Klümpchen Weiß. Lediglich aus diesem Fund schloß ich auf eine schwere Verletzung.

Deswegen ging ich sofort zur Försterei Torfhaus. Der als Beamter, Jäger und Nachbar gleichermaßen vortreffliche Hausherr war anwesend. Gemeinsam suchten wir nach. Meine Dackeline Bautz, infolge ihrer alten Rückgratverletzung angenehm langsam, lief frei nebenher. Ihren damals einjährigen Neffen Poopitz, den ich nur auf Schweiß arbeiten wollte, führte ich am langen Riemen.

Unsere Nachsuche führte stichgerade ins Bruch hinein. Woll=

ten wir uns nicht die Stiefel vollfüllen, mußten wir bald Pfütze nach Pfütze umrunden und von Erlenstubben zu Erlenstubben springen. Wir hielten aber die richtige Fährte. Immer wieder bewies es ein geringes und doch so bedeutungsvolles Zeichen. Die Hunde arbeiteten eifrig und zuversichtlich. Es mochte ja auch nicht schwierig sein, der Wundfährte einer Sau zu folgen, deren Witterung an einigen Stellen sogar durch die weit stumpfere menschliche Nase wahrgenommen werden konnte.

Mindestens 500 Schritt waren wir schon vorgedrungen, als die Reise in dichtes Schilf hineinführte. Hier wurde es so naß, daß ich erst einmal stehen blieb. Außerdem schwankte der Boden unsympathisch unter den Füßen. In diesem Augenblick rauschten Sauen vor uns weg. In wilder Fahrt knickten sie die herbstdürren Halme und plantschten durch tiefes Wasser.

Ohne ein Wort der Erklärung sauste mein guter Förster in ähnlichem Eiltempo auf dem nächsten Damm davon. Raste einfach davon ...

Natürlich hätte ich jetzt die Hunde hinterherschicken müssen. Bei meinen beiden zierlichen, auch, was Nässe und Kälte anbetraf, empfindlichen Kurzhaardackeln war das aber unmöglich. Die kamen in dem unwegsamen Gelände kaum schneller vorwärts als ein Mensch.

Also blieb mir nichts anderes übrig als zu warten.

Eine Viertelstunde verging, eine halbe Stunde. Nichts. Schweigen. Hohe Erlen. Kümmernde Kiefern. Schilf. Rohr. Graskaupen. Zwanzig Schritt Sicht. Schweigen. Nur ein unsichtbarer Vogel, dessen Namen ich nicht wußte, stieß seinen leise klagenden Ruf aus; unablässig den gleichen klagenden Ruf. Nach schier unendlicher Wartezeit — so lächerlich es klingt: mir war schon richtig bänglich zu Mute — kam der Förster zurück. Vergeblich hatte er versucht, einen ihm bekannten Fernwechsel zu erreichen. Die Sauen waren schon

durch; in ein Gelände hinein, das nur bei anhaltend strengem Frost betreten werden konnte.
Aus.
Wir brachen die Nachsuche ab. Der Sitz des Schusses und das Schicksal des kranken Stückes blieben ungewiß. — — —
Dieses traurige Vorkommnis war die Folge eines nachts abgegebenen Schusses. Leider gestattete es die Ungunst der Verhältnisse mir nie, einzig bei Tageslicht zu jagen. Ein oftmals erstaunlich hoher Abschußsoll konnte nur erfüllt werden, wenn — selbstverständlich mit Wissen und Billigung des Kreisjägermeisters — auch die Mondnächte hinzugenommen wurden. Wobei nur nebenbei festgestellt sei, daß bei gutem Mondschein im freien Feld weit bessere Sichtverhältnisse bestehen als in der Dämmerung im Walde — anderthalb Stunden nach Sonnenuntergang!
Höre ich heute den Meinungsstreit über die Nachtjagd, muß ich unwillkürlich an eine schwierige, gefahrenreiche und heimtückische Straße denken, auf der zahlreiche, teilweise entsetzliche Verkehrsunfälle vorkommen. Ehe kein annehmbarer Umgehungsweg gefunden ist, gibt es zwei Möglichkeiten:
Die Straße wird für den allgemeinen Verkehr gesperrt und nur einigen Auserwählten Sondererlaubnis zu ihrer Benutzung erteilt.
Oder: Alle Fahrer werden mit unnachsichtlicher Einziehung ihres Führerscheines bedroht, wenn sie nicht ganz besondere Vorsicht und Beherrschung walten lassen.
Am günstigsten wäre es natürlich, wenn die Autofahrer einen eigenen Gerichtshof besäßen, der fachkundig und deswegen gerecht über Versehen oder Vergehen urteilen würde.
Das folgende Kapitel wurde zu einer Zeit geschrieben, in der ein rechter Niederwild-Heger glaubte, die Greifvögel kurz halten zu müssen.

2

Sehr gern möchte ich wissen, was ich mit dem Uhu falsch gemacht habe.

Die ersten Male fing ich mir sehr zaghaft den knappenden und fauchenden Burschen mit den bedrohlich gespreizten Fängen, die unangenehm nach Blutvergiftung aussahen, aus seinem geräumigen Käfig heraus und steckte ihn in den weidengeflochtenen Tragekorb. Der mit aufgeschütteltem Gefieder großmächtig wirkende Kerl war vor geraumer Zeit beschafft worden. Zu seiner Atzung lieferte die ausgedehnte Prehlower Hühnerhaltung immer wieder einige Hinkel, die mit trübem Auge, blassem Kamm, lebensmüde erschienen. Esther war mit seiner Wartung betraut; Esther, die fast perfekte Gutssekretärin, die allem Getier hingebungsvoll zugetane junge Dame, der gute Kamerad, mit dem man Pferde stehlen konnte.

Auf der Quelle, der einstigen Grenzwiese zwischen Prehlow und der Winkelmühle, war eine praktische Krähenhütte gebaut worden, so, wie sie sein soll; halb in der Erde verborgen, halb aus ihr herausragend. Ein hinter ihr stehender niedriger Kiefernbusch nahm der Anlage den letzten Rest von Auffälligkeit. Die Bank war bequem. Durch niedrige, breite Schießluken sah man die in guter Schußentfernung aufgestellte Jule.

Hier habe ich oft die Hüttenjagd versucht. Öfter noch wechselte ich den Schauplatz. Über das ganze Revier verteilt standen seit Jahr und Tag geschlossene Hochsitze. Sie mußten den zu überlistenden Vögeln unverdächtig erscheinen. Vor ihnen pflockte ich den Uhu an.

Nun konnten sie kommen, die ‚Raubvögel'. Vergebung! das ist vielen eine schlecht in den Ohren klingende Bezeichnung. Voll redlichen Willens fand man den Begriff ‚Greifvogel'. Ich halte es für selbstverständlich, daß sich Vögel mit kräftig

gekrümmtem Schnabel und gefährlich scharfen Fängen nicht von Kartoffelkäfern und Unkrautsamen ernähren können, sondern größere Tiere erjagen müssen. Auch wenn sie dadurch gelegentlich meine Konkurrenten wurden, ließ ich Neid und Haß nicht an mich heran. Deswegen gebrauche ich den Ausdruck Raubvogel weiter, ohne sie schmähen zu wollen; sage ich doch auch Raubwild und meine damit so liebenswerte Tiere wie Fuchs — Marder — Otter.

Meine ganze Hüttenjägerei war leider ein kümmerlicher Reinfall. Die Strecke zweier Jahre betrug: Habichte = null, Krähen = null, Elstern, die in Prehlow selten waren, = eine; auf weite Entfernung mit dem Kleinkaliber geschnappt. Bussarde = zwanzig.

Ja, zum Donner! ich halte mir einen lebenden Uhu doch nicht, um die langweiligen Piu-Piu-Schreier runterzukartätschen! Diese Art von Hege machte ich nicht lange mit. So wurde die große Eule verkauft. In Zukunft ging ich eigene Wege.

Will man Fasanen halten, darf man den Habicht nicht dulden. Das ist nicht seine Schuld. Schuld ist die Dummheit der Gockel und Gockelinen.

Ach! ich bin ein unbequemer Querkopf, angefüllt mit Zweifeln und Widerspruchs-Gelüsten. Niemals gelang es mir, wie anderen Waidmännern, einen Habicht auch nur in die Nähe meines Buhus zu bekommen. Ferner erlebte ich es niemals, daß Palumbarius pflichtgemäß eine Krähe schlug. Er schlug Fasanen, schlug Karnickel. Unsere Krähen waren aber so hartgesotten, daß sie den Spieß umdrehten und jedesmal, sobald er sich blicken ließ, mit wüstem Gezeter hinter ihm her waren.

Aus zahlreichen einwandfreien Berichten weiß ich, wie einseitig meine Beobachtungen sind. Aber ich kann sie nicht verleugnen. Weil andere anders darüber schreiben, darf ich meine Erlebnisse nicht umfärben, auch wenn sie sich dann glatter und gefälliger anhören würden.

Im Hopfwinkel sollten die Fasanen so intensiv, wie es ohne künstliche Aufzucht möglich war, gehegt werden. Wie dem Fasanenfeind Nr. 1 beizukommen wäre, lehrte mich ein Zufall. Im kommenden Winter schien die Sonne bei schneidender Kälte auf eine geschlossene Schneedecke. An jedem Nachmittag mausten ein bis zwei Füchse jenseits vom Verlorenen Paradies, der südlichsten Winkelmühler Länderei, auf den staatlichen Wiesen.

Damals wirkte auf mich ein Fuchs, dem ich auf fünfhundert Schritt stundenlang zusah, ohne ihm etwas zuleide tun zu können, namenlos verbitternd. Ich reizte, bis mir die Lippen wund wurden, die Spucke alle war und der Hals wehtat. Umsonst! Bestenfalls warf er mir einen höflich-gelangweilten Blick zu. I c h reizte, nachdem ich es in zwanzigjähriger mühevoller Anstrengung ohne Lehrmeister gelernt hatte, und die Begehrten mausten seelenruhig weiter. Ja, einer zog sich sogar standartewedelnd ins Holz zurück!

Verbittertsein ist für meinen Gemütszustand ein zu schwächlicher Ausdruck. Vergrämt war ich wie ein Feisthirsch, in dessen Tageseinstand ein Tollpatsch blindwütig hinein-

gestolpert ist; vergrämt wie ein Jüngling, der die Angebetene tändelnderweise auf dem Schoß des Nebenbuhlers erblickt.
Deswegen beschloß ich einen Geniestreich.
Zu diesem Zweck fing ich einen der halbzahmen Winkelmühler Hochbrutflugerpel mit tückisch hingestreutem Futter, steckte den anhaltend und anklagend Paakenden in den Rucksack, band ihm draußen schmerzfrei=lose eine Strippe um den Flügel und pflockte ihn zwanzig Schritt vor der geschlossenen Bachkanzel an. Das müßte doch nicht mit rechten Dingen zugehen, wenn die Füchse über einem offensichtlich behindert im Schnee umherwatschelnden Erpel ihre verdammten Mäuse nicht im Stiche ließen!
Es kam aber kein Fuchs, nicht ein einziger. Es kam etwas ganz anderes.
Plötzlich strich ein dunkler Schatten auf meinen trotz seiner Kordel harmlos vergnügten Erpel zu, drei Meter über der Erde, reißendschnell. Ich war noch schneller. Kurz über dem im letzten Augenblick entsetzt um Hilfe rufenden Enterich – ‚paak! paak! paaaak!' – schoß ich den Habicht.
Das war ja ein tolles Stück, mir meinen Fuchsköder schlagen zu wollen!
Eine Stunde später erlebte ich das gleiche ein zweites Mal. Da erfolgte der Angriff allerdings so gedankenschnell, daß sich der graue Tod im grün=blau=grauen Leben verkrallte, bevor ich abdrücken konnte. Beide zusammen, den wild Heranstürmenden und den hilflos sich Duckenden, trafen die Schrote.
Damals hatte ich erst einige wenige Habichte geschossen. Jetzt lagen zwei im Schnee; edel, kraftvoll, harmonisch geschaffen, bewunderungswürdig schön lagen sie im Schnee.
Wie frohlockte ich über meinen Erfolg, hatte mir doch der Zufall ein Mittel geschenkt, den Fasanenfeind Nr. 1 auf anständige Art zu töten, das allen kundigen Hegern bislang verborgen geblieben war.

Ob man Habichte schießen oder schonen will, ist eine Frage, die gewissenhaft und ruhigen Blutes erwogen werden muß. Über das Für und Wider steht mehr als genug in den Jagdzeitschriften nachzulesen. Die örtlichen Verhältnisse haben zu entscheiden. Auf der Winkelmühle mußte ich sie verfolgen oder auf die Fasanen verzichten. Später, als ich Gollin kaufte, wo ich alljährlich mehr Kugel= als Schrotschüsse abgab, ließ ich ihnen ihr schönes, kühnes, kraftvolles Leben.
Meine neue Jagdart wurde so fortentwickelt, daß ich jeden bestätigten Habicht in wenigen Tagen zur Strecke brachte. Sah ich in Zukunft, meist in der Dämmerstunde, den grauen Tod um die Schonungsecke gleiten, wie er auf lautlosen Schwingen mit gedrungenem Körper und die Flugrichtung lenkendem Langstoß auf seine Beute zuschoß, dann setzte ich mich anderntags zur gleichen Stunde in der Nähe gut gedeckt an. Vor mir trippelte ein getüdertes weißes Hähnchen; die waren auf die Dauer leichter zu beschaffen als Erpel. Keines Falles entsinne ich mich, in dem ich öfter als zweimal vergeblich warten mußte. — — —

Außerdem baute ich zwei Habichtsfänge; einen im Hopf=winkel, den anderen am Pflanzgarten, unserer besten Kar=nickelschonung. Von schwachen Rundhölzern wurde ein Würfel hergestellt, dessen Seitenlänge einen guten Meter betrug. Den umkleidete ich mit Maschendraht. Durch eine waagerechte Bahn war unten ein Käfig abgeteilt, in dem das bedauernswerte Hähnchen Futter pickte, trank und sein Schicksal erwartete. Einer möglichst einfachen Bauart zuliebe besaß mein Löwenkäfig nur einen Klappdeckel wie eine Zigarrenkiste. Der wurde im schrägen Winkel durch ein Stöckchen aufgesperrt, an dem unten ein halbes Dutzend dünne Schnüre spinnetzartig angeknotet waren. Diese simple Einrichtung genügte vollkommen. Der Angreifer kletterte von oben in die Falle, der mit zwei Ziegelsteinen beschwerte Deckel klappte zu und das Martyrium des Hähnchens be=gann. Da ich kein Tierpsychologe bin, kann ich es nicht genau abschätzen, aber ich fürchte, daß sich das Ködertier arg ängstigte.

Es gibt Konstruktionen, bei denen sich ein Ausfallpförtchen

öffnet, sobald der Fang geglückt ist. Derart kann die Taube, die ja meist gewählt wird, entfliehen. Meinen Hähnchen hätte es wenig genützt. Die waren zu haustierhaft=unselb= ständig, um sich zum Hof zurückzufinden. Ich habe es bei einem erlebt, das mir entwetzt war. Ein paar Tage sah ich es noch in der Gegend umherirren. Zu seinem Unheil ließ es sich nicht fangen. Dann kündeten verstreute Federn von seinem betrüblichen Ende.

In meinen beiden Anlagen fing ich verschiedene Habichte, aber niemals andere ‚Raub'vögel. Einmal, im Pflanzgarten, war ein faustgroßes Loch in den Draht gebohrt. Mein Hinkel fehlte. Ich konnte nicht abspüren, hätte aber auf einen Marder geschworen. Bei einem ähnlichen Versuch, dem Täter im Winter auf die Schliche zu kommen, blieb mein Bemühen, trotz tückisch gelegten Eisens, erfolglos.

Der Fang ist gut, möchte man die Habichte unversehrt in seine Gewalt bekommen, um sie als Beizvögel zu verwenden. Will man sie zum Nutzen der Fasanen abtun, dann lobe ich mir eine Flintenjagd, bei der das Ködertier im selben Augen= blick stirbt, in dem es die furchtbare Gefahr erkennt.

3

Da es unmöglich war, einen klaren Trennungsstrich zwischen Dienst und Freizeit zu machen, pflegte ich nur wenig und un= regelmäßig zu Hause zu sein. Wenn schon geschlafen werden mußte, dann konnte das sommertags ruhig einmal auf einem Hochsitz oder in einer Schonung geschehen. Das sparte unnütze Wege, und böse Menschen wußten nie, in welcher Ecke der böse Mann zur Unzeit auftauchen würde. — — —

Von den 33er Böcken ist nicht viel zu berichten.

Die starken, in sicherm Einstand beheimateten, blieben selbstverständlich am Leben. Im Saugrund schoß ich einen

Sechser mit glatten, grauen Jammerstangen am Eröffnungsmorgen glanzvoll vorbei und am Abend, als er trotz dieser Warnung aus dem Teich gezogen kam, ‚glanzvoll' mit Blattschuß tot. Er war nur dreijährig. Ich hatte ihn für älter gehalten. Irgendwie wirkte er greisenhaft. Aber es lag an seiner Lunge. Mit der stimmte etwas nicht. Sie hatte mehrere gelblich verfärbte Stellen.

Am 15. Juni erlegte ich nach eingehendem Ansprechen, mitten im Revier, dicht vorm Jagdhüttchen, einen geringen Sechser im Bast. Bei hellem Tageslicht pürschte ich den Bock auf neun Schritt an und besah ihn mir von allen Seiten. Dann schoß ich, um eine gute Tat zu tun, obgleich ich mir über seine Jugend durchaus im klaren war.

Wie vermutet, war er einjährig. Um den Pinsel herum fand sich eine entzündete Stelle. Daß solche Sechserchen, die ihr zweites Gehörn geschoben haben und entsprechend spät fegen, der Regel nach zu schonen sind, war mir bekannt. Ob dieser Mitte Juni noch rauhe Bock richtig oder falsch fortgenommen worden ist, darüber maße ich mir auch heute noch kein hieb- und stichfestes Urteil an. Da aber, behutsam geschätzt, eine gute Mandel einwandfrei besserer Böcke vorhanden war, ist sein Abschuß bestimmt kein schwerer Verlust gewesen.

Schließlich schoß ich noch einen recht guten, kaum vereckten und eigenwillig in den Stangen verbogenen Sechser, mit dem auch irgend etwas nicht stimmte. Sein sonderbares Benehmen klärte sich verblüffend auf: Um eine Reihe frisch gepflanzter Ebereschen zu schützen, hatten wir an jedes Stämmchen einen Blechabschnitt gehängt. Der Unbelehrbare trug eine dieser Fege-Verbotstafeln am guten Sisalfaden so ums Gehörn gewürgt, daß sie behindernd und scheuernd zum Licht hinbaumelte. — — —

Den mir im Saugrund oder im Verlorenen Paradies freigegebenen jagdbaren Hirsch bekam ich nicht. Alles Passen und

Pürschen, Harren und Hoffen blieb vergeblich. Dafür ent=schädigten Einladungen zu groß angelegten Hühnerjagden ein wenig.
So lud der Vater meines Triwischer Treuhänders Vetter Jochen und mich im September zur Hühnerjagd ein. Ver=mutlich standen ihm zehn oder zwanzig andere Schützen zur Verfügung, die in den Jahren zuvor den schmackhaften Vögeln nachgestellt hatten und es in den folgenden wieder=um taten. Aber in diesem Herbst ließ er uns beide kommen. Wir fuhren die 30 Kilometer mit der alten in Ostpreußen gezogenen Vollblutstute Hannah. Es war die letzte Reise der über Zwanzigjährigen. Bald darauf mußte sie getötet werden. Unterwegs lockte eine reifende Pflaumenallee. Jochen rupfte im Drunterdurchfahren fleißig und stopfte munter. Ich auch. Ihn allein sah der Pächter.
Er brüllte: „Ich zeige sie an! wegen Diebstahl!"
Jochen verteidigte sich errötend: „Das ist bloß Mundraub!" Er konnte jungfrauenzart erröten.
Der Pächter: „Diebstahl!"
Jochen: „Mundraub! Ich studiere das nämlich!"
Der Pächter: „Strafe zahlen!"
Ich: „Hannah! weiter geht's!"
In Strohwalde jagten wir einen Tag lang zu sechs Schützen und brachten abends 63 Hühner und 4 Karnickel zurück.
Eine Hühnerstreife mit sechs Schützen — eine Suche ist das nicht mehr — mag ich nicht. Nur einmal, vor Jahren auf einem Muldegut, wurde das richtig angepackt. Da waren wir auch unser sechs. Man bildete aber drei Gruppen, von denen jede mit einem Hund in dem ihr zugewiesenen Bezirk für sich allein jagte. Der Landgraf zog mit mir zusammen los; so wurde es für uns nicht nur ein Jagdtag, sondern ein Fang=tag.
In Strohwalde blieben wir leider im geballten Haufen. Ich hatte solche Massendemonstrationen schon einmal auf dem

Zuckerfabriksgut Prenzlau erlebt und blieb bei meiner damals erfundenen und erprobten Methode:
Die Hunde stehen vor. Die Schar der Gewaffneten geht, läuft, rennt dem Schauplatz zu, ganz nach Temperament und Leistungsfähigkeit. Die Hühner purren hoch und fallen in der rollenden Salve oder streichen, noch einmal davon gekommen, ab. Im jagdlichen Voranschlag warte ich, bis die Flintenläufe der andern rauchend oder rauchlos leer geworden sind. Dann erst schieße ich in Gemütsruhe, ganz allein, ein oder zwei Nachzügler herunter. Natürlich konnte es vorkommen, daß die Kette geschlossen aufstand, so daß ich das Nachsehen hatte. Doch war dies immer noch besser, als wenn ich beim Schützenfeuer in Hatz vorbeidonnerte oder mich mit einem halben, möglicherweise sogar nur einem drittel Kompaniehuhn abfinden mußte.
Es ist eine gute Methode! In Strohwalde kamen zum Schluß 20 Hühner auf mich, für die ich 34 Patronen verbraucht hatte.

Anderntags war bei stark fallendem Barometer nichts Jagd=liches mehr vorgesehen. Am Kaffeetisch fand ich nur den Hausherrn bei seinem einfachen Frühstück: Mehlsuppe mit Klütern. Dazu unbelegtes Butterbrot. Er fragte mich, ob ich ihn bei einer Feldfahrt begleiten wolle. Selbstverständlich nahm ich die Aufforderung dankend an.
Unterwegs erzählte der auch in der äußeren Erscheinung imponierende Sechziger: „Als ich so alt war wie Sie, da träumte ich davon, mal einen Hof mit vier Pferden drauf zu haben. Ja. Das war mein Zukunftstraum . . ."
Jetzt bewirtschaftete er die 1600 Morgen große Domäne, züchtete Merino=Böcke, die zu manchmal phantastischen Preisen im In= und Ausland verkauft wurden, und hatte et=liche tausend Morgen Gemeindejagden dazugepachtet. Auf der großen Jagd wurden über 400 Stück Wild geschossen; die beiden Nachjagden brachten immer noch zwischen 100 und 200 . . .
Wie ich so im Einspänner neben dem Ökonomierat übers Feld fuhr, überlegte ich heimlich, ob die Pudding=Geschichte wohl auf Wahrheit beruhen mochte.
Schmunzelnd, aber doch ein wenig hinterhältig, wurde er=zählt, daß an einem Feiertag der dreijährige Enkel, irgend=wie unmutig, mit dem Fäustchen in seinen Pudding geschla=gen habe, daß es auf der festlich gedeckten Tafel nur so um=herspritzte. Entsprechend verlegen war die Mutter, pflegte sich doch an besonderen Tagen im gastlichen Strohwalde eine zahlreiche Schar von Verwandten und Freunden zu versammeln.
Bei der nächsten, ähnlichen Gelegenheit soll der Großvater den Enkelsohn heimlich beiseite genommen haben: „Paß auf, Jung! wenn du wieder in den Pudding haust, kriegst du von mir eine Tafel Schokolade, eine ganz große!"
Se non è vero, è ben trovato. Wenn es auch nicht wahr ist, so ist es doch schön (und bezeichnend!) gelogen.

4

An einem reichlichen Dutzend Strohwalder Treibjagden durfte ich teilnehmen. Zuerst war ich, wie sich das so schickt, ein flintentragender Statist ohne Erfolgsaussichten.

Morgens, wenn die großen Fasanentriebe genommen wur= den — Teiche, Rohrgelege, Erlen= und Weidengehölze — stand ich an der Flanke und hörte die bunten Gockel spek= takelnd aufstehen. Meistens sah ich sie nicht einmal, flogen sie doch unweigerlich geradeaus auf die nächste Deckung zu, in das Sperrfeuer der großen Herren hinein.

Der Jagdherr behauptete, jeder Hahn auf der Strecke koste einen Zentner Weizen bei der Fütterung; aber dieses Ver= hältnis kommt mir etwas hoch veranschlagt vor.

Dann fuhren wir auf die Schäferei zur Karnickelschlacht. Eine 80 Morgen große Schonung stieß mit einer Seite an Stangenholz und grenzte auf den drei anderen an sandige Äcker. 200 Schritt weit wuchs auf ihnen wenig oder gar nichts, so weit nämlich, wie die Karnickel nachts ins Feld rückten.

Durch ein Kreuzgestell war die Dickung in vier Quadrate geteilt. Das ganze Jahr über standen auf den bevorzugten Innenposten aus fingerstarken Weiden fest geflochtene Schirme. Böse Mäuler behaupteten, daß zaghafte Schützen die Wehr nicht als Deckung gegen Sicht im Hinblick auf die zu erwartende Kanincheninvasion benutzten, sondern sie feige nach rechts drehten, um sich dahinter vor Prellschroten zu verkriechen.

Auf der Hauptjagd wurden in diesen vier Abteilungen an die hundert Lapins geschossen, wie die Grauen in meinem alten Schußbuch zierlich benannt sind. Bei den beiden Nach= jagden kamen immer noch die Hälfte oder etwas weniger zur Strecke, ganz wie es mit dem Wetter klappte. So viele wimmelten in dieser Schonung herum, daß sie dreimal ge=

trieben werden konnten. Das wagten wir in Prehlow nicht. Wir armen Minderbemittelten, an Lebensalter und Lebensstellung, froren bei der enormen Knallerei irgendwo auf der Flanke oder gar auf dem Rückwechsel traurig vor uns hin. Erschien dann unvermutet doch ein jagdbares Getier, reichte es meist nur zu einem Ehrensalut.

Erst am Nachmittag, wenn Feldkessel ausgelaufen wurden oder zusammenhängendes Holz an die Reihe kam, hatte man Aussicht, den einen oder anderen Hasen umzubringen. Ist er doch mit seinem oftmals eigenwilligen Fluchtweg der gütige Freund des Jungjägers, der dann zum Dank alles daransetzt, ihm so schnell wie möglich das Lebenslichtlein auszublasen.

Mählich aber rückte ich bei den Strohwalder Treibjagdständen ein wenig auf, sagen wir, in die achtbare Mittelklasse. Vielleicht hat mir dabei ein nettes Erlebnis geholfen:

Beim letzten Schäfereitrieb stand ich, wie üblich, auf der Flanke; aber nicht draußen im unguten Ostwind, sondern innen auf dem Gestell. Bald schon waren die Treiber an mir vorbeigelärmt. Das rollende Abwehrfeuer in der Front setzte ein.

Hat der Jagdherr nichts anderes bestimmt, pflegen unerfahrene, ungeduldige und undisziplinierte Jäger mit den Treibern vorzurücken. Ist einer allein auf der Flanke, mag's leidlich scheinen. Dann hat er eine reelle Chance, zur Seite ausbrechendes Wild zu erlegen. Streben aber drei, vier, fünf Schützen zu Hauf' geballt, der Stirnseite zu, ist's allemal schief darum. Dann sollten sie lieber gleich die entladenen Gewehre umhängen.

Aus eingewurzelter Überzeugung bleibe ich stur auf meinem Stande stehen, bis das Treiben beendet ist. Die Heldentaten, die sich vorn ereignet haben, höre ich im Laufe des Tages noch mehrfach mit an. Eilenden Fußes erlaufe ich den großen Haufen jederzeit. Also tat ich's auch an jenem Tage.

Und siehe da: Heimlich still und leise versuchten sich nach und nach vier Hasen bei mir rauszumogeln. Vermutlich hatte nur die rauhe Witterung sie für diesen verhängnisvollen einen Tag vom Felde in die ihnen sonst nicht zusagende Karnickelei gedrückt.
Solche Schlauberger hinter der Treiberwehr pflegen behutsam anzukommen und alle paar Schritt ein ängstlich besorgtes Umher=Äugen und=Lauschen einzuschieben. Sie zu erlegen, ist kein Kunststück. Es gehört eben nur das Nicht=ungeduldig=werden, das Ausharren dazu.
Die Jagdgesellschaft hatte sich schon heißhungrig auf Bouillon und Brötchen gestürzt, als ich, züchtig und mit niedergeschlagenen Augen aber heimlich stolzgeschwellter Brust, auftauchte. Wenn einem dann alle so über die dampfenden Tassen hinweg entgegenschauen, und man hat ordentlich zu schleppen — vier Hasen wiegen schließlich ihre dreißig Pfund —, das ist doch eine feine Sache.
Besonders erfreut war die das Frühstück überwachende Gutsfrau: „Gottseidank, endlich Hasen! Das haben Sie aber gut gemacht! Die werden nämlich nicht an den Wildhändler verkauft. Ich brauche sie zu Weihnachten, aber es werden immer zu wenig geschossen."
In der Folgezeit kamen dann auch für mich die ergiebigeren Jagdtage. Mit 21 Stück Wild wurde ich einmal Zweiter. Nur der alte Oberförster Kröcher, der eine verdammt sichere Flinte führte, hatte 22. Und einmal gelang es mir sogar mit 14 Kreaturen, wie der heute verpönte Ausdruck früher lautete, vor Herrn von Wuthenau Bester zu werden. Das waren aber beides Nachjagden.
Dann kam sogar der Tag, als mir an der Schäferei ein echter Schirmstand anvertraut wurde. Mein gewichtiger Nachbar glaubte, mich, bevor es losging, ermahnen zu müssen: „Zappeln sie nachher nur nicht unnötig, wenn die Karnickel angehuppelt kommen!" Ich gelobte, an mich zu halten und dachte

im stillen: Als du vermutlich noch kein Gewehr hattest, Verehrtester, schoß ich schon meine Kleinkaliber-Lapins.

Nach dem Treiben sagte er zufrieden: „Ich habe viere."

Ich sagte zufrieden: „Und ich achte."

Diese Hauptjagd brachte mir mit einem Hahn, 2 Enten, 6 Hasen und 34 Karnickeln meine größte Tagesstrecke.

Und doch hatte ich noch wahnsinniges Pech.

Im dichtesten Kaninchengewudel stotterte meine Selbstladeflinte wie schon so oft. Daran war ich so gewöhnt, daß ich gedankenschnell den Verschluß aufkurbelte, um eine andere Patrone in den Lauf gleiten zu lassen. Bei dieser Hantierung wurde die Apparatur meist wieder willig (nicht widerwillig!) Dabei geschah es:

Das scheinheilige lila Etwas explodierte in der halbgeöffneten Kammer. Schleierhaft, wie es das fertig kriegte!

Das klingt nun freilich gefährlicher, als es vor sich ging. Wer, als dummer Junge, schon einmal eine herausgepeterte Pulverladung angezündet hat, weiß, daß sie nur mit einer niedlichen Stichflamme und einem anheimelndem Zischen abbrennt. Der einengende Raum macht die Musik! Was im Flintenrohr unter Blitz und Donner mit 2000 Atmosphären oder mehr losballert, tut's an der frischen Luft sehr viel friedlicher.

In der launischen Schieße flammt es also auf, sozusagen unter meinen treusorgenden Händen. Ich hatte schwarze Finger und einen von 275 Schroten restlos verkeilten Verschluß. Da half kein Singen und kein Beten. Er bewegte sich weder vor- noch rückwärts.

Trotz meines geziemenden Widerspruches drängte mir nach dem Treiben Dr. Hans Schmidt, der Sohn des Jagdherrn, seine Zwölfer-Ejektorflinte auf. Er selbst ging eine gute Stunde lang mit den Treibern, bis ein Ersatzgewehr von der Domäne herbeigeschafft war. Und auch dann noch durfte ich die einmal Geborgte behalten, um mich nicht ein zweites

Mal umstellen zu müssen. Der Doktor war fünfzehn Jahre älter als ich und in Triwisch mein Vorgesetzter gewesen. Das nennt man vorbildliche Höflichkeit und Gastfreundschaft.
An diesem Tage wurden von 17 Schützen 425 Stück Wild geschossen. Jagdkönig war wieder dieser verteufelte Oberförster Kröcher, der sich 66 Stück anschreiben lassen konnte. Ich lag mit meinen 43, für die ich 71 Patronen verbraucht hatte, an zweiter Stelle.

5

Und zu einer solchen Jagd wollte ich Ende Oktober 1933 in Begleitung von Vetter Jochen fahren.
Frühmorgens baute er erst noch nervenstrapazierend lange mit dem Prehlower Autolenker am Motorrad herum. Das Biest wollte nicht anspringen. Die beiden gebrauchten für mich unverständliche Fachausdrücke, die sie gleich einander zugereichten Schraubenschlüssel austauschten.
Inzwischen berichtete ich von den Erlebnissen meiner letzten Nacht: „Ich saß im Saugrund. Sehr bald kamen fünf Stück Wild. Sie zogen aber so schnell aufs Feld, daß ich mit Ansprechen nicht fertig wurde. Ich also runter vom Hochsitz und nachgepürscht. Bis auf 120 Schritt kam ich ran. Auf Kullerkopps frischer Wintersaat ästen sie. Jetzt konnte ich ein Schmaltier herausfinden . . .“
„Und?“ fragte Vetter Jochen.
„Blattschuß,“ sagte ich leichthin in meinem bescheidensten Tonfall. „Es lag nach drei, vier Fluchten.“
„Waidmannsheil!“ sagte Vetter Jochen. Er war ein guter Jagdkamerad, der den so menschlich verständlichen Neid entweder verbarg oder nur mit einem ironischen Mäntelchen ausstaffiert herausschauen ließ.

Endlich sprang die dämliche Maschine an. Mit erheblicher Verspätung sausten wir los. Im fünften Dorf sausten wir auf eine frisch aufgeschüttete Stelle, an der die Straße sich obendrein zu biegen geruhte. Beim Umkippen sauste ich mit dem Schienenbein gegen einen sinnlos dort aufgestellten Prellstein und verweigerte danach das Aufstehen, zu dem mich Jochen immer wieder angstvoll ermunterte.

Ohne Prellstein wäre ich unbeschädigt in den Dorfteich gekollert. Höchstens die Gänse hätten sich in der ihrer Gattung eigenen Exaltation erregt. Aber was hilft das alles. Schließlich wollen Steinbruchbesitzer und Chirurgen auch leben.

Die 420 oder 450 ‚Kreaturen' in Strohwalde mußten ohne mich ihr Leben lassen, weil ich selbst äußerst kreatürlich nach ärztlicher Betreuung auf der Winkelmühle im Wundbett lag. Wer's noch nicht persönlich erlebt hat, würde staunen, wie abscheulich ein harmloser Unterschenkelbruch schmerzt, der auf dem Röntgenfilm nach gar nichts weiter aussieht.

Drei Tage lag das Bein im Drahtkörbchen, bis die Prellung vom Prellstein abgeklungen war. Dann bekam ich einen Geh-Gips und konstruierte mir eigenhändig Krücken, Mod. 1800, die bis unter die Achseln reichten. Mit den ersten zaghaften Schrittchen strebte ich dem Klo zu, um mir den Wunschtraum jedes schamhaften Patienten zu erfüllen.

Inzwischen pflegte mich geduldig, aufopfernd und wohltuend das liebe Christkind, von dem ich, Weihnachten vor einem Jahr, mit dem Auto vom Bahnhof abgeholt worden war.

Wir werden wohl nicht umhin können, ihr einen zwar erfundenen, doch beziehungsreichen Namen zu geben. Ich möchte mich für C h r i s t a entschließen.

Ungefähr eine Woche nach dem Attentat auf meine Bewegungsfreiheit wurde der erste Jagdausflug beschlossen. In einem kleinen Handwagen, mit dem man sonst Feuerholz, Gartenerzeugnisse, Hühnermist oder einen Mehlsack zu befördern pflegte, wurden alte Kissen so gestapelt, daß ich weich drauf thronen konnte. Christa und drei Winkelmühler Steppkes spannten sich vor. Auf ging's in beschwerlicher Fahrt durch die anmoorige Mühlenwiese zur ersten erreichbaren Schonung. Der Kleinste des Gespannes sagte bei einer Verschnaufpause mit gedämpfter Stimme und feierlich erhobenem, nicht allzu sauberem Zeigefinger: „Hier schlafen nachts die Hirsche!"

Dann begann meine Garde paßrechte Gehölze durchzutreiben. Mit sechs Patronen schoß ich drei Karnickel. Sitzt man gipsbeinern in einem höchst primitiven Handwagen, wäre es unbillig, mehr zu verlangen.

Am Abend ließ ich mich mit demselben Vehikel zum Verlorenen Paradies karren. Dort schoß ich eine Ricke. Sie zog mit Leberschuß ins Dichte, wohin ich ihr unmöglich folgen konnte. So mußte Christa, die Städterin, nach meiner theoretischen Anleitung die Nachsuche allein bewältigen. Ich befürchte, daß sie sich wahnsinnig aufgeregt hat. Schließlich brachte sie aber das verendete Reh im Triumph angeschleift.

Nun war bei mir kein Halten mehr. Ich mußte ‚richtig' ins Revier. In der mir eigenen schönen Bescheidenheit wollte ich zu diesem Zweck keine Pferde anspannen, die sich vor dem Frosteintritt lieber nützlich in der Landwirtschaft betätigen sollten. Also verfiel ich auf die Wahnidee, die Reserveochsen vor einen Ackerwagen schirren zu lassen.

Christa fand das Gespann genierlich. Ich widersprach: „In Ungarn fahren die Grafen, die auf 100 000 Morgen sitzen, ihre Trappen und Wildgänse mit Viechern an, deren Hörner dreimal so lang sind wie die bei unseren Brummern. Falls Sie aber lieber zu Hause bleiben wollen . . ."

Christa flüsterte: „Ich komme mit."

Auf den Wagen wurde ein Klubsessel gesetzt.

Auf den Sessel setzte ich mich.

Neben mir hockte Christa und lächelte tapfer.

Es ging wunderbar. Die Ochsen waren ausgeruht und zogen uns stundenlang durch den Wald. Tief atmeten meine Lungen den balsamischen Duft der Bäume ein und die Gerüche, die von den Feldern her zu uns wehten; teils von brenzelndem Kartoffelkrautfeuer, teils von frisch gebreitetem Mist. Wir fuhren bis kurz vor den Saugrund. Die größte Dickung dort hieß die Grießerschonung, benannt nach ihrem früheren Besitzer, dem einzigen echten, rechten Kohlenbrenner, den ich kennengelernt habe. Der prachtvolle alte Mann, ein Hüne mit schlohweißem, vollem Haar, erstand mäßige Stangenhölzer, wo er sie bekam, schlug sie eigenhändig ab und verschwelte das Holz in den gleichen Kohlenmeilern, wie sie vor 500, vor 1000 Jahren errichtet wurden. Lagen die Kahlflächen uns günstig, kauften wir sie ihm ab, um sie der Jagd zuliebe anzuschonen.
Vor Jahren hatte ich in der Grießerschonung bei leidlichem Neuschnee einen Fuchs eingespürt. Ich ließ ihn mir von einem Treiber zudrücken, stand auf dem rechten Posten, schoß aber

den sehr eilig herausflüchtenden unverzeihlicherweise nur krank. 150 Schritte unterhalb meines Standes lag der Prehlower Teich. Er war zollstark übergefroren. Dahinein war der Kranke. Ich umspürte alles, den Teich, die Schilfgeläge, das Erlenbruch, fand aber keine herausstehende Spur. Der Fuchs schien verloren.

Am Nachmittag suchte mich der Vater meines Treiberjungen auf. Er habe sich das viele ‚Blut' auf der Fuchsspur angesehen. Er wolle den bestimmt schon Toten zu bergen versuchen.

„Ausgeschlossen," sagte ich. „Das Eis hält nicht."

„Doch," sagte der Mann. Ich nehme mir zwei Bretter mit. Auf einem stehe ich, das andere schiebe ich vor."

„Gut. Dann bekommen sie das halbe Geld, das der Balg bringt," sagte ich.

Während der kühnen Überquerung stellte ich mich auf den selten benutzten Rotwildwechsel am verlandeten Teil des Gewässers. Hinter mir begann der Staatswald. Nach langem Warten schnurrte der Unerschrockene heran. Er kam genau auf mich zu. Wie ich erst jetzt bemerkte, stand ich haarscharf auf der Fuchsspur, die im bereiften Gras kaum zu erkennen war.

Der von mir benachrichtigte Staatsförster, dem wir den ehrenden Beinamen Friedrich Wilhelm der Dritte oder abgekürzt: F. W. III verliehen hatten, suchte weiter nach. Die Spur führte zu einem Bau. Der Kranke war aber ein- und ausgeschliefτ, um dann weiterzuschnüren. Da gab der Nachbar auf. Sicher mit Recht meinte er, daß der Fuchs nicht zu bekommen sei . . .

Sollte jetzt etwa wieder einer stecken?

Ich beschrieb Christa genau, wie sie, in der linken oberen Ecke beginnend, geduldig hin und hergehen müsse, um endlich rechts vorn herauszukommen. Dort wollte ich, feuerbebereit, mit meinem Gefährt halten.

Kam aber nichts.
„Jetzt lenken wir um", sagte ich. „Und dann geht es gemütlich nach Hause."
An dieser Stelle muß ein kurzer Hinweis auf sachgemäße und unsachgemäße Ochsenanspannung eingeschoben werden.
Die bei gelb=weißen Simmentalern allgemein übliche Lenkung besteht in einer Leine, einer einzigen, die am Zaum des linken Hornviehes befestigt ist. Will man nach links, zieht man am Strang und ruft: „Hule!" oder auch: „Wüste!" Die entgegengesetze Richtung versucht man durch wiederholtes kurzes Zuppeln, Zotteln, Zupfen zu erzwingen, wobei „Hotte! hotte rum!" gerufen, geschrien, gefleht wird.
Es gibt gute und schlechte, folgsame und störrische, kluge und dumme Ochsen. Bei den meisten überwiegen die negativen Eigenschaften. Ich habe es wahrhaftig erlebt, daß fünfzehnjährige Muh=Jungens, die ohne sichtliche Gemütserregung ein lebendes Mäuslein mit dem Absatz zermanschen konnten, über ihre ungehorsamen Ochsen in Tränen der Wut und Verzweiflung ausbrachen; besonders, wenn unter dem schallenden Gelächter aller Zuschauer beim gewaltigen Zerren die Leine riß, so daß der Lenker rückwärts koppheister ging.
Zwischen Grießerschonung und Teich lagen einige Streifen kleinbäuerlichen Miniaturwaldbesitzes. Einer davon war abgeholzt. Bei seiner geringen Breite blieb er, nur mit spärlichem Heidekraut bewachsen, brach liegen. Die benachbarten Stangenhölzer hätten Jungpflanzen nicht hochkommen lassen. Dieser freie Strich kam mir zum Wenden gerade gelegen.
Mit vernehmlichem: „Hotte rum! hotte! hotte!" zuppelte und zottelte ich an meinem Leinstrang nach Leibeskräften, um die erwünschte Rechtsschwenkung durchzusetzen.
Dabei geschah in der Geschichte der Bosologie etwas Einmaliges: Die Ochsen galoppierten plötzlich los! dem Teichrand zu!

Ich betone ausdrücklich, daß mir die drei bis sechs Gangarten der Vierfüßler bekannt sind. Ich vermag sie zu unterscheiden. Meine Ochsen galoppierten in Richtung Teich. Sie galop= pierten!

Mit gesenkter, jochversehener Stirn, erhobenem Schweif und grausligem Gemuh rasten sie in dem Augenblick los, als sie merkten, es ginge nun endlich dem wärmenden Stall, der nahrhaften Krippe zu. Sie waren, wie eingangs vorsorglich erwähnt wurde, ausgeruht und eben . . . Ochsen; irgendwie doch verwandt mit den spanischen Kampfstieren, bei denen man ähnlicher Seitensprünge schon eher gewärtig ist.

Derweilen saß ich auf meinem bei jeder Kiefernwurzel heftig hopsenden Klubsessel und hielt mit der einen Hand mein heftig schmerzendes Gipsbein, mit der anderen meinen ge= liebten Drilling. Ob ich auch noch die nutzlose Leine hielt, vermag ich nicht anzugeben. Was sollte ich schon mit diesem lächerlichen Strick in der Einzahl? Zog ich an ihm, endete die Reise mit Bruch links im Stangenholz. Die Möglichkeit, daß man Hornviecher mit Zügelhilfe anhalten müßte, ist nirgends einkalkuliert. Bei der zur Beschaulichkeit neigenden Wesens= art dieser Tiere genügt es sonst allemal, „Prrr!" oder „Brrr!" zu flüstern. Und sofort, ja, geradezu blitzgeschwind wird das ersehnte Kommando befolgt.

Ich schrie und flehte „Prrr!" in allen Tonlagen. Wie irrsinnig galoppierten meine Ochsen dem novemberkühlen Teich zu.

Als ihnen das Wasser bis zum . . . sagen wir ohne Übertrei= bung: bis zum Knie reichte, blieben sie pustend stehen, mein Sessel hörte auf zu hüpfen, vorsichtig durfte ich mein Bein loslassen und mich nach meiner Begleiterin umschauen.

Begreiflicherweise habe ich dieses Erlebnis schon des öfteren erzählt, weil ich dabei die tragische Rolle des antiken Helden spiele. Das liegt mir besonders. An dieser Stelle pflege ich fortzufahren: „Inzwischen kniete Christa oben an der Grie= ßerschonung auf dem breiten Sandweg und flehte mit zum

Himmel erhobenen Händen zu allen guten Geistern, sie mögen das Schlimmste abwenden."
Da ich mich aber bei diesem Bericht der lauteren Wahrheit befleißige, soll bekundet werden, daß sie ziemlich gleichzeitig mit uns dreien unten am Teich anlangte. Ebenfalls heftig pustend und nur weniger Worte mächtig, schluchzte sie: „Nie wieder mit Ochsen! nie wieder ..."

6

Unter dem Leitsatz: ‚Nie wieder mit Ochsen!' ließ ich mich an einem der nächsten Nachmittage vom Prehlower Lehrling per Esel zum Hochsitz an der Grießerschonung fahren.
Mit einem Esel?!
Bitte keine diskriminierenden Worte oder Gedanken über diese Tiere! In Spanien zum Beispiel sind sie hochangesehen. So hat der große Dichter Juan Ramon Jiménez seinem Esel ein reizendes Büchlein gewidmet: Platero und ich.

Auch in Prehlow waren die I=as wohlgeschätzt.
Der würdige Mecki allerdings weilte nicht mehr unter den Lebenden. Den hatte ich totgeschossen.
„Er ist genauso alt wie ich“, pflegte der Landgraf von dem sehr geliebten Gespielen aus Kindertagen zu bemerken. „Er bleibt so lange in Prehlow, bis ...“
Dieses fatale Bis, kam dann unaufhaltsam näher, als der speckräudige Geselle die Mitte seiner dreißiger Jahre erreicht hatte. Nichts konnte den Trübseligen mehr erheitern, nicht das ihm reichlich geschüttete blanke Haferschrot, nicht die vielleicht leichter mit altersschwachen Zähnen zu bewälti= gende Weizenkleie und auch nicht die ihm als Scheherezade beigesellte Eselstute Molli.
„Weißt du“, schlug der Landgraf, sich an seine Mutter wen= dend, vor, „du könntest für unseren Patienten dem Geheim= rat täglich ein wenig Wein herausgeben, als Herzstärkung.“
Mit dem Spitznamen war der leider erstaunlich trinkfrohe Oberkutscher gemeint. „Sollte aber auch das nichts helfen“, das sagte der Gutsherr zu mir, „dann schießen sie Mecki bitte tot. Unnütz quälen soll er sich nicht.“
Mit dem der Situation angemessenen Ernst versprach ich, dem betagten Grautier notfalls den letzten, bitteren Liebes= dienst erweisen zu wollen.
Eines frühen Morgens war es so weit. Der Geheimrat kam mir schon entgegen. „Holen sie schnell das Gewehr“, sagte unser Faktotum ergriffen. „Es ist so weit mit ihm.“
Da lag nun das schon leicht unappetitliche Grautier seltsam starr und steif auf der Seite. Ich gab ihm erst einen gelinden, dann einen nachdrücklichen Tritt in die Keule. Mein Verdacht bestätigte sich. „Geheimrat!“ sagte ich befremdet. „Der ist doch tot; schon mindestens drei Stunden tot!“
„Na ja, na ja doch ...“, sagte das den Alkohol allzu sehr lie= bende Original. „Aber weil nun der Chef gerade zu Hause ist, da hab' ich gedacht, sie schießen ihn besser noch tot.“ Die

blanken Schnapstränen kullerten aus den ausnahmsweise verzagt blickenden schwarzen Mausäuglein. „Na ja . . . Na ja doch . . .“

Jäh wurde mir alles verständlich: Die tägliche Weinration! Jetzt packte und beutelte den allzeit Getreuen das schlechte Gewissen. Hätte er die gehaltvolle Stärkung aus dem Schloßkeller doch lieber dem auf dem Totenstroh Liegenden angedeihen lassen sollen, anstatt selbst . . .?

Da fühlte ich Mitleid in mir aufsteigen und schoß den toten Esel noch töter. Donnernd brach sich der Knall an den gemauerten Stallwänden. Befreit atmete der Geheimrat auf. Gefaßt hörte der Gutsherr den Schuß, der ihm das Unvermeidliche kündete. —

So ließ ich mich denn in jenem November 33 mit der verwitweten Eselstute Molli zu dem frei emporragenden Hochsitz auf der Feldseite der Grießerschonung fahren. Beim Anbruch der Dunkelheit möge man mich abholen, bestimmte ich in dem leutseligen Ton eines Grafen, der dem Lenker seiner Limousine Weisung erteilt.

Selbstverständlich kann ein leidlich gewandter Kerl eine feste Hochsitzleiter erklettern, wenn er zwei gesunde Arme und ein gesundes Bein hat. Der am andern baumelnde, schon recht waldfarbene Gipsbrocken muß mit. Dem bleibt nichts weiter übrig.

Die erwünschte Ricke kam nicht.

Stattdessen kamen die Gänse.

Ausgerechnet in dem Augenblick kamen sie, als ich in der Mitte der Leiter klebte, zehn Sprossen über der Erde und ebenso viele vom Hochsitztürchen entfernt.

Da ich erst wenige Gänse erlegt hatte, zählten sie für mich zum geflügelten Hochwild, genau wie der Birkhahn; weit mehr als der Fasan, dem die Jagdklassiker solche Ehre angedeihen ließen.

In Prehlow zogen die Gänse im Spätherbst und im zeitigen

Frühjahr, jedesmal für einige Wochen. Des Nachts hielten sie sich im staatlichen Bruch jenseits der Winkelmühle auf, wo es ausgedehnte blanke Wasserflächen gab. Für den Tag strichen sie zu den kahlen Äckern, die zur Jagd des Dünnen Bertzel gehörten. Nur ungern fielen sie auf unseren Saaten ein, weil sie sich da überall durch die Nähe einzelner Waldstückchen beunruhigt fühlten.

Einmal war ich, gedeckt hinter einem Simmentaler — es sind doch nützliche Tiere! —, eine Hundertschaft angegangen. Aber es kam den scheuen Wildvögeln irgendwie ungehörig vor, daß ein einsamer Ochse, ohne Wagen, durch die Gegend lustwandelte. Mit warnendem Geschnatter wollten sie abstreichen. Ich hielt auf die dichteste Stelle der die Luft peitschenden Flügel und der von ihnen emporgezogenen bootförmigen Körper. In seltenem Ausnahmefall traf die Kugel — allerdings nur die Spitze einer der Schwingen — immerhin so empfindlich, daß die Gans nicht mehr hoch konnte.

Jetzt kam bis zur glücklichen Erlegung für den langbeinigen Jäger ein recht beschämender Wettlauf. Erstaunlicherweise flüchtet nämlich eine Krankgeschossene, wild mit den Schwingen schlagend, so schnell, daß es Mühe kostet, sie einzuholen. Und auch dann hat man sie noch lange nicht mit dem Waidmesser abgefangen! Ist der Repetierer doch schlechterdings unbrauchbar für den Fangschuß.

Es folgten zwei einzelne, die ich im strengen Winter an einer offenen Bachstelle schoß. Auch ohne mein fragwürdiges Eingreifen wäre das Schicksal dieser Nachzügler oder Versprengten wohl besiegelt gewesen.

Und eine fünfte schoß ich abends vom Tränkgrundhochsitz aus, als die breit auseinandergezogene Schar den Schlafplätzen zustrebte und in leidlicher Höhe über mich hinwegbrauste. Dumpf schlug sie in der gefrorenen Wiese auf. —

Nun stand ich also auf der Hochsitzleiter, die Doppelbüchse und die Selbstladeflinte übers Kreuz geschlagen, das rechte

Bein im pfundeschweren Gips eingepappt. Ausgerechnet an diesem Vormittag hatte ich den neuen Drilling zur Fernrohr=montage abgeschickt.
Als ich die Gänse, hundert oder mehr, hörte, noch bevor ich die feingezeichnete Kette der kleinen schwarzen Punkte am orangefarbenen Abendhimmel auftauchen sah, begann ein gar emsiges Vollstopfen des Gewehres.
Aber die vermaledeite Schieße hatte es sich in den Kopf ge=setzt, das gierige Menschlein zu verhöhnen. Im entscheiden=den Augenblick streikte sie, so verzweifelt ich auch am Abzug riß. Da packte mich der Mut der Verzweiflung. Mit der einen

Hand umschloß ich die Flinte, mit der anderen bediente ich die Verschlußkurbel, mit der dritten hielt ich mich fest ...
Also, das war soeben dichterische Freiheit. Festgehalten muß ich mich vermutlich mit dem gesunden Bein haben. Denn es gelang, noch rechtzeitig das Feuer zu eröffnen und, wenn auch erst mit dem dritten Schuß, eine der Heißbegehrten herunterzuholen. Und ich stand immer noch mit dem baumelnden Gipsbein auf meiner Leiter.
Diese Schilderung soll aber niemand zur Nachahmung ermuntern. Man kann es nämlich auch als eine höchst zweifelhafte Heldentat ansehen. Es war ein verdammt dicht an sträflichen Leichtsinn grenzendes, frevelhaftes Spiel mit der eigenen Gesundheit, wenn nicht gar mit dem Leben. Allenfalls einem gerade noch ledigen Junggesellen mochte es verziehen werden.

7

Ein reizender alter Herr, der mir des öfteren als väterlicher Freund zur Seite stand, führte mich einst an einen imposanten Findlingsblock, auf dem etwas bis zur Unleserlichkeit Verwittertes eingeritzt war. „An dieser Stelle habe ich mich heute vor 34 Jahren verlobt", sagte er mit bewegter Stimme. Auch ich war bewegt.
Zur Erinnerung an meine Verlobung habe ich keinen Findlingsblock gesetzt. Die Örtlichkeit war ungeeignet.
Mit wem ich mich verlobt habe? Komische Frage! Mit Christa natürlich!
Da ich bei nichtjagdlichen Zahlen ein betrübend vergeßlicher Mensch bin, vermag ich nicht einmal das genaue Datum anzugeben. Aber den Tag meiner oder unserer Hochzeit kann ich jederzeit innerhalb einer schwachen halben Minute einwandfrei vermelden. Es war genau eine Woche, nachdem ich den

guten Hirsch an der Falkenthaler Straße geschossen hatte. Und der findet sich unter dem 22. August 1934 im Schußbuch verzeichnet.
Schon Jahre vor dem neuen Jagdgesetz hatten wir uns beim Totschießen oder Lebenlassen der Hochgeweihten manche freiwillige Beschränkung auferlegt. Als im Frühjahr 34 die ersten Abschußpläne eingereicht werden mußten, unterbreitete ich dem Kreisjägermeister, einem uns glücklicherweise nicht benachbarten Forstamtsleiter, ein dickes Aktenstück mit Wildstandstabellen frei nach Sankt Raesfeld.
Mein neuer jagdlicher Vorgesetzter war von unserem alten und meinem frischen Eifer so erbaut, daß er mich auf der Winkelmühle besuchte. Da konnte ich ihm noch obendrein schon hundert Schritt hinter dem Hof, im Hopfwinkel, den ersten Wildacker zeigen, die Futterstellen, die Kastenfallen, den Habichtsfang . . .
Wir hatten einen guten Eindruck gemacht und bekamen als Lohn von den beiden Prehlower Gemeinderevieren je einige hundert wertvolle Morgen zugelegt. Der Dicke Bertzel büßte ‚Wo's=knirscht', seine besten Wiesen und die in sie hineingekleckten Wäldchen nebst uns zuwideren Ansitzleitern ein, und im Saugrund erhielten wir fast den ganzen für Rotwild in Frage kommenden Teil. Daraufhin verzichtete der Dünne Bertzel auf Neupachtung. Ein großstädtischer Schlächtermeister trat an seine Stelle. Ausdrücklich sei hervorgehoben, daß er unserem nachbarlich=überzarten Gemüt niemals wehgetan hat. Durch diese Gebietserweiterung kam nun auch ein zum Gut gehörendes 50 Morgen großes Ackerstück, neben der Falkenthaler Straße gelegen, in den eigenen Jagdbann. Um alle diese Ländereien in beschaulicher Muße überblicken zu können, wurde beschlossen, den freistehenden Hochsitz von der Grießerschonung, der jetzt natürlich Gänsehochsitz hieß, zu verpflanzen. Dort war er nicht mehr wichtig. Am neuen Platze würde er gute Dienste leisten.

Solches Unternehmen ist fragwürdiger Natur. Von den unzähligen Balken, Hölzern und Brettchen will sich keines gutwillig dem neuen Bau einpassen. Man muß spalten und sägen. Dabei stößt man mit Händen und Werkzeug in einem fort auf übersehene Nägel. So habe ich mir gelobt, mich nie wieder an ein derart sperriges und sich sperrendes Werk zu wagen.

Ebenso unternahm ich einen anderen Hochsitzumbau in kindlicher Überschätzung der eigenen architektierenden Fähigkeiten nur noch einmal. Am schönen Eichensitz im Verlorenen Paradies mißfiel es mir, daß seine Bodenfläche nur fünf Meter vom Erdboden entfernt war. Bei ungünstigem Wind bestand immer die Gefahr, von den Sauen gewittert zu werden. An einem Vorerntetag machte ich mich mit zwei Winkelmühler Kutschern daran, den Hochsitz zu verlängern: ‚Und folgst du nicht willig . . .'

Wir drei Männekins . . .

Kurz vor Weihnachten werden in der Po, der Haupt= und Prachtstraße unserer lieben Stadt, ungefähr sieben Meter hohe Tannenbäume aufgepflanzt. Mit Rührung beobachte ich jedesmal, daß hierzu eine Kolonne von zehn Arbeitern herbeistampft. Sie werden von mindestens drei Aufsichtsführenden, die weiter nichts verrichten, als klug drumrumzulaufen, angeleitet und aufgemuntert. Und dabei handelt es sich um Einzelfichten, deren Schwerpunkt unten liegt.

Bei unserem ungefügen Eichensitz war es umgekehrt. Wie bei einigen wenigen Menschen saß das gewichtig Gehaltvolle oben. Und wir waren nur drei Männekins . . .

Zuerst gruben wir die Pfosten locker, dann setzten wir zwei altmodisch=hölzerne ‚Hebeladen' diagonal an. Mit diesen Instrumenten aus der Zeit Karls des Einfältigen haben unverzagte Fuhrleute im Wald die Bauholzstämme auf ihre Pferdewagen gewuchtet, jeden einzeln, bevor Schlepper, Seilwinde und Hydraulik erfunden wurden.

Sobald unser Bauwerk durch leises aber entschieden erbostes Beben kundtat, daß ihm sein fester Stand abgetrotzt war, befiel mich einer meiner lichten Augenblicke.
„Halt mal, Kinder!" sagte ich. „Wir wollen doch lieber erst auf die Eiche krauchen und die Kiste anbinden.
Wir nahmen alle verfügbaren Heuseile und befestigten sie am Kasten und den waagerechten Eichenästen darüber. Dann hebelten wir weiter.
Bald schon hatten wir einen Meter geschafft. Freilich schwitzten wir mindestens so wie Pulex, als er vor langen Jahren beim Tanzstundenball zur Einzelrunde versehentlich Delikateßwarenhändler Meiertraubs Mariechen kriegte. Pulex, der Kleinste aus unserer Klasse, erwischte ausgerechnet Mariechen, die schon angenehm weiblich gestaltet war! Und gerade bis dahin reichte Pulex mit seinem knallroten Kopf!
Also genauso heiß war uns; aber nicht in heiliger Scheu, sondern vor wildem Arbeitseifer. Da rutschte im Winkelmühler

Schmorboden eine unserer Heben von der kunstvoll drunter=gebauten Bohle ab. Meine beiden Helfershelfer sausten mit einer an ihnen noch nie beobachteten Geschwindigkeit in die Richtung des Bruches und schrien zur Besänftigung jedweder Gewissensbisse: „Achtung!“ oder: „Obacht!“ oder: „Vor=sicht!“

Ich stand wie angenagelt, wie der Kapitän auf der Brücke seines gründelnden Dampfers.

In diesem einer Katastrophe schreckhaft nahen Augenblick bewährten sich unsere Heustränge. Zwar dehnten sie sich ächzend, wie man es kaum für möglich gehalten hätte, aber sie hielten das Gewicht des Hochsitzkolosses.

Aber wie . . .

Im Winkel von 45 Grad hing er k. o. in den Seilen . . .

Anderthalb Tage wuchteten, hoben, hebelten, stützten, drückten und schoben wir fluchend und flehend, bis die ge=wünschte senkrechte Stellung wieder erreicht war. Wir be=gnügten uns, sehr bescheiden geworden, mit einem schäbi=gen dreiviertel Meter Höhenzuwachs, schuhten bei diesem Stand aufatmend die alten Strebepfeiler vor und buddelten alles, unter gehörigem Feststampfen schleunigst zu.

So sei mit warnendem Kopfwackeln wiederholt: „Keine schweren Hochsitze verpflanzen oder emporwinden!“

Aber, wer kommt schon auf solche verdrehten Ideen?!

8

Behaglich saß ich im letzten Augustdrittel auf dem Gänse=hochsitz an der Falkenthaler Straße . . .

Wenn sich mir bei der Beschreibung jedes Ansitzes auf dem Hochsitz und zu ebener Erde, im Schirm oder Hüttchen die Wörter: behaglich, gemütlich, bequem aufdrängen, dann hat es schon seine Berechtigung. Alle meine Bänkchen waren zum

frohgemuten Sitzen nicht zum gequälten Hocken eingerich=
tet. Was mußte ich bei anderleuts Bauwerken manchmal für
fakirhafte Marterhölzer erleben! Ganz besonders im Staat=
lichen drängte sich oft die Vermutung auf, Forstmeister müß=
ten erstaunlich hart sein; besonders hinten.

Die Erklärung liegt nahe: Es ist ein bedeutungsschwerer
Unterschied, ob ein Waldarbeiter die Innenarchitektur aus=
führt, dem man meist zu hoch angebrachte Bänke, Luken
oder Geländer nicht verargen darf, oder ob alles von dem
zusammengebastelt wird — mit Liebe! —, der es nachher
selbst benutzen wird. —

Beschauliche Ruhe war mir auch zu gönnen, dachte ich mit
Schrecken an den jüngst vergangenen Abend zurück, der mir
noch in allen Knochen steckte.

Wohlgemut, wenn auch müde vom langen Tagewerk, kam
ich um die zehnte Stunde auf der Winkelmühle an, als ich
am Hoftor — entgegen aller Verabredung — Christa im Auto
wartend antraf. Sie stand sichtlich kurz vor einem seelischen
Zusammenbruch. Wer wie ich ein zartbesaitetes Innenleben
besitzt, schätzt Überraschungen gering, auch wenn sie von
der Braut herstammen.

„Was ist denn . . . ?"

„Wir müssen noch heute aufs Standesamt und unser Aufge=
bot bestellen!"

„Mumpitz!" sagte ich wütend. „Hat Jochen alles erledigt. Zu
Mittag hab ich ihm den ganzen Kram mitgegeben. Er ver=
sprach hoch und heilig . . ."

„Wir müssen selbst kommen! Persönlich! Und heute Abend
noch! Wegen der gesetzlichen Frist! Sonst können wir am
29. nicht heiraten! Und alle sind schon eingeladen!"

„Das ist der ausgekochteste Mist . . ."

„Nein! Das ist Vorschrift!"

„Christa! nun nimm doch Vernunft an! Wir haben jetzt
viertel elf. Meinst du, unser guter Herr Wittmann wird so

lange ..." Der Standesbeamte führte diesen etwas unpassenden Namen.
„Onkel Theo sitzt seit acht bei ihm, seitdem wir dich suchen. Er hat zwei Flaschen Wein mitgenommen, um ihn bei guter Laune zu halten."
So fuhr ich zu nächtlicher Stunde im schlechtesten Jagdanzug, unvollkommen rasiert, hungrig wie ein Bär nach fünf Monaten Winterschlaf und die ganze Zeit über auf allen Papierkram ingrimmig fluchend nach Prehlow, um dort standesamtsrechtlich ...
Mein unbeschwertes Hinwegsetzen über jeden leidigen Vorschriftenkrieg wurde mir noch jahrzehntelang vorgehalten. Nur gut, daß auch meiner Braut bei diesen vorehelichen Präliminarien etwas Bemerkenswertes widerfuhr:
Nach dem ersten verlorenen Krieg mußten ihre Eltern aus der westpreußischen Heimat fliehen. Dabei gingen, neben anderem, auch Christas Papiere verloren. Später besorgte sie sich irgenwie einen Paß, der bei allen amtlichen Vorkommnissen genügte. Jetzt, zur standesamtlichen Trauung, sollte eine Geburtsurkunde beschafft werden. Da der Wunsch rechtzeitig auftauchte, schrieben wir fristgerecht an ihren Heimatort. Es kam auch ein ganz und gar polnischer Brief, geschmückt mit schönen Stempeln, der unseren Herrn Wittmann befriedigte. Nach Jahr und Tag wurde dieses noch mehrfach einschlägig benutzte Dokument übersetzt. Und siehe da! Auf ihm stand zu lesen, daß in besagtem Ort eine Christa ihres Namens nie und nimmer geboren wäre!
Und auf so anfechtbaren Grundlagen wurde ihre — meine — unsere Ehe aufgebaut. Da kann man sich über nichts mehr wundern ...
Zurück auf den Hochsitz!
Als bei sinkender Dämmerung die Tagesgeräusche verstummten, hörte ich im Wald vor mir das Geweihklappern scherzender Hirsche. Mir wurde sehr feierlich zumute.

Verfasser als Notabiturient

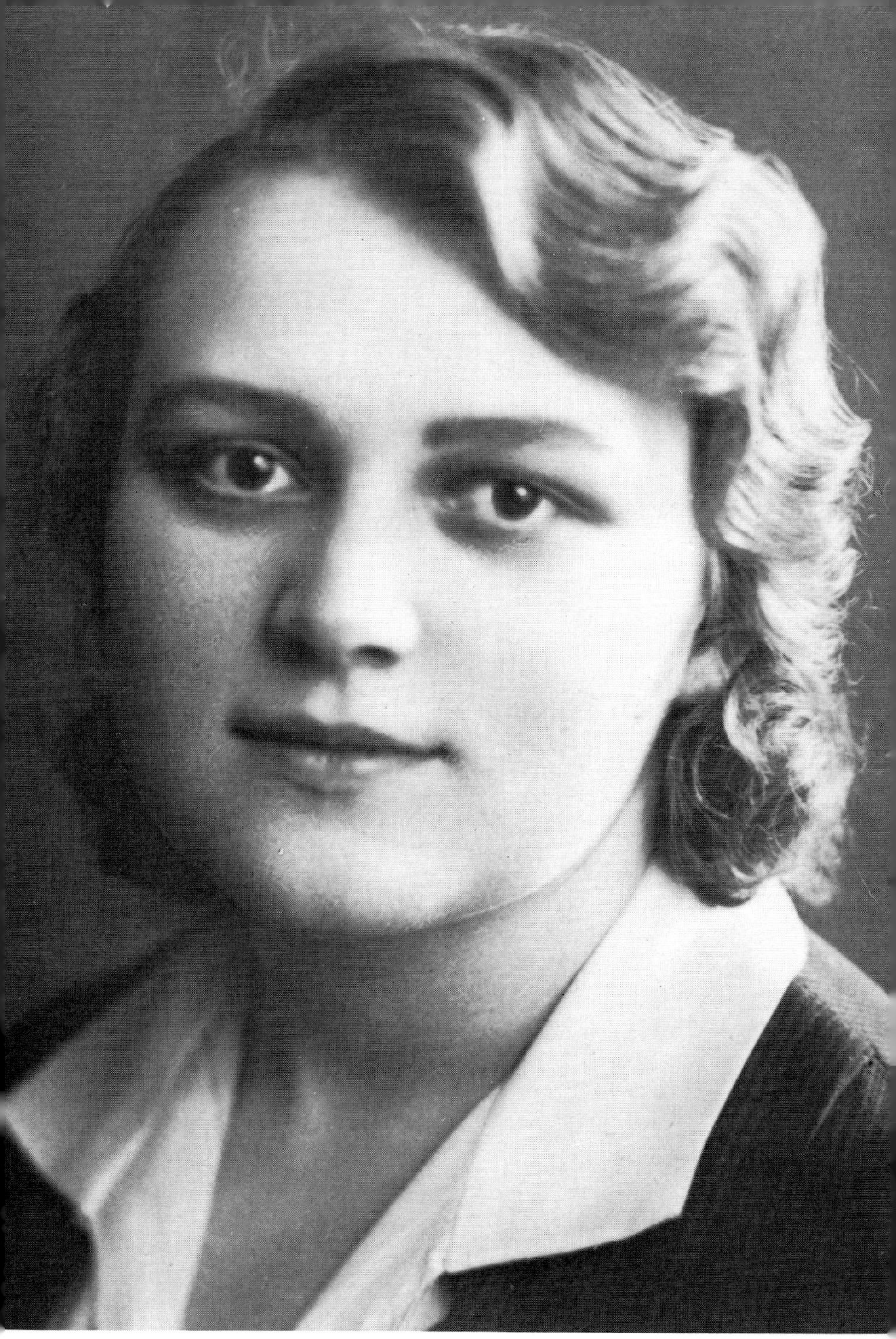

Die spätere Frau des Verfassers als junges Mädchen

Meine Warte stand an einer breiten Wiese, die der Grenz=bach teilte. An sie schloß sich der Forst an, der im Märchen als ein meilenweiter bezeichnet worden wäre.
Hinter mir lag unser Kartoffelschlag. In der mittelfrühen Speisesorte plätzte das Rotwild allnächtlich neue Stellen aus. Leider verdirbt es dabei durch Beschädigen und Ausreißen von Stauden viel mehr, als es an Knollen aufäst. Darum sind derartige Sommer= und Herbstschäden auch empfindlicher als die von Sauen angerichteten.
Der volle Mond ging auf. Bald danach setzte der fast un=unterbrochene Wechsel des Wildes zum Felde ein. Neben einigem Kahlwild kamen vier Hirsche. Sie zogen in die Kar=toffeln, blieben eine halbe Stunde, kehrten zur Wiese zu=rück, taten sich dort nieder, wurden hoch, schoben sich mit den Geweihen, leise brummend ihre Kräfte messend, hin und her und nahmen schließlich den Acker ein zweites Mal an.
Uns war in diesem ersten Jahr der gelenkten Abschußpla=nung ein starker Hirsch ohne Krone freigegeben worden. Stundenlang beobachtete ich die vier, ohne zu einem Ent=schluß kommen zu können. Auch in einer klaren Vollmond=nacht im August ist es so gut wie ausgeschlossen, vom Hoch=sitz aus gegen den verschieden schattierten Erdboden ein Ge=weih genau anzusprechen.
Schließlich kam ein einzelner Hirsch. Es war ein starker Hirsch. Der Unterschied gegen die vom Vierertrupp war deutlich feststellbar. Mit hingebungsvollem Bemühn sah ich ihn mir wieder und wieder durch mein siebenfaches Hen=soldtglas an, bis ich nach Stunden zu der Überzeugung ge=langte: es ist der Richtige.
Sattgeäst zog er auf meiner linken Seite, der Glücksseite, auf die Wiese zu. Ich knörte verhalten. Im Fernrohr sah ich, wie er stehenblieb, das Haupt ein wenig hob und das Geweih drehte. Das Geweih, an dem auch durch das sehr klare Glas,

das jetzt auf dem Drilling angebracht war, kein im letzten Augenblick erspähtes Kronenende alles zunichte machte.
Und dann war ich Nur=Jäger.
Im Blickfeld des Zielfernrohrs gab es keine abwägenden Be=denken mehr, keine Zweifel, kein schließlich doch noch Scho=nung=Gewähren. Das Absehen im Zielfernrohr wußte nur von Sucht, Gier, Rausch. Schwarz überdeckte es mit seinem Kreuz das Leben.
Ich schoß.
Der Hirsch flüchtete in die Wiese hinunter.
„Halt!" dachte ich fiebernd vor Aufregung. „Halt!"
Da brach er zusammen. Eine Wolke von Dunst und empor=gewirbelten Tautropfen war um ihn.
Ich hatte einen Hirsch geschossen.
Am ganzen Leibe zitternd, stieg ich vom Hochsitz.
Ich hatte einen Hirsch geschossen . . .
Es war ein starker, sehr regelmäßiger Achter mit langen Sprossen und langen Gabelenden.
Ich hatte den richtigen Hirsch geschossen.
Unmöglich, mit meinem Jubel allein zu bleiben!
Deshalb machte ich den Umweg über Prehlow. Meine Braut wohnte als Gast im Schloß; leider schlief sie im ersten Stock=werk. Ich warf kleine Steinchen gegen das Fenster. Es half nichts. Ich warf größere Steinchen gegen das Fenster. Es half. Die Scheibe kam heruntergeklingelt. Fast gleichzeitig mel=deten sich Christa und die Mutter, deren Schlafzimmer in der Nähe lag.
Die alte Dame fragte drohend: „Sind Sie das . . . ? Warum schmeißen Sie denn nachts die Fenster kaputt? Das ist doch . . ."
„Ich habe einen starken Hirsch geschossen!"
„So . . . So . . . Das freut mich. Waidmannsheil! Trotzdem brauchen Sie keine Scheiben einzuwerfen. Und rein kommen Sie auch nicht."

Das waren noch sittenstrenge Zeiten, als man seiner Braut auf Abstand durch ein zerbrochenes Fensterglas einen Teil seines Jubels zurufen mußte.
Noch am Vormittag löste ich den Unterkiefer aus und schick=te ihn an das Institut für Jagdkunde. Von seiner Auskunft hing mein Jägerschicksal ab. So dachte ich wenigstens. Und ähnlich dachten damals wohl alle ehrlich Bemühten.
Nach wenigen Tagen kam der langgeschweifte Knochen zu=rück, bei dessen Anblick ich immer an jenen sagenhaften Eselskinnbacken denken mußte, mit dem Simson eintausend seiner Feinde zusammengedroschen hatte.
An grünem Bändchen hing der über Sieg oder Niederlage entscheidende Zettel: Sieben Jahre. Ich frohlockte. Bei unse=rem gut veranlagten Rotwild, das keine Äsungsnot kannte, mußte ein Hirsch seines Alters schon längst eine ansehnliche Krone geschoben haben. Er mußte es, weil wir Jäger es von ihm verlangten.
Selbstverständlich habe ich alle meine besseren Geweihe aus=gepunktet, lehne ich solche Hantierung mit Meßband und Waage doch keineswegs ab. Man verarge es mir aber nicht, wenn ich die so objektiven, so unhöflich objektiven Zahlen

verschweige. Liegen sie, beispielsweise, ein wenig unter 150, so denkt man zwangsläufig sofort an Romintener-, Schneeberger- oder Karpatenmaße und ist enttäuscht. Nur so viel: die errechnete Summe dieses Achters übertraf den Saugrund-Vierzehnender um acht Punkte und schlug auch den guten Scharfenbrücker Achter um eine Kleinigkeit.
So hatte ich also eine Woche vor meiner Hochzeit meinen bislang besten Hirsch geschossen. — — —
Es wird hoffentlich von mir nicht verlangt werden, Einzelheiten von der Trauung zu schildern. Dabei würden mich ähnliche Gefühle ankommen wie Esther, wenn ich ihr zum Geburtstag gratulieren wollte. Unweigerlich sagte sie dann in größter Verlegenheit und wundervoll errötend: „Alter Junge . . . wollen sie nicht bitte bedeckt bleiben?"
Also höchstens ein paar Streiflichter:
Nach den verschiedenartigsten, reiflichen Überlegungen sollte die Feier teils in Prehlow, teils auf der Winkelmühle stattfinden.
Als ich gerade mit der Frackschleife kämpfte, kam unser sehr ehrenwerter Kantor in erheblicher Erregung in mein Zimmer gestürzt: „Ich kann nicht Orgel spielen! Und ob der Pastor . . ."
Ich bat den mir seit Jahren gut Bekannten, sich so weit zu fassen, daß er mir den Grund seiner Weigerung erklären könne.
„Die Fahnen sind weg!"
„Die Fahnen? Welche Fahnen?"
„Die neuen Fahnen! In der Kirche!"
Ob neu eingeführte Reichsflaggen etwas in einer Kirche zu tun haben oder nicht, darüber wollen wir heute nicht mehr rechten. Tatsache war, daß ein ganz kleiner, ausgesprochen popliger, nicht einmal bösartiger Ortsgruppenleiter, seines Zeichens gelernter Arbeitsloser, besondere Gesinnungswucht dadurch beweisen wollte, daß er auch das Innere der Kirche derart ausstaffierte.

„Sie sind weg ..." staunte ich.
„Weg!" sagte der Kantor. „Verschwunden!" Er weinte beinah.
Ich begriff, daß der Gute unter diesen Voraussetzungen nicht zu amtieren wagte.
„Bitte suchen Sie Esther!" sagte ich in plötzlicher Eingebung. „Sie hat, glaube ich, die Blumen und so ..."
Esther kam.
„Mädchen!" sagte ich beschwörend. „Wo sind die Fahnen?"
„Wollen Sie etwa unter diesen Fahnen getraut werden? Unter diesen ..."
„Teures Mädchen!" sagte ich noch eindringlicher. „Es ist zwanzig vor zwei. In zwanzig Minuten soll's losgehen. Ob mit oder ohne, ich möchte überhaupt! Wo sind diese . . . diese ... ?"
„In der Leichenkammer!"
„Also tun Sie mir die einzige Liebe und holen Sie die Dinger wieder vor!"
„Dann kommen sie aber hinter den großen Oleanderkübel!"
„Meinetwegen. Die Hauptsache, sie sind da. Halt! Esther! Esther!" rief ich der Entwetzenden nach. „Bitte, binden Sie mir erst die verdammte Schleife! Ich werde damit nicht fertig!" — — —
Ein zartes junges Mädchen im Brautstaat verkörpert eine gar nicht schwer genug einzuschätzende Gefahr. Allzu leicht faßt man bei seinem Anblick gute Vorsätze, die in kommenden Jahrzehnten billigerweise nicht einzuhalten sind. — — —
Beinah überwältigend war die Überraschung, die sich uns auf der kurzen, zu Fuß zurückgelegten Strecke vom Hof bis zur Kirche bot. Da standen die Gutsleute Spalier und hielten eine unübersehbar lange Tannengirlande in den erhobenen Händen, daß sie in sanft geschwungenen Bogen den Weg säumte. — — —
Das war so überwältigend, die vielen vertrauten, heute so

feierlichen Gesichter, daß schleunigst von einer zweiten Überraschung berichtet werden soll, um wieder mit beiden Beinen auf die Erde zu kommen. Dieses Phänomen setzte uns allerdings erst einige Tage später in Verwunderung. Das Photographieren hatte Esther übernommen. Sie knipste fleißig, war aber so erschüttert, daß sie — so unwahrscheinlich es klingen mag — stundenlang das Weiterdrehen des Filmes vergaß. Die Folge war ein tolles Vexierbild, auf dem, ganz schwach, ein halbes Hundert Köpfe neben= und übereinander zu erkennen war. Eine Aufnahme allerdings gelang. Sie wurde sogar ausgezeichnet. Da hatte Vetter Jochen gesagt: „Christa! kommen Sie! jetzt lassen wir uns beide zusammen ‚abnehmen'. Ich möchte zu gern im Photo sehen, wie ich mich als Hochzeiter ausmache."
Dieses Bild wurde tadellos, wenigstens von der Braut.
Ach Esther ... ———
Von der sehr kurzen Hochzeitsreise brachte ich 500 Schrotpatronen zurück. 1934 war ein fruchtbares Karnickeljahr.

9

Die 500 Patronen waren nicht umsonst gekauft.
Im Spätherbst fand an Stelle der großen Jagd nur ein kleineres Unternehmen statt, zu dem einzig die Strohwalder, der Dröschkauer und der Medizinmann eingeladen wurden. Noch dazu beeinträchtigte ein unerwarteter Kälteeinbruch die Strecke. Wir jagten bei schneidendem Ostwind und trocknem Frost. Schon am zeitigen Nachmittag saßen die Karnickel, Zuckerrübenblatt, Runkeln und Obstbaumausputz knabbernd, auf den breiten Sandwegen. Mit erstaunten Blicken sahen sie uns entgegen und hoppelten, nachdem sie sich von der Bösartigkeit des Kommenden überzeugt hatten, geruhsam zum Bau. Von dort aus hörten sie — so darf man

wenigstens vermuten — den Lärm unserer erfolglosen Aktionen in durchaus zuversichtlicher Stimmung mit an.
So bekam ich kurz vor Weihnachten den Auftrag, 30 Kaninchen zu schießen, die zu den verschiedensten Zwecken benötigt wurden. Das ganze Revier stand mir zur Verfügung. Ich durfte mir die besseren, die guten und die Glanzstücke unter unseren Schonungen durchpfeifen lassen.
Das besorgte die mir mit falschem Dokument standesamtlich und unter falschen Fahnen kirchlich angetraute Christa nebst vier zur Verstärkung bestellten kleinen Eingeborenen. Zum ersten und einzigen Mal im Leben konnte ich mir bei jedem Treiben den günstigsten Stand aussuchen.
In wenigen Stunden hatten wir 31 Lapins zusammen. Ich verknallte auch nur 43 Patronen. Die in jeder Beziehung geglückte Jagd endete mit einem echt dramatischen Höhepunkt. Zuletzt nahmen wir die Töpferschonung vor. Die sechs Morgen leichter Sand mit kiesigem Untergrund waren so lange als Acker genutzt worden, bis die Anschonung beschlossen wurde. Erwartungsgemäß wuchsen die Kiefern im Anfang blendend, weil sie auf ihnen ungewohnte Mist- und Kunstdüngerreserven stießen. Die Anpflanzung grenzte nur mit einer schrotschußbreiten Ecke an den berühmten Pflanzgarten. Sonst war sie von Feldern umgeben. Das ideale Ein-Mann-Treiben!
Christa ging die Schonung mit ihrer schon heiser geschrienen Rotte an. Manchmal sah ich von weitem ein Gesicht hell über dem Dunkel der Kiefernzweige auftauchen und wieder verschwinden. „Halopp! hallopp! Häs! Häs! Häs!"
Links von mir hatte ich eine alte häßliche Kiesgrube, in der die Bäumchen nicht so recht vorwärtskommen wollten. Plötzlich war da eine Bewegung. Etwas Großes, Graues wollte sich davonstehlen. Ein kurzer Blick durchs Glas genügte. Es war eine mir seit dem Sommer bekannte einzeln ziehende Ricke, die ich für sehr alt hielt. Auf einem struppigen und

doch dabei dünn erscheinenden Hals saß ein Kopf mit ... ja, ich kann es nicht anders beschreiben: mit dicken Backen=taschen, die dem Gesicht etwas Hamsterartiges verliehen. Auch sehr alte Pferde sehen manchmal ähnlich aus, oder ich bilde es mir wenigstens ein.

Bisher war mir dieses Reh immer zu gerissen gewesen. Bei allen Annäherungversuchen bewies es eine an ein erfahrenes Rottier erinnernde Überlegenheit. Wenn es vielleicht auch ein wenig unfair war, die Gelegenheit einer Karnickeljagd auszunützen, so schaltete ich doch ohne zu zögern den Dril=ling auf Kugel um.

Nach dem nahen und leichten Schuß konnte ich feststellen, daß ich wirklich eine meiner ältesten Ricken bekommen hatte. Der vierte untere Backenzahn und sämtliche Schneidezähne waren nur noch als kümmerliche Stummel vorhanden. Und wie freuten sich die Treiberjungens, daß zum Schluß noch etwas richtig Großes vor ihnen geschossen worden war! Oft erscheint das Große begehrenswerter als das Zierliche; aber nicht immer. — — —

Mit wahrer Besessenheit bejagte ich in diesem Winter und in den folgenden die Füchse. Sie mögen es mir nachträglich verzeihen. Da ich ihnen sieben Monate Schonzeit er=wirkt hatte, mußte ich in den übrigen mit eindrucksvollen Erfolgen aufwarten, sonst wäre der Jagdherr ungeduldig ge=worden. Außerdem brachten die guten Bälge gutes Geld. Ist man jung verheiratet, braucht man immerfort Geld.

In der Nähe bauten rheinische Spezialarbeiter irgend etwas Militärisches auf. Einer von ihnen kam zufällig vorbei, als ich auf dem Hof einen Fuchsbalg ausbürstete. Er hielt an. Ob so etwas verkauft werde? Ob man daraus für Mutti etwas zurechtmachen lassen könne? Wie teuer sich das wohl stelle? Ich gab gewissenhaft Auskunft ... Die günstige Ge=legenheit sprach sich rum. In diesem und im nächsten Win=ter wurden mir die Füchse unter der Flinte weggerissen. Im

Geiste sah ich all die Bräute und Muttis am schönen Rhein, die meine kundig gestreiften Bälge naturfarben oder irgend=wie umgefärbt stolz und dankbar spazierentrugen. — — —
1934 wollte es aber zuerst gar nicht klappen. Meine Berichte an den Jagdherrn klangen so lahm wie die eines Heerführers, der sich insgeheim verzweifelt fragte: ‚Bin ich geschlagen? Bin ich ein vom Schicksal Verfolgter? Bin ich ein . . . Stüm=per?' So schrieb ich von ungünstiger Witterung, von einem irgendwo zu vermutenden Mäusesegen, von unverschulde=tem Pech . . .
Da kam Anfang Dezember meine jüngere Schwester zu Be=such, die Münchnerin. Sie war (und ist) sehr sportlich, läuft Schi und kraxelt auch sonst ziemlich zwecklos in den Bergen herum. Ich sagte zu ihr: „Du, Hilde! ich gehe heut nach=mittag auf den neuen Hochsitz an der Freya=Schonung. Viel=leicht . . . Na ja, eben: vielleicht . . . Willst du mitkommen?" Sie wollte.
Es war ein schöner, nicht zu kalter Wintertag. Frischer Schnee lag gerade so hoch, daß alles weiß aussah. In der Nähe des Jagdhüttchens hatte ich, nur aus Knüppeln, einen offenen Hochsitz in einer Doppelkiefer gebaut. Eine aufgerichtete Stange gab den dritten Haltepunkt ab. Von oben aus konnte man auf einigen Stellen in den niedrigsten Teil der anstoßen=den Schonung noch hineinsehen. Nach rechts vorn hatte man freien Durchblick auf die Tränkgrundwiesen und das sie begrenzende staatliche Hochholz.
Beim Bau der Leiter war an Damenbenutzung keineswegs gedacht worden. Das Ding stand senkrecht; die Sprossen waren reichlich weit auseinander. Aber die alpen=tüchtige Hilde schaffte es. Oben sagte ich ihr leise, sie möge sich nach links setzen. Dabei zog ich die Decke aus dem Rucksack. Schon seit Jahren nahm ich zu jedem Ansitz, außer im Som=mer, eine leichte, graue Decke mit hinaus.
In diesem Augenblick sah ich links von uns im Stangenholz

eine Bewegung, oder ich fühlte sie eigentlich nur. Langsam beugte ich mich ein wenig vor. Dann hauchte ich: „Nicht rühren!"

Auf 25 Schritt, so, als wären nicht soeben zwei Menschen angestapft gekommen, und als hätten sie keine sechs Meter hohe, unbequeme Leiter erstiegen, schnürte ahnungslos ein Fuchs auf die Schonung zu. Fast streifte der Drillingslauf meine Schwester, so weit mußte ich nach ihrer Seite hin schießen.

Nachdem es geknallt hatte, stieß sie hervor: „Was ist los?" Unbeweglich geradeausstarrend, hatte sie keine Ahnung, worum es ging. Ihr Gesicht war weiß vor Aufregung. Noch immer wagte sie nicht, den Kopf zu drehen.

„Fuchs . . . Da liegt er . . ."

Ich war genauso aufgeregt. — — —

Nie wieder habe ich von diesem Hochsitz aus einen bekommen. Auch nicht — wie ich schüchtern gehofft hatte —, als ich mir bei der 31 Karnickel-Jagd die Freyaschonung, entgegen sonstiger Gewohnheit, auf diesen Stand hin treiben ließ. Da schoß ich, von oben, nur drei Lapins. Und im nächsten Winter suchte ich hier von einem Rudel Rotwild ein Schmaltier aus.

Mit diesem Hilde-Fuchs war die Durststrecke der beutelosen Wüste überwunden. Dieses Bild erscheint mir einprägsam: Ähnlich wie der fast verschmachtende Wanderer in der wasserlosen Einöde muß auch der bei einer Pechsträhne Tag für Tag enttäuschte Jäger unbeirrt vorwärtsgehen: Und doch! und doch! und doch!

In diesem Winter bekam ich zum ersten noch elf Füchse dazu. Vier davon morgens mit Hilfe eines neuen Hochsitzes. Wir hatten ihn in das uns jetzt zugesprochene Gemeindejagdgelände hineingestellt. Beim Bau war nur an die Beobachtung von Rehen gedacht worden, sah man doch weit hinaus in zusammenhängende Wiesen.

Zufällig kam ich darauf, daß an dieser Stelle ein Haupt-Fuchspaß vorbeiführte, der die Verbindung von den horizont-weiten Grünflächen über die Stelle ‚Wo's=knirscht' zu unseren Schonungen bildete.
So bin ich denn in einem kalten Januar verschiedentlich morgens um fünf aus meinem molligen Bett aufgestanden und habe dadurch vier gute Füchse bekommen, die beim Hellwerden, nichts Übles ahnend, angeschnürt kamen.
Vermutlich war es kein reines Vergnügen, mit mir jung-verheiratet zu sein. — — —
Die Strecke des nächsten Jahres betrug sechzehn.
Da hatte ich die Teicherle entdeckt und mit einem leichten Hochsitz versehen. Folgte man dem Bach, konnte man ungefähr 100 Schritt weit in den verlandeten Prehlower Teich eindringen. Hier hatte er eine Einschnürung. Auf Büchsenschuß-entfernung schob sich linkerhand der Staatswald in die Erlenwildnis hinein, und nach rechts war es bis zu unseren Schonungen nicht viel weiter. Hier kreuzte der nur ausnahmsweise benutzte Rotwildwechsel den Sumpf, hier spürte sich auch regelmäßig der Fuchs, sobald der Teich zugefroren war. — — —
Würde ich heute gefragt: „Welches war — ohne dabei auf das erlegte Wild zu blicken — Ihr schönstes Jagderlebnis?", dann würde ich antworten:
„So unendlich viel Schönes wurde mir geschenkt, daß ich mich auf einen Tag, eine Stunde, nicht beschränken kann. Es muß mir gestattet werden, zum mindesten für jede Jahreszeit aus der Erinnerung ein besonders einprägsames Geschehnis herbeizurufen.
Ein Frühlingsabend im Moor. Im vorigen Jahr war es. Statt des Gewehres von einst begleiteten mich meine jämmerlichen Krücken; meine guten Krücken, denen ich es verdanke, daß ich bis zum Rande des Moores gelangen konnte. Es war ganz still um mich. Es duftete eindringlich nach Frühling. Das

Glück, leben zu dürfen, verbannte jeden trüben Gedanken. Auf trocknen, überjährigen Torfziegeln fand ich einen Platz zum Ausruhen.
Da flötete es weit draußen im Moor: ‚Tülü — tülü — tülü . . .'
So muß die altgriechische Schalmei geklungen haben, wenn der große Pan sie blies, um allem Getier und allen erdnahen Menschen zu verkünden, der Frühling sei eingekehrt .
Und dann ein jauchzender, jubilierender Triller, ein Dankgebet an das Leben. Das Liebeslied des Brachvogels.
Ich schloß die Augen und sah am Rande des Moores viele Schafe, die das frische Grün rupften oder ruhend im Heidekraut saßen. Ein Hirtenmädchen lehnte gegen einen großen grauen Stein. Es war nackt. Seine Glieder schimmerten bronzedunkel. Ein Widder mit gewundenen Hörnern und zottigem Vließ trottete auf das Mädchen zu und leckte Salz aus seiner ihm hingestreckten hohlen Hand.

Ich wunderte mich nicht über das nackte Hirtenmädchen, denn das Lied des Brachvogels hatte meine Augen verzaubert, daß sie solches sahen, und hatte mein Herz verzaubert, daß es solches begriff. — — —
Ein niedriger, halb zerfallener Hochsitz dicht neben der Winkelmühle. Davor ein Wintergerstschlag, bei dem sich soeben die Ähren aus den Blattschneiden geschoben hatten. Grüngolden lag er im Strahlenschein der untergehenden Sonne. Leise strich der Wind über die Gerste, der um diese Zeit mädchenhaftesten aller Getreidearten. Die grüngoldenen Halme beugten sich und neigten sich in einem jugendseligen, noch nicht körnerschweren Reigen.
Und über dieser mädchenhaften, grüngoldenen Pracht stand rot-braun-schwarz plötzlich das Haupt des seit Jahren geschonten starken Bockes. Die sinkende Abendsonne liebkoste das wogende Gerstenfeld, in dem sich das Reh-Haupt mit der dunkel gezackten Krone langsam auf mich zu bewegte. —
Eine Herbstnacht auf dem Eichpfuhl-Hochsitz in meinem Gollin. Weit hinten, vor den Zinswiesen, schrie ein Hirsch. Vollmond. Schwarz lag die brusthohe Kiefernschonung unter mir. Von links her näherte sich ein Geräusch, das es nur einmal auf der Welt gibt: Die Läufe anwechselnden Hochwildes knackten. Mitten in der Schonung, einer Pflanzreihe folgend, zog fast zum Greifen nah ein einzelner Hirsch vorüber. Die weißen, taunassen Sprossen und Enden badeten sich im Silberlicht des Mondes. Silberweiß glitt das starke Geweih des nicht der Kugel bestimmten Hirsches über dem dunklen Samt der Kieferndickung dahin."
„Und ihr schönstes Wintererlebnis?"
„Im Winter ... Da saß ich auf der Teicherle. Der einförmige bläulich-perlengraue Himmel schenkte der Erde Schneeflokken, die wie Weihnachtsbaumsterne aussahen. In die weiße Einsamkeit hinein schnürte ein Fuchs. Auf einer Lücke zwischen falbem Dürrgras blieb er stehen und drehte den spitzen

Kopf dorthin, wo an der offenen Bachstelle, halblaut miteinander paakend, die Enten lagen.

Die lautlos herabschwebenden Schneeflocken und der verhoffende Fuchs, beides zusammen, mag mein schönstes Wintererlebnis gewesen sein."

„Und was wurde aus dem Fuchs?"

„Wie meinen Sie . . . ?"

„Ich meine, ob Sie den Fuchs schossen?"

„Ach so . . . Verzeihung! Ich dachte für ein paar Minuten nicht . . . Nun ja . . ." — — —

Drei Füchse bekam ich vom Bachsitz aus. Und mit jedem hatte es seine besondere Bewandtnis.

Der erste murkste rechts hinter mir herum. Ich mußte etwas unternehmen. Sobald er nämlich zum Bach schnürte — und gerade das traute ich ihm zu! — bekam er Wind. Der Sitz war höchstens fünf Meter hoch. Mehr hatte die noch junge Erle nicht hergegeben. Was macht man, wenn man ohne besondere Deckung offen dasitzt, und auf 25 Schritt, halbrechts hinter einem, krispelt am hell-lichten Tag ein starker Fuchs an einer Dürrgraskaupe?

Daß ich mich nicht drehen durfte, wußte ich. Versuchte ich es, verschwand der Bursche auf Nimmerwiedersehn. Also schlug ich den Drilling links an und drückte ab. Den Fuchs riß es zusammen. Aber der Hieb, den ich gegen Schulter und Backenknochen bekam, der hatte es in sich! — — —

Der nächste, wieder ein starker Rüde, ein dunkler Kohlfuchs, trabte, mir genau gegenüber, recht eilig auf 80 Schritt von rechts nach links. Nun war das nicht etwa eine freie Fläche. Ach wo! da herrschte ein ziemliches Durcheinander von Erlensträuchern, Weidengestrüpp, wintergeknicktem Rohr, Schilf und Schneidegras.

Ich erkannte nur so viel, daß er etwas Großes im Fang trug. Es mochte der Grund für seine unziemliche Eile sein. Damit strebte er dem Staatlichen zu.

Als er den nur an dieser Stelle leicht übergefrorenen Bach kreuzte, schoß ich; der Entfernung wegen natürlich mit Kugel.
Der Fuchs blieb auf dem Eis liegen; er bewegte sich aber noch. Bei dem verwendeten Vollmantelgeschoß war das nichts Außergewöhnliches. Er würde schon bald verenden. Aber nach einer Minute bewegte er sich noch immer. Obgleich ich gern sitzengeblieben wäre, denn es war noch nicht dämmrig, mußte ich zu ihm hin. Mit Schrot gab ich den Fangschuß. Die Kugel saß zu hoch und hatte die Wirbelsäule verletzt.
Neben ihm lag kein verwertbarer Braten sondern eine dicke Runkelrübe, die er sich von der Fütterung an der Grießerschonung geholt hatte.
Daß Füchse Runkeln fressen, habe ich später bei einwandfreiem Spurschnee ein zweites Mal festgestellt. Auf der Domäne Birkholz war noch ein unbedeutender Rest auf dem Feld geblieben, von dem wir täglich eine Fuhre, zusammen mit dem Kraut, zum Füttern holten. Hier hatte ein Fuchs mehrere Rüben sauber ausgehöhlt und die leere Schale stehen lassen. Es sah so aus, als schmeckte sie ihm nicht so wie das weiße Innenfleisch.
Unbegreiflich blieb, weswegen mein Bachfuchs sein Abendbrot so eifrig wegschleppte, fort von dichten Schonungen, durch sicheres Teichgelände, in Richtung auf anfänglich recht lichtes Hochholz. Ich berichtige: durch scheinbar sicheres Teichgelände. — — —
Die härteste Nuß gab mir der dritte, oder präziser ausgedrückt die dritte zu knacken; denn es war eine jährige Fähe. Aufs Reizen kam sie mir von links her auf ungefähr 50 Schritt. Da blieb sie stehen und bekam es mit der Angst zu tun. Versteht man ein klein wenig von den verschiedenen Frauenzimmerchen, so muß man es fühlen, ob man sie noch weiter heranlocken kann oder nicht. Erkennt man, daß alle Liebes=

müh vergebens sein wird, ist es nur dumme Zeitverschwendung, noch weiter zu bitten und zu betteln. Meistens drehen sie dann dem ungeschickten Verführer sogar den Rücken zu und lassen ihn, um eine bittere Erfahrung reicher, allein.
Aus diesem Wissen heraus schoß ich, obwohl ich die Entfernung für etwas zu weit hielt.
Der Fuchs war wie weggewischt.
Das war nun eine reizende Bescherung. Knapp zollstark war die den Sumpf überziehende Eisschicht.
Zuerst spürte ich die Grenze ab. Noch hoffte ich, mich um diese Art von Nachsuche herumdrücken zu können. Aber da stand im frischen Schnee nur die hineinweisende Spur auf dem altbekannten Paß. Also steckte der Beschossene in der Erlenwildnis. Also mußte ich hinterher.
In weißer Keuschheit lag das Gelände vor mir, in das ich nun einbrach; einbrach in doppelter Bedeutung. Und hinter mir sah es aus, als ob ein Unhold hindurchgestapft wäre! Schwarzbraune, stinkende Moorbrühe quoll bei meinen Schritten hervor, mit denen ich bis kurz unter den Spiegel versank. So schrecklich kalt war es eigentlich gar nicht, weil das Waten mächtig anstrengte.
Und da lag es ja schon das Füchschen, stumm und sehr allein in der weißen Einsamkeit.
Sechzig, achtzig oder hundert scheußlich die Reinheit der Winterlandschaft zerstörende Schritte. Dann der Vier-Kilometer-Marsch zur Winkelmühle.
Als klirrender Eisheiliger kam ich dort an. Bei jeder Bewegung schlugen die vielen Eiszapfen, die um mich rumbaumelten, in eigenartigem Geläut zusammen.
„Christa! Agnes! Den Waschzuber! Warmes Wasser! alles in den Flur!" Agnes war das junge, niedliche, ordentliche und fleißige Dienstmädchen meiner Frau. Manche Nachfolgerin besaß von den vier aufgezählten Eigenschaften nur drei bis gar keine.

Zum Reviergang mit autoschlauch-
verpacktem Gipsverband

Das neue Jagdglas

Schönheitskönigin und Vetter Jochen

Wehe wenn der Uhu krallt!

△ Das Winkelmühler Gutshaus ▽ Rotkäppchen, die Mutter, Esther, Nichte und vier Dackel

Das Ochsengespann vor der Teichfahrt

„Mein Himmel! wie siehst du bloß wieder aus!"
„Huch! das ist ja alles ganz storre!"
War übrigens gar nicht so einfach, die Eishosen loszuwerden. Überall konnte man sich schließlich von den beiden teils scheltenden, teils besorgten Helferinnen nicht herausschälen lassen.
Und erst die Brühe, die es gab! Mockturtlesuppe konnte nicht echter aussehen!
Kein Schnupfen, kein Husten, kein Gliederreißen kam hinterher.

10

Ende November 34 ließ mich die Mutter wissen, daß am Sonntagmorgen allzu leicht wild frettiert werden könne, wenn ich mich an diesen Tagen nicht in aller Herrgottsfrühe draußen blicken ließe.
Ich gebe offen zu, daß mich diese Vermutung, die beinahe mit der Sicherheit eines heimlichen Wissens vorgebracht wurde, bodenlos wurmte. Freilich schlief ich sonntags meistens aus, mußte ich doch an jedem anderen Tage unzüchtig früh aufstehen. Schließlich machte ich aber nach dem festtäglichen Frühstück selbstverständlich meine große Runde, schon allein, um die Fallen nachzusehen. Da blieb für Ströpper zu wenig Zeit, um sich bösartig zu betätigen.
Zuerst wollte ich am nächsten Sonntag besonders sanft und ausgiebig ruhen. Dann jedoch entschloß ich mich anders. Vielleicht hatte Christa einmal wieder erfolgreich zwischen Schloß und Winkelmühle vermittelt. Darin war sie Meisterin. Gewöhnlich begann es mit einem Anruf der Mutter: „Tag, Christa! Nun, was macht denn dein Meister Eisen?"
Immer noch mit dem Geschick hadernd, ging ich also beim Frührot des klaren Dezembermorgens den Wiesenweg im

Tränkgrund hinunter. Jetzt bog er ab und zwängte sich in den oberen Teil der Freyaschonung. Eigentlich blieb er der breit=behäbige Waldweg, wie er dort geduldet wird, wo sandiger Boden nicht zur Ausnutzung des letzten Fußbreits zum Tra=gen einer Baumreihe, zum Erzielen einer Rente anreizt. Aber einige Anflugkiefern, die niemand störten, engten ihn ein und behinderten den freien Blick.

An dieser unübersichtlichen Stelle huschte ein Karnickel über den Weg; von rechts nach links. Das hättest du zur Not gelangt, dachte ich. Im nächsten Augenblick war auf demselben Fleck ein zweites Tier, doppelt so lang, schwarz=braun.

Marder.

Wie ein unerfahrener Jagdhund stocherte er auf der Kar=nickelspur herum. Fand sich nicht weiter. Drehte um. Ver=schwand auf der falschen Seite, bevor ich ihm etwas zuleide tun konnte.

Ich glitt hinter eine der Anflugkiefern und hob die Hand zum Mund, um zu reizen.

Da erschien er ein zweites Mal, bevor ich einen Ton hervor=gebracht hatte. In der Schonung, auf dem Nadelbett, mochte die Kaninchenspur besser stehen als auf dem nackten Sand des Weges.

Ich schoß.

Der Marder überschlug sich weich, kam nicht mehr vom Fleck, verendete.

Ein starker, dunkler Marderrüde mit seidigbraunem Balg und safrangelber Brust. Der eigenartig anziehende und auf=regende Geruch, der diesem Edelwild eigen ist, schlug mir entgegen, wenn ich das Gesicht in seinem Pelzwerk vergrub. Der zweite Marder meines Lebens.

Ich balgte ihn sofort ab. Steckt man ein Stück Raubwild in den Rucksack, wird der Balg zwangsläufig schweißig. Das ist nicht weiter schlimm, weil er später ohnehin gesäubert

und gebürstet wird. Aber diese Köstlichkeit sollte keine Flecke bekommen, nicht einmal für wenige Tage.
Mit dem umgedrehten Balg, das Haar nach innen, in der Rucksacktasche, setzte ich meinen Sonntagsgang fort.
Eine Stunde später, ein beträchtliches Stück von der Freyaschonung entfernt, lärmten Krähen in einem vierzigjährigen Stangenholz. Der nächste Marder dachte ich, bevor ich das geringste erkennen konnte, und ging auf den Spektakel zu.
Es war ein Marder.
Er saß auf einer Kiefer und fühlte sich entsetzlich unglücklich, weil die schwarzen Vögel pausenlos auf ihn haßten.
Versuche ich meinen Jungens an Hand der Wahrscheinlichkeitsrechnung auseinanderzusetzen, wie oft ein Skatspieler

durchschnittlich damit rechnen kann, alle vier Buben zu bekommen, dann sagen sie in seltener Einmütigkeit, ich verstände von solchen mathematischen Spekulationen entzückend wenig.

In genau zwanzig Jägerjahren, bis zu diesem Tage, erlegte ich e i n e n Marder; und nun an e i n e m Morgen z w e i. Ein größerer Arithmetiker, als ich es bin, soll die Möglichkeit solchen Erfolges berechnen. Ich vermute, es wird ein Bruch herauskommen, bei dem über dem Strich eine 1 und darunter eine astronomische Zahl steht.

Den Seinen gibt's der Herr n i c h t im Schlaf.

Es war übrigens eine mittelstarke, aber ebenfalls schön gezeichnete Fähe.

Von der Winkelmühle aus rief ich die Mutter an: „Guten Morgen gnädige Frau! Draußen ist alles in Ordnung. Keine Frettierer angetroffen."

„So. Das ist ja recht schön. Und was war sonst noch . . .?"

„Ich habe zwei Marder geschossen."

„Was? Wie bitte? Wie?"

„Ich habe zwei Marder geschossen."

11

Es ist eine bewährte Methode, sich die Marksteine an der Straße des Familienlebens mit Hilfe jagdlicher Geschehnisse zu merken. Allein schon deswegen, weil bei fortschreitendem Gedächtnisschwund die Daten unschwer dem Schußbuch entnommen werden können. Zur Feistzeit 1934, als ich den guten Achter bekam, heirateten wir. Und zu Pfingsten passierte dann die unerhörte Geschichte mit den zwanzig anrückenden Taufgästen und dem von mir n i c h t gelieferten Braten. Zu Pfingsten des übernächsten Jahres.

Um die Finanzlage der Gutswirtschaft so wenig wie möglich zu belasten, bezog ich nur ein bescheidenes Bargehalt; aber um so beachtlicher waren die Deputate der verschiedensten Art. Hier seien nur die jagdlichen aufgezählt: ein Stück Rotwild, eine Sau, zwei Rehe, 5 Fasanen, 5 Erpel und 20 Kaninchen im Jahr.

Am 2. Pfingstfeiertag sollte unser Erster und noch Einziger getauft werden. Daß es einen selbsterlegten Braten gab, erschien angebracht. Im Verlorenen Paradies kamen jede Nacht fünf Überläufer. Einer von ihnen war ausersehen.

„Schieß ihn bloß nicht zu früh," sagte Christa eindringlich. „Wir haben ja Eis, aber trotzdem . . ."

„Beruhige dich," sagte ich. „Ist dir Mittwoch genehm?"

Dieser Tag war es ihr.

Aber nicht den Sauen.

Sie kamen erst am späten Donnerstagabend. Schließlich sind Sauen eigenwillige Geschöpfe. Ich lächelte leise. Behutsam hob ich den nie fehlenden Drilling . . .

Aber das triumphierende Lächeln mußte wohl mein großer Gegenspieler, der Wind, bemerkt haben. Vieles, was dem kleinen Menschen draußen begegnet, ist mir freundlich gesinnt: der wärmende Sonnenschein und der sanfte Sprühregen, des Mondes milde Laterne und die von Spuren und Fährten gezeichnete Neue. Der Wind dagegen bezeigte sich schon den alten Griechen gegenüber bald hilfreich, bald launenhaft widrig, und bis in mein jägerisches Erdenwallen hinein hatte er diese fragwürdige Unverläßlichkeit nicht abgelegt. Als ich den Taufbraten im Zielfernrohrblick schon fast zum Zerwirken sicher vor mir hatte, und nur diese unscheinbare Krümmung des rechten Zeigefingers fehlte, daß . . . in diesem Augenblick schlug der Wankelmütige zum erstenmal am Abend um. ‚Ruff!' machte die nächste Sau. Der Eichensitz war nun einmal zu niedrig. Im Handgalopp verschwand die schwarze Gesellschaft im Bruch.

Am Freitag saß ich bis zwölf. Sie kamen nicht.

Am Sonnabend saß ich bis eins auf dem Bachhochsitz. Sie kamen da, wo sie vor zwei Tagen von mir Wind bekommen hatten. In der Frühe des Pfingstmorgens rief ich die drei Schlächtermeister an, die unsere zahlreichen Schweine und Mastrinder abzuholen pflegten. Das heißt, ich versuchte es. Bei den beiden ersten bekam ich keinen Anschluß. Der dritte sagte, als ich ihn um einen Taufbraten anging: „Ich habe kein Pfund Fleisch im Hause; ich kann ihnen nichtmal meinen eigenen geben; wir essen nämlich immer Fisch . . ."
Während dieser fürchterlichen Telephoniererei, die ich meinem Stolz abgerungen hatte, wußte ich Christa auf ihrem Morgengang durch die Kleinviehställe. Jetzt betrat sie das Zimmer. Sie war sehr blaß.
„Was soll werden?" sagte sie. Kein Wort weiter.
„Liebling," sagte ich. Ich hatte diese kitschige Anrede noch niemals gebraucht. „Liebling! erstens habe ich noch eine Nacht . . ."
„Und zweitens?" sagte sie gnadenlos.
„Zweitens . . ." ich schluckte. Mein am Boden liegender Jägerstolz wand sich. „Und zweitens könnten wir schlimmstenfalls den Puthahn . . ."
Weiter kam ich nicht. „Den Puthahn! du weißt wohl nicht, daß der Ende Mai nur aus Haut und Knochen besteht?"
„Freilich, freilich. Ein guter Hahn wird selten fett." Im verzweifelten Versuch zu scherzen blickte ich an meiner ausgemergelten Gestalt hinunter, aber aus Christas eisiger Miene entnahm ich, daß die Stunde zu kurzweiligen Bemerkungen ungünstig gewählt war. So wurde ich augenblicklich wieder ernst: „Wie wäre es mit ein paar Hennen . . . Hühnerfrikassee ist etwas . . ."
„Hühnerfrikassee für 18 Gäste?! Meine Hennen brüten entweder, oder sie legen Eier. Da ist nicht eine einzige im Stall, die man schlachten könnte."
In dieser schwierigen Lage enthob mich der Aushilfspostbote

einer Antwort, nach der ich noch verzweifelt suchte. Ich konnte mich nicht erinnern, daß am ersten Feiertag uns jemals eine solche Dienstperson in amtlicher Eigenschaft aufgesucht hatte. Völlig irrsinnig fuhr mir der Gedanke durch den Kopf: Das ist die Rettung! Du sollst ein geschlachtetes Kalb von der Bahn abholen, oder eine großstädtische Gastronomie meldet ein Auto mit fertigem Diner, oder eine Botschaft vom Schlaraffenland höchstselbst ... Genauso hofft der Verurteilte unter dem Galgen darauf, daß der Strick reißen möge.

‚Wir kommen doch! Schluck und Jau.' stand auf dem Telegramm, das der Schicksalsbote überbrachte. Wortlos gab ich es an Christa. Die Unterschrift bedeutete die Spitznamen zweier Brüder, von denen der eine Fahnenjunker, der andere Student war.

„Schluck und Jau," sagte Christa. „Die sind abgebrannt und rechnen so: lieber das Fahrgeld borgen und drei Tage auf der Winkelmühle bleiben, als ... Ha! zwanzig Gäste!" Der Ton ihrer Stimme schnitt ins Herz. Aber sie weinte nicht. Die erlösenden Tränen waren ihr versagt.

Da richtete ich mich zu meiner ganzen Größe auf: „Du kannst dich auf mich verlassen. Heute Nacht um 12 fängt die Bockjagd an. Kriege ich keinen Überläufer, schieße ich um halb vier einen Bock. Du kannst dich auf mich verlassen, Christa."

Die Sauen kamen nicht. Stattdessen setzte der kälteste und ekligste Nieselregen ein, den ich in der letzten Mainacht seit meiner unbeschwerten Kindheit erlebt hatte. Ich fror. Aber ich durfte den Hochsitz nicht verlassen, standen doch zwei einwandfreie Abschußböcke nebst mehreren Ricken um mich herum. Ich fror entsetzlich.

Als es endlich hell wurde, eine Stunde später als sonst, waren die Wiesen leer. Sie trieften vor Nässe. Kein Stück Rehwild war zu erblicken, denn zu dem unaufhörlich fallenden Regen hatte sich ein schneidender Wind gesellt.

Ich lief zur Winkelmühle. Seit Stunden hatte ich einen Wach=traum gehabt: ein Weinglas, halb voll Cognac. Ich roch den Cognac, ich schmeckte ihn auf der Zunge, ich fühlte ihn brennend in meinem Magen rinnen, der sich langsam in einen Eisbeutel verwandelt zu haben schien.

Als ich auf den Hof kam, sah ich, daß die drei Fenster unseres sehr großen Schlafzimmers besetzt waren. Drei Frauenköpfe hingen heraus. Christa mit ihren beiden älteren Schwestern.

„Was macht ihr denn da?" brüllte ich.

„Wir warten seit gestern Abend auf den Schuß!"

„Verflucht!" brüllte ich. Ich konnte mich nicht mehr beherr=schen. Die überforderten Nerven streikten. „Verflucht! und dreimal verflucht! Nun noch alte Weiber über den Weg!"

Die Frauenköpfe verschwanden.

Ohne Schnaps rannte ich in den Hopfwinkel.

Auf dem ersten Wiesenstückchen stand einer der besten Böcke des Reviers, ein dreijähriger starker Sechser. Ich schoß nicht. Viele Schlechtigkeiten, auch jagdlicher Natur, habe ich mir im Leben zuschulden kommen lassen. An diesem Bock, den mir der Versucher auf hundert Schritt hinstellte, bin ich vorbeigepürscht.

Auf der nächsten Wieseästen zwei Knopfböcke, wahrschein=lich Brüder. Zwischen uns war ein Komposthaufen. Jeder rechte Bauer fährt vor den Feiertagen nochmal die Jauche hinaus. Im Mai, wenn alle Felder bestellt sind, bedenkt man den Komposthaufen mit dem bräunlichen Pflanzentrank.

Ich kroch auf allen Vieren durch die klitschnasse Wiese, bis ich den langgestreckten Erdwall erreicht hatte. Oben legte ich mich in die noch nicht ganz versickerte Jauche. Mir war alles gleichgültig. Ich sah nur die beiden Jämmerlinge.

Siebeneinhalbfache Vergrößerung. Zielstachel. Blatt. Zu=kneifen beider Augen. Schuß.

Blattschuß.

Um sechs war ich auf dem Hof.

Eine Stunde später hingen sämtliche Braten im Durchzug, um auszukühlen.
Eine Stunde später begann die Geheimrätin, die vortreffliche Gattin des trinkfrohen Prehlower Gutsfaktotums, die Braten zu klopfen, daß es nur so klatschte.
Unwahr ist, daß sich Tante Mathilde an unserem Taufessen ihre Brücke zerbrochen hätte. Es handelte sich nur um einen durchaus abkömmlichen Stiftzahn.
Unwahr ist, ich wäre schon in der Kirche eingeschlafen. Das war viel später. Auch hatten die durchwachten Nächte nichts damit zu tun. Derlei rührte mich nicht. Aber der endlich Wirklichkeit gewordene Wachtraum lullte mein Innenleben ein, der den Eisbeutel mählich auftauende Cognac.
Wahr dagegen ist, daß der Ehrengast gegen Abend meinen Lodenmantel über seinen Frack zog und an der Krummen Birke einen starken, alten Abschußbock erlegte. Ein seltsames aber nicht unwürdiges Gewand für ein solches Jagderlebnis.
Und wahr ist endlich, daß ich am zeitigen Dienstagabend einen 78 Pfund schweren Überläufer vom Eichensitz aus schoß.

12

Mit den beiden letzten Füchsen des Jahrganges 35 wurde mir ein neues Wissen geschenkt, glückte mir eine Jägerlist, die ich bisher stets vergeblich angewandt hatte. Innerhalb von zehn Minuten schoß ich die ins Verderben schnürenden vom Gänsehochsitz aus auf Reiztöne hin, die ich — bildlich gesprochen — hervorbrachte, indem ich die Sterbeklage eines Junghasen, den Vogelangstruf und die windelnaß plärrende Beschwerde eines Säuglings in einen musikalischen Mixbecher tat, kräftig umschüttelte und sparsam in die geduldig lauschende Nacht hinaussandte.

Zwei Füchse innerhalb von zehn Minuten!
Zwei rheinische Frauchen bepelzt!
Sehr ungeduldig wartete ich im nächsten Winter auf die erste richtige Reiznacht.
In den meisten schöngeistigen Schilderungen einschlägiger Art ‚deckt knietiefer Januarschnee Feld und Flur'. Als geborener Widerspruchsgeist erkläre ich: Schnee war bei mir nicht förderlich, der Januar ausgesprochen schlecht. Zwar schoß ich auch dann, wenn die Natur Weiß angelegt hatte, einige Füchse, die meinem hinterhältigen Flehen folgten; aber nur wenige und — das ist eine bedeutsame Ausnahme — nur am Tage. Weiter ist zu Beginn des neuen Jahres Ranzzeit und nicht Reizzeit. Die Sehnsucht nach der Liebsten ist stärker als die nach der Beute.
Nach meinem Dafürhalten muß bei der richtigen Reiznacht seit einigen Tagen Brachfrost herrschen, damit die Füchse Hunger haben. Es muß möglichst windstill sein, damit mein Klagen weithin vernommen wird. Gutes Mondlicht wird zum Erkennen und Treffen gebraucht. Gewöhnlich gibt es nur eine solche Nacht in jedem Winter, zwei sind ein besonderes Geschenk.
Am 2. Dezember waren alle Forderungen an das Wetter erfüllt. Am Spätnachmittag begann ich im Hopfwinkel, auf dem Jagdstühlchen sitzend, zu reizen. Ein jähriger Fuchs kam zögernd von hinten. Ich mußte weit schießen und schnell laufen, um ein zweites Mal, endgültig, zu Schuß zu kommen. Ich trug ihn nach Haus, aß zu Abendbrot und radelte in die äußerste Revierecke, zur Falkenthaler Straße. Dort stand am Grenzbach, 30 Schritt vor der Brücke, eine riesige, vielschäftige Erle in der Wiese. Hier hatte ich, reichlich 12 Meter hoch, einen ganz einfachen Sitz gebaut, zu dem man ohne vielen Sprossenkram hinaufklettern mußte.
Die Stelle besaß einen Vorteil, den Raesfeldt der zünftigen Luderhütte wünscht: Das Wasser im Brückenbogen plät-

scherte und gluckste leise. Es übertönte kleine Geräusche, die der Schütze verursachte. Für meine Zwecke war der Sing=sang des Grabens schädlich. In der Idealnacht ist das Wiesen=gras dick bereift und starr gefroren. Bleibt nach dem Reizen alles lautlos, hört man den Fuchs kommen; je stärker er ist, desto schneller nähert er sich. Alte Rüden schossen ein paar=mal unter dem Hochsitz durch, bevor ich eingreifen konnte. Die Richtung, aus der die Jammerlaute erschallen, kennen sie erstaunlich genau, die Entfernung können sie nicht abschät=zen. Jungfüchse vom letzten Jahr schleichen zögernd näher. Vermutlich erklärt sich der Unterschied so, daß sie befürch=ten, der Starke, der das unbekannte Tier eben abgewürgt hat, wird sie wegbeißen. Der auf seine Kraft vertrauende Altrüde kennt diese Sorge nicht.

Oben in der Erle rauchte ich die Beruhigungszigarette; nicht für mich, sondern für alles Getier, das mein Kommen wahr=genommen haben sollte. Dann hob ich die linke Hand zum Mund.

Jedesmal kam es mir wie ein Unrecht vor, die Feierlichkeit der Mond= und Sternennacht mit meinem Gemautze zu ent=weihen. Ich kenne auf der Jagd sonst keine lächerliche Weh=mut. Aber eine schweigende Mond= und Sternennacht ist sehr feierlich.

Beim zweiten Vers, den ich nach zehn Minuten Wartepause anstimmte, kam eilig ein Fuchs. Ich schoß schräg von oben. Er lag sofort reglos.

Ich rauchte. Dann reizte ich drei Verse und hinterher die wenigen ‚ersterbenden Töne', mit denen ich es immer zum Schluß versuchte.

Ein Fuchs kam ängstlich angeschnürt. Er setzte sich auf die Keulen. Unendlich lange. Schnürte wenige Meter näher. Setzte sich. Unendlich lange. Ich war aufgestanden und ver=harrte reglos und lautlos.

Endlich kam er noch ein wenig näher. Ich schoß. Er schleppte sich schwerkrank bis zu einem Gebüsch. Ich kletterte vorsichtig hinunter und ging auf 30 Schritt heran. Dann schoß ich noch einmal.

Ich band beide Füchse auf den Rucksack und fuhr zum Schwarzen Hochsitz. Er stand in der Mitte des Reviers an der Ecke eines Stangenholzes. Bis hierher würde mein Reizen nicht vernommen worden sein. Schüsse, nach denen man nicht irgendwelchen Blödsinn anstellt, stören natürlich überhaupt nicht.

Vor mir dehnte sich freies Feld. Links vom Hochsitz lag eine gegen die Karnickel eingezäunte Kultur. In ihr kam der vierte Fuchs dieses Abends angeschnürt. Es sah wunderhübsch elegant aus, wie er mit einer Hochflut das Gatter überfiel und dabei mit allen Läufen einen Augenblick auf dem armstarken Pfosten aufsetzte. Ich schoß ihn auf knapp zwanzig Schritt ...

Und noch einen bekam ich kurz vor Mitternacht vom neuen Hochsitz aus, Wo's-knirscht, mit der letzten Schrotpatrone, die ich bei mir hatte. Einem dummen Menschen muß es gesagt werden, daß er zu solcher Jagdart einen halben Kasten Patronen mitnehmen muß.

Die beiden letzten band ich an der Lenkstange fest. So erreichte ich mühsam die Winkelmühle. Durch die Fensterläden des Wohnzimmers schimmerte Licht. Meine Frau und ihre Schwester, der Gutsherr und Vetter Jochen warteten also noch auf mein Kommen.

Leise schlich ich mich in die Küche. Auf dem großen Tisch legte ich Strecke, die Lunten nach oben gebogen, wie es Brauch ist. Daß ich den Nachmittagsfuchs dazuholte, versteht sich. Dann erst meldete ich mich.

Staunend sagte Vetter Jochen: „Fünf Füchse ... Menschenskind ... Sowas hat ja der König von Sachsen nicht fertiggebracht ...“ —

Wie er ausgerechnet auf diesen sympathischen Monarchen, mit dem wir Preußen wenig zu tun hatten, gekommen war,

weiß ich nicht. Jahre später zeigte ich meinen Jungens mal das Elchbuch des Herrn von Kobilinsky=Kobsdorf. Auf einem der Bilder steht der letzte Sachsenherrscher, schlicht im Lodenmäntelchen, hinter einem von ihm gestreckten, noch etwas jugendlichen Schaufler.

„Das ist 'n König", sagte ich.

Peter war damals vier Jahre alt. Er guckte sich das Photo sehr genau an, dann sagte er: „Quatsch! das ist 'n Elch." —

Drei Nächte nachdem ich mit so reicher Beute nach Hause gekommen war, trafen sich tatsächlich noch einmal alle zum Reizen günstigen Umstände. Wieder kamen mir fünf Füchse, von denen ich vier schoß. Der letzte flüchtete auf den Schuß in eine unserer guten Karnickelschonungen. Die Nachsuche blieb leider erfolglos.

Dieser zweite, schier unglaubliche Erfolg innerhalb von einer Woche stimmte den Landgraf keineswegs zufrieden. „Dann haben wir also mindestens zehn Füchse mit unseren Kanin=

chen und Fasanen das Jahr über durchgefüttert", meinte er bekümmert.
Ich hatte mir schon die große Verteidigungsrede für die Sommerschonzeit meiner Heißgeliebten zurechtgelegt: „Ich glaube, es hängt anders zusammen", erklärte ich in heiligem Eifer. „In beiden Prehlower Gemeindejagden, die ohne Aufsicht sind, wird nur alle Jubeljahr ein Fuchs geschossen. In den 40 000 Morgen Staatsforst, um uns herum, kümmert sich auch höchstens jeder dritte Förster um das Raubwild. Unser Niederwildrevier ist wie ein Schwamm. Drücke ich ihn heute aus, und stecke ich den letzten Fuchsen in den Rucksack, so sind in wenigen Tagen schon neue nachgerückt."
„Sie reden wie ein Advokat."
„Nur, um der Wahrheit zu dienen. Im Sommer sind nicht so viele Füchse dagewesen. Wir hatten keinen befahrenen Mutterbau, und nur selten sah ich einen beim Mausen."
„Aber beim Kaninchenfangen wohl öfter?"
„Beim Kaninchenfangen?! Dann hätten wir in diesem Jahr mit über 200 Stück nicht unsere beste Treibjagd haben können!"
„Wer weiß, wie es nächsten Herbst werden wird."
„Bis dahin bekomme ich noch viele Füchse!"
Diese Prophezeiung traf ein. Es wurden in diesem Winter 23. —
Wenn eben von meinen beiden besten Prehlower Reiznächten berichtet wurde, in denen von zehn Füchsen neun zur Strecke kamen, darf eines nicht übersehen werden: In einem Jahrzehnt reizte ich, vorsichtig geschätzt, jeweils an hundert Winterabenden ein wenig; als Abschluß meines Ansitzes auf Rotwild, auf Sau, auf Ricke. Das sind eintausend Versuche. In Gollin wurde mir eine Erfolgsnacht beschert, die mit ihrer bunten Strecke die Prehlower in den Schatten stellte. Zweimal schoß ich je zwei Füchse und erfreulich oft einen. Aber diesen beuteschweren Abenden stehen weit über neunhundert

gegenüber, an denen ich heimkehrte, ohne zu Schuß gekommen zu sein, ja, ohne überhaupt Anblick gehabt zu haben. Und das war gut und weise eingerichtet.

13

Jetzt sind noch einmal die Winkelmühler Sauen an der Reihe, bevor die pommerschen im Eichpfuhl angetrollt kommen.
Da muß zuerst von einem Deputat-Überläufer berichtet werden. Ich hatte zur Mutter gesagt, daß ich die nächste Sau gern behalten würde. Schließlich gehörte es sich, solches Begehren vorher anzumelden. Zu leicht hätte man sonst der Versuchung erliegen können, beim Gewichtigsten hinterher zu sagen: „Das ist meiner!"
Bald bot sich eine günstige Gelegenheit. In einem Haferschlag steckte seit Tagen eine Rotte ohne Frischlinge. Es bestand also keine Gefahr, versehentlich eine führende Bache zu schießen. Gegen Abend, als es zu ruscheln und zu schmatzen begann, ging ich sie an. Das ist ein aufregendes Geschäft. So ähnlich muß einem afrikanischen Großwildjäger zumute sein, schleicht er im Elefantengras auf Wild zu, das er nicht sehen, sondern nur hören kann.
Ganz so hoch war nun der Winkelmühler Hafer nicht, doch wurde eine Sau, und mochte sie noch so gewaltige Ausmaße besitzen, von ihm völlig verdeckt. Einzig die Schadstellen konnten helfen. Deren gab es eine Anzahl. Aber die Schwarzen, die zwanzig, zehn, ja nur acht Schritt vor mir herumgeisterten, hüteten sich sorgsam, die freien Flecke zu betreten, solange es Tag war. Da, wo sie steckten, bewegten sich die Halme und wurden die Rispen heruntergezogen; manchmal richteten sie sich, abgestreift, wieder auf, manchmal blieben sie, geknickt, verschwunden. So sah ich es herumgeistern, ohne aber schießen zu können.

Die ganze Zeit über mußte ich mich sehr in acht nehmen, um unter Wild zu bleiben. Wenn um mich auch alles intensiv nach Sau roch, so hätte es genügt, daß ein Stück mich witterte. Ich hatte es schon erlebt: Mit wütend=entsetztem ‚Brrrch!' flüchtete es fünfzig oder achtzig Schritt weit. Alle übrigen stoben auseinander. Und dann verhielten sie sich mucksstill, rührten sich nicht mehr von der Stelle, bis finstere Nacht war. Ich kannte meine Sauen!

An diesem Abend glückte es aber. Im letzten Licht schim= merte es plötzlich schwarz im gelben Getreide. Auf wenige Schritt Abstand schoß ich einen Überläufer, der sich bei näherer Prüfung als ausgezeichnet geeignet für den Eigen= verbrauch erwies. Er war mit seinen 80 oder 90 Pfund sogar derart gewichtig, daß ich ihn nicht allein aus dem Hafer her= austragen konnte; und schleifen wollte ich ihn nicht, um nicht noch mehr Sachschaden anzurichten.

Deswegen eilte ich nach Hause. Christa würde mir helfen. Die schlief aber schon in der ihr eigenen unglaublich tie= fen Art.

„Christa! aufstehen!"

„Uuuuu . . . schlafen . . ."

„Christa! du mußt mir helfen! Wir wollen eine Sau holen. Sie wird uns sonst anbrüchig."

„Äääää . . . müde . . ."

„Unser Deputatstück! Ich krieg's nicht allein aus dem Hafer raus."

„Ööööö . . . nicht doch . . .!"

Sanft gebieterisch setzte sich meine Frau unter fortwähren= dem Zuspruch auf die Bettkante. Bärentäppisch half ich ihr beim Anziehen. Auf diesem Gebiet hatte ich wenig Erfah= rung; die Kostümierung wurde entsprechend. Mit offenen Augen, aber ohne zu begreifen, ließ sie sich alles gefallen. Mit Not und Mühe bekam ich sie die Treppe hinunter. Sicherlich würde die kühle Nachtluft ermunternd wirken.

Keineswegs! Christa ließ sich auf die Bank unter der Haus=linde fallen, legte die Arme auf den ovalen Holztisch, den Wuschelkopf darauf und mautzte kaum verständlich: „Den ganzen Tag im Garten ... Ich will schlafen ..."
Ich holte den Handwagen und setzte sie hinein. Dann holperte ich vom Hof. Halb lachend, halb ärgerlich sprach ich ihr bald milde, bald energisch zu. Als wir an der Feldscheune vorbei=kamen, sagte sie mit heimlichem Grauen in der Stimme: „Ist das der Bahnhof? Kommen die Polen schon?" Als klei=nes Mädel hatte sie mit ihren Eltern aus Westpreußen flüch=ten müssen.
Nicht einmal im Hafer wurde sie munter, obwohl sie die Augen die ganze Zeit über weit geöffnet hatte. Erst als ich ihr die Hinterläufe der Sau in die Hand drückte, sagte sie in verändertem Tonfall, mit natürlicher Stimme: „Ach so ... eine Sau ... Waidmannsheil!"
Wenn später eines der Kinder im Nebenzimmer ein bißchen quiemte, sprang sie sofort hellwach aus dem Bett. — — —
Im selben Spätsommer schoß ich meinen ersten richtigen Kei=ler. Vierzig Schritt vom Hochsitz brach er im Schuß zusam=men. Er lag so in der hohen Grumtwiese, daß ich nichts von ihm sehen konnte. Er schlug mit den Läufen, stöhnte vor Schmerz und wetzte mit den Waffen.
Ich wartete.
Er schlug mit den Läufen, stöhnte und wetzte und klapperte mit den Waffen.
Ich wartete noch ein wenig und hatte erbärmliche Furcht.
Dann beschimpfte ich mich, riß mich zusammen und kletterte vom Hochsitz. Ganz dicht mußte ich mich heranschleichen, um den Fangschuß anbringen zu können. Die erste Kugel saß hochblatt auf der Wirbelsäule.
Die ganze Zeit über klapperte der Keiler mit den Waffen.
Ist man allein draußen in der schweigenden Mondnacht, dann hört es sich gruslig an. Wer dies Geräusch noch nicht ver=

nommen hat, möge mich ruhig auslachen. Ich verarge es ihm nicht. Es hört sich an, als stiegen die Toten um Mitternacht aus den Gräbern und ihre bloßen Knochen stießen beinern aneinander.

Mit diesem, meinem ersten guten Keiler leistete ich mir ein tolles Stück, das ich allen angehenden Schwarzwildjägern zur Warnung erzähle: Ich löste die Gewehre zu kurz aus!

Wenn nur vier oder fünf Zentimeter des Gewaffs heraus=ragen, bedenkt der Anfänger nicht, daß sie ein Vielfaches länger im Unterkiefer stecken. Und schon hat man sie ver=schandelt.

Fast allen Jagdmalern, Anfängern und Meistern möchte ich zu bedenken geben, daß viele der präparierten Keilerhäup=ter, an denen sie ihre Studien treiben, durch unnatürliches Herausziehen der Gewehre entstellt sind. Dann kommen diese bestimmt gut gemeinten Bilder zustande, bei denen Warzenschweine aus dem Sudan Modell gestanden zu haben scheinen. Mit Erschauern sah ich sogar Mondschein=Kujels gemalt, denen etwas aus dem Gebräch ragte, was wie der Wunschtraum eines Reklamefachmanns für Zahncreme aus=sah. „Keep smiling furiously!" scheint man diesen grimmen Bassen eingetrichtert zu haben. „Lächelt fürchterlich!" —

Im Winter 36 spürte sich ein Keiler im Verlorenen Paradies. Wie es sich gehörte, meldete ich ihn. Er wurde mir frei=gegeben.

Bis 12 Uhr saß ich auf einem Hochsitz in seinem hintersten Winkel. Die Sau kam nicht. Nur einmal hörte ich ein einzel=nes schweres Stück im Bruch querüber ziehen. Das Knacken des dünnen Pfützeneises, das Schmatzen und Schnurzen der aus dem Morast gezogenen Läufe klang wahnsinnig auf=regend. Es dürfte aber wohl ein Stück Rotwild gewesen sein. Trotzdem klang es wahnsinnig aufregend.

Gegen Mittag spürte ich ab. Der Keiler war am Kotzkarussell gewesen.

Auf dieser vierschäftigen Erle hatte ich, drei Jahre zuvor, zusammen mit meiner Braut in einer lauen Sommernacht gesessen.
„Schlaf, kleines Mädchen!" sagte ich bräutigamszärtlich. „Wenn etwas kommt, wecke ich dich."
Christa tat, wie ihr geheißen. Bräute tun das noch. Leise schwankte unsere Erle im behutsamen Sommerwind, wie ein Segelboot, das lautlos über kleine verspielte Wellen gleitet.
Bald fing Christa an, im Schlafe zu papeln. Vermutlich ist es ungehörig, dabei zuzuhören; ähnlich, als lausche man an einer geschlossenen Tür. Aber ich bin nun mal ein ungehöriger Mensch.
„Martha! wie oft soll ich es noch sagen, daß du dir die Hände waschen mußt, eh' du ans Butterfaß gehst?!"
Mondscheinüberflutete Elfenwiesen. Verschwommen hörte man das Schrecken eines Rehes von weither, nicht ängstlich oder ratlos, sondern herrisch.
„Der Spinat geht viel zu dick auf. Er hat gesagt, Städter säen immer zu dick. Gerade deswegen habe ich . . . Und nun kommt er so furchtbar dick."
Zwölf Uhr schlug es in Prehlow. Mitternacht. Geisterstunde. Ob wir nach Hause gehen sollten? Morgen früh, kurz vor fünf, war meine Nacht zu Ende. Auch frischte der Wind auf. Es wurde kühl.
Gerade wollte ich Christa wecken, da sagte sie noch etwas, diesmal deutlich mit ärgerlicher Stimme: „Nein! nein! nein!" die drei Wörter kurz hervorgestoßen und schnell hintereinander. „Auf dieses Kotzkarussell kriegt mich keiner wieder. Nein, nein!"
Es dürfte verständlich sein, daß der einprägsame Name lebendig blieb.
Hier also, fünfhundert Schritt von meinem Ansitzplatz entfernt, war die starke Sau stundenlang in aller Ruhe umhergezogen.

Bis um halbzwei saß ich auf der Erle. Es kam nichts. Ich war gekränkt. Welch Unsinn! Von einem älteren Stück Schwarzwild kann man nicht verlangen, daß es regelmäßig wie ein jugendlicher Mai-Bock seinen Wechsel hält.
Zu Christa sagte ich: „Heute abend gehe ich zur Freyaschonung, auf Fuchs reizen. Der Keiler kann ..."
Auch mit dem Fuchs wurde es nichts. Schon um zehn war ich zurück.
„Wie schön, daß du mal zeitig kommst. Ich freue mich so", sagte Christa.
„Mir war kalt", sagte ich. „Wenn man nichts sieht, fängt man viel früher an zu frieren, als wenn Wild kommt."
„Zieh doch die Stiefel aus", sagte Christa.
„Ja ... nein ... Ich möchte doch nochmal zum Verlorenen Paradies gucken, ob der Keiler ..."
„Aber du wirst doch jetzt nicht noch einmal ... Wo ich mich so gefreut ..."
Genau vier Wochen lang hatte ich kein Stück Hochwild geschossen. Pech gehabt. Zwei Kugeln waren vorbeigegangen. Ein Betrunkener hatte auf der Chaussee gegröhlt, daß mein Wild absprang ... Jetzt war ich übernächtig und zermürbt. Im warmen Zimmer überfiel mich die Müdigkeit und die Unlust, immer nur zu jagen, wie ein dicker Nebel, der sich auf Hirn und Herz legt. Christa bat. Sie bat sehr ...
„Du! ich ..."
Trotzdem bin ich noch einmal rausgegangen.
Ich stelle es noch einmal fest: Vermutlich war es keine reine Freude, mit mir verheiratet zu sein.
Am hinteren Hoftor blieb ich stehen. Hell lag der Mondschein auf der im Rauhreif erstarrten Landschaft. In alter Gewohnheit hob ich das Glas, um das vertraute Bild dicht und deutlich an die Augen heranzuziehen. Die Feldscheune. Die Roggensaat. Der Bachhochsitz. Die Wiesen. Der Eichensitz. Vor ihm der letztjährige Kartoffelschlag. Rehe — vier, nein fünf.

Ein schwarzer Fleck, groß wie ein Granitblock. Ein Granit=block mitten auf dem Kartoffelschlag, drumrum fünf Rehe, sehr klein und unscheinbar gegen ihn.
Wumm, wumm, wumm, wumm begann mein Herz zu dröh=nen. Der Keiler. Ich hatte Mühe zu atmen.
Der Keiler!
Zwischen uns lag zuerst ein Wintergerstschlag, dann ein Gra=ben, an dem ein Dutzend Birnbäume stand. Dahinter lag die Kartoffelstoppel mit dem Wild. Wenn ich bis zum Graben kam, konnte ich schießen.
Nirgends Deckung, mit Ausnahme der Birnbäume.
Hätte die Sau allein im Gebräch gestanden, wäre es ein Kin=derspiel gewesen, sie anzugehen. Der Wind wehte mir ins Gesicht. Aber die verdammten Rehe! Half alles nichts. Ich mußte es versuchen. Es blieb mir keine andere Wahl.
Schon bei den ersten Schritten auf der Gerste merkte ich, daß es unmöglich war, lautlos vorwärtszukommen. Da gab es eine Unzahl leicht gefrorener Klüter, die knirschend unter meiner Stiefelsohle zerbrachen. Sie waren so groß wie ein Sahneböllchen oder eine Haselnuß. Um sie zu vermeiden, lagen vielzuviel umher.
Also zog ich die Stiefel aus und pürschte auf Strümpfen vorwärts.
Mein Vater kannte als Nichtjäger nur wenige Jagdgeschich=ten. Von der Storchentante, der weisen Frau aus Vienen=burg am Harz, die in Geschäften beim Morgendämmern durch den Wald ritt und mitsamt dem von ihr benutzten Eselchen um ein Haar als Hirsch totgeschossen worden wäre. Und vom Inspektor Vinzenz, der nachts einen Fuchs auf Strümpfen angegangen war. Er holte sich dabei eine Lungen=entzündung, an der er am neunten Tage starb.
Vor dieser Gefahr brauchte ich mich nicht zu ängstigen. Sehr bald fingen meine unbeschuhten Füße an zu brennen, als steckten sie im höllischen Feuer. Die Klüterchen oder Hasel=

nüsse oder Sahneböllchen, wie wir den frosterstarrten Winkelmühler Boden nun nennen wollen, drückten infam. Keine zehn Schritt wäre ich gegangen, hätte hinter dem dicken Birnbaumstamm nicht der große schwarze Granitblock gewartet. Und zu beiden Seiten suchten die ausgechwärmten Rehe nach vergessenen Kartoffeln.

Ich habe kein Talent, eine ungewisse Situation ‚fast bis zum Zerreißen spannungsvoll' in die Länge zu ziehen. Auch finde ich solche Jagdgeschichtenerzählerei irgendwie ein bißchen unfair. Also in schlichter Kürze: Das schier Unglaubliche trat ein. Eines der Rehe nach dem andern warf auf, beäugte mich mißbilligend und zog, ohne zu schrecken, zum Bruch, das zweihundert Meter hinter dem Kartoffelfeld mit seinem ragenden Altholz als schwarze Mauer das nächtliche Panorama abschloß.

Am Birnbaumgraben angelangt, legte ich mich auf die er=

höhte Böschung. Vor mich hin schob ich den Rucksack, in dem die Decke steckte. Auf dieser ausgezeichneten Unterlage ruhte der Drilling. Dann brachte ich auf 130 Schritt meinen unfehlbaren Blatt=Halsschuß an. Der Keiler mußte liegen. So=bald die vom Mündungsfeuer geblendeten Augen sehen konnten, erkannte ich, daß er lag. Ich stand auf. Dabei kam mir der angenehme Gedanke, welch bedeutender Jäger ich mit der Zeit geworden war. Solches gelegentlich festzustellen, ge=hört zu meinen Lieblingsbeschäftigungen.

In diesem Augenblick wurde der Keiler hoch.

In diesem Augenblick merkte ich, daß der Pelzmantel mit den Patronen auf der Winkelmühle im Flur hing, weil ich nach der Joppe gegriffen hatte. Ihre Taschen waren leer.

Meine siegesbewußte Überlegung, das Hochwerden des Kei=lers und der eisige Schreck über die fehlenden Patronen, das alles fiel zeitlich zusammen.

Rasendschnell krabbelte ich alle erdenklichen Taschen durch, auch solche, von deren Vorhandensein ich bislang keine Ahnung gehabt hatte. Rechtshinten steckte es lang, schmal, rettend! Eine 7 × 72 mit Torpedo=Idealgeschoß.

Als der Lauf zuklappte, hatte der Kranke schon abgedreht und zog spitz von mir fort auf das Bruch zu.

Auf 230 Schritt schoß ich auf den spitz fortziehenden Keiler. Dabei hat man ein Ziel nicht viel größer als das Blatt eines Rehbocks.

Der Keiler lag, noch ehe mich der harte Kugelschlag erreichte. War ich nun ein bedeutender ...? Nein! ich war nur ein von unbeschreiblichem Dusel gesegneter ...

Aber der Keiler war noch nicht verendet. Deutlich sah ich durchs Glas, wie er in regelmäßigen Abständen das schwere Haupt hob und zurückfallen ließ. Ich raste zum Hof. Jetzt konnte ich den glatten Weg an der Koppel entlang benutzen. Ich stürmte ins Haus: „Christa! ich habe den großen Keiler geschossen!“ Ich sagte: den großen, obschon es kein gerechter

Ausdruck ist. Sie schlüpfte in ihren Mantel, ich in meine Kamelhaarbambuschen.
Allein schlich ich zu dem Wunden. Müde ruhte sein Haupt nach dem Schuß auf dem harten Acker. Die erste Kugel saß zu hoch und hatte nur einen der Dornfortsätze gestreift; ein typischer Krellschuß. Nach diesem Erlebnis, das so unheilvoll hätte ausgehen können, gab ich das Erzirkeln der Sauen auf und hielt in Zukunft mitten aufs Blatt.
Die zweite Kugel war in der Nähe des Pürzelansatzes eingeschlagen. Selbstverständlich ist ein solcher Schuß nur bei einem kranken Stück erlaubt.
Als ich am andern Morgen mit den Kutschern hinausfuhr, um die Sau zu holen, lag handhoch Schnee. Jede Nachsuche im Bruch auf ein gekrelltes Stück Schwarzwild wäre erfolglos verlaufen.
Noch nach dem Schneefall hatten Überläufer dicht dabei gebrochen und beachtliche Granattrichter aufgewühlt, nachdem sie unter die dünne Frostschicht gelangt waren. Ich trat an den ersten heran, um nachzusehen, ob die schwärzliche Moorerde in ihm schon übergefroren wäre. Daraus konnte man die Stunde des späten Besuches erraten. In dem aufgewühlten Loch lag, offen und frei, die Sechserstange eines guten Bockes. Liebenswürdige Sauen, die sie mir herausgebuddelt hatten, ohne sie zu verschleppen oder zu zerknautschen!
Am frühen Nachmittag, wenn die müde Wintersonne weit genug hinaufgeklettert sein würde, wollte ich den Keiler zusammen mit dem anderthalbjährigen Filius knipsen. Mir schwebten neckische Unterschriften vor: zwei Hosenflicker oder so ähnlich. Christa ermaß die Wichtigkeit dieser Handlung nicht ausreichend und folgte der Einladung von Bekannten, die mit dem Wagen zur Stadt fuhren.
So mußte ich mit der eifrigen aber noch etwas unerfahrenen Agnes zusammen ‚die Szene stellen'. Der Keiler hing an einer von der Sonne angestrahlten Scheunenwand. Vor ihn

legten wir ein Kissen auf die Erde. Darauf thronte der Kro=nensohn, von oben bis unten blütenweiß angezogen.
Ich knipste.
Im nächsten Augenblick kegelte der Junge nach hinten und lag brüllend und strampelnd in einer Schmelzwasserpfütze, in die auch noch etwas Sauenschweiß getröpfelt war. Er sah nicht mehr blütenweiß von oben bis unten aus.
Derlei geschieht, wenn eine junge Frau die Wichtigkeit bei=nah kultischer Handlungen nicht voll erfaßt.

14

Das Prehlower=Winkelmühler Revier war jetzt so weit, daß in jedem Jahr einige gute, reife Böcke geerntet werden konnten.
Der Jagdherr schoß den Taufbock, dessen Klassifizierung Klassifizierungsfanatiker vornehmen mögen. Schulte er doch

in drei aufeinanderfolgenden Jahren bei der Bewertung von II b auf I a und schließlich auf I b um. Und jedesmal war er ein ‚typischer Vertreter seiner Klasse'! Da soll sich nun unsereins als freundlich gebildeter Normaljäger auskennen! Ferner schoß der Landgraf einen sehr guten Bock auf der Bolieben=Wiese und einen noch besseren über dem Preh=lower Teich. Bei diesen beiden war ich dabei.

Hob ich selbst das Gewehr, um ein begehrtes Wild zu er=legen, war ich gerade richtig aufgeregt. In der Lust, jagen zu dürfen, flog ich innerlich mehr, als beim Zulächeln einer schö=nen Frau. Trotzdem konnte ich mich so weit beherrschen, daß die Kugeln nicht ins unendliche Drumrum abirrten.

Begleite ich aber einen anderen Jäger, und drängt alles dem Höhepunkt zu, dann zittere ich auch äußerlich wie ein Mala=riakranker im Schüttelfrost. Nun, der Landgraf setzte seine Achtmillimeter auf den richtigen Fleck, ob ich mich neben ihm im Jagdfieber wand oder nicht.

Den Teichbock kannte ich seit Jahren.

Rührend bescheiden suchte er seine Äsung stets auf dem nur wenige Schritte breiten Wiesenrand. All die Zeit stand er in den kleinen Schonungen daneben oder im Schilf. Gelegent=lich zog er auf die darüberliegenden sandigen Äcker, auf denen es im Winter und Frühjahr Roggen, später Serradella gab. Ob unser Wild den von den Kleinbauern ausgesäten Spörgel (Krahlisch, Kalin) annahm, vermag ich nicht mit Sicherheit anzugeben. Wildschadenklagen sind mir bei ihm nie zu Ohren gekommen. Dagegen erzählte mir einst ein schlesischer Oberförster, daß seine Hirsche gern darauf ständen.

In seinem fünften Lebensjahr trug der Teichbock links eine gamskruckenartig verbogene Gabelstange. Ich widerstand der Versuchung, ihn zu einem abschußnotwendigen I b=Bock umzuheucheln. So blieb er am Leben.

Im Frühwinter ging ich einmal den breiten Sandweg vom

Saugrund herunter. An unserer Teichschonung gruben drei Männer an unserem trockenen Graben. Es waren Kossäten, die ihn gemeinsam ausschippten, damit das Schmelzwasser ihrer Felder Abfluß hätte, sollte es einen gewaltsamen Früh=jahrsauftau geben.
Ich wechselte mit ihnen Worte der Anteilnahme und der mil=den Vermahnung, noch hübscher wäre es gewesen, wenn sie mir von ihrem löblichen Tun vorher Mitteilung gemacht hät=ten. Dann ging ich am Graben weiter. Nach zehn oder zwölf Schritten bückte ich mich und hob eine Abwurfstange vom Teichbock auf. Leider war es die normale mit den drei Enden. Nach der windschiefen habe ich alles abgesucht, ohne sie fin=den zu können.
Der Bock wurde als Sechsjähriger geschossen. Er trug ein regelmäßiges starkes Gehörn, das im Vergleich mit der Vor=jahres=Stange noch an Wucht zugenommen hatte, ohne in den Enden schlechter geworden zu sein. Von einem abnor=men Wuchs war nichts mehr vorhanden.
Jedesmal muß ich an diesen Bock denken, wenn ich auf Tro=phäenschau Gehörne sehen, die offensichtlich infolge einer mechanischen Verletzung so geschoben sind, wie wir es für unerwünscht halten. Freilich kann man niemand einen Vor=wurf daraus machen, wenn er eine interessante Regelwidrig=keit erlegt. Nur soll dann nicht von einem ‚zuchtunwürdigen' Bock oder einem ‚Artverderber' gesprochen werden. Betrachte ich mir auf meinem täglichen Spaziergang durch unsere liebe Stadt meine Mitmenschen mit Jägerblick, urteile ich auch nicht immer gleich so messerscharf II b=süchtig, obgleich der Augenschein manchmal dazu reizen könnte. —
Ich schoß den sehr braven Bock in der Winkelsmühler ‚grün=golden=mädchenhaften' Wintergerste. Ich sprach ihn für sie=benjährig an. Im letzten Winter hatte ich ihn nicht mehr abends von den Kartoffelmieten hinter der Scheune fortge=jagt, wo er sich regelmäßig nach Dunkelwerden sein Deputat

abzuholen versuchte. Es war ein reifer Bock, aber einer, bei dem es langsam gegangen war, in jedem Jahr ein bißchen besser zu werden.
Und 1936 bekam ich im äußersten Winkelmühler Wiesenzipfel einen wirklich Starken. Im Schußbuch steht er als zehnjährig. Dieser Vermerk sei insofern eingeschränkt, daß man bei so hohem Alter wohl nur noch mutmaßen kann. Es spielt ja auch keine entscheidende Rolle, ob er nun acht, neun, zehn oder gar schon elf Jahre alt war. Hinter dem 1930iger Medaillenbock blieb das Gehörn lange Zeit mein bestes.
Den ganzen Tag über war ein sanfter, warmer Mairegen herabgetröpfelt. Als ich zeitig zum Grenzhochsitz ging, hatte der Westhimmel am Horizont einen quittegelben Klietschstreifen wie die noch nicht ganz gelungene Sandtorte einer jungen Ehefrau. Dann brach die Sonne durch und liebkoste den Bock, der sich aus der Wiese des Nachbarn nervenfolternd langsam zu uns herüberäste.
Minutenlang schloß ich die Augen, weil ich den Anblick des trutzigen Gehörnes, auf dem das Licht spielte, nicht mehr ertragen konnte. Die Stangen waren nicht rund, sondern oval und, von der Seite betrachtet, breiter als von vorn.
Endlich war es so weit. Endlich stand er so tief bei uns, daß auch die Todesfluchten kein Unheil mehr anrichten konnten. Doch sank er weich in sich zusammen, ohne wilden Schreck und angstvolles Begreifen.
In mir war alles Herzens Jubel und Dankbarkeit. —
Diese fünf erlegten Böcke und die lebenden draußen erbrachten den Beweis, daß unser Bemühn geglückt war, auf beschränktem Raum einen zahlenmäßig hohen Rehstand heranzuhegen, bei dem regelmäßig gute bis starke Gehörne erbeutet werden konnten. (Auf 2000 Morgen Frühjahrsstand: 30 bis 40 Böcke und 40 bis 50 Ricken.)
Gute bis starke, jedoch keine ‚kapitalen'. Der Kapitalbock ist ein Göttergeschenk wie das menschliche Genie. Sein Heran=

hegen läßt sich nicht durch pfleglichen Abschuß und Altwer=denlassen, nicht durch gute Sommeräsung und verständige Winterfütterung erzwingen.
Es handelte sich um ein Revier, das einen jährlichen Abschuß von mindestens zehn Stück Rotwild erhielt und durchführte. Dieser Erfolg ist mir der schlüssige Beweis, daß nicht nur Rehwild=Dünne überragende Gehörne hervorzubringen ver=mag. Für Prehlow=Winkelmühle traf die Bohnenkaffee=Legende n i c h t zu.

15

Im Herbst 1936 waren der Landgraf und ich in Fragen der Wirtschaftsführung so verschiedener Meinung, daß ich zum kommenden Frühjahr um meine Entlassung bat.
Wieder kam das Suchen nach einer neuen Stellung; vielmals schwieriger denn je, weil ich jetzt verheiratet war und einen zweijährigen Jungen hatte. Bei so unbequem=unbescheidenen Familienverhältnissen denken jeder Gutsbesitzer und seine Gattin schaudernd sofort an einen sich lawinenartig vergrö=ßernden Kindersegen: unpäßliche Frau, ewige Windelwäsche, Säuglingsgebrüll, in Ställen, Erdbeeranlagen und Apfelgär=ten teils lärmende, teils indianerhaft leise, bereits gehfähige Sprößlinge, elterliche Wünsche auf die Höhere Schule in der Kreisstadt hinzielend, nie abreißende Firmelungen oder Kon=firmationen . . . Jeder Autoschlosser, jeder Maurerpolier darf und kann heiraten und sich nach bestem Vermögen fort=pflanzen. Von einem Gutsbeamten werden — wie könnte es anders möglich sein — ewige Jugend und Keuschheit erwartet. Uneingeschränkte Anerkennung der mit mir so hart geprüf=ten Christa: Sie sagte kein Wort des Widerspruchs, als ich bitterschweren Herzens erwog, die Sicherheit meiner Stellung gegen eine völlig ungewisse Zukunft einzutauschen.

Und auch uneingeschränkte Anerkennung meinen Eltern: Sie stellten mir ein kleines Kapital zur Verfügung. Ob ich mich vielleicht nach einer eigenen Wirtschaft umsehen wolle?!
Nach der Inflation 17 Jahre Großstadtleben, ohne daß mein kränkelnder Vater irgendeinen bezahlten Posten hätte annehmen können. Zwei Töchter verheiratet. Und nun sollte für mich Geld herbeigeschafft werden.
Bei meinen verschiedenen Versuchen, etwas leidlich Passendes zu finden, tauchte mehrfach der Name Gollin auf. Das hinterpommersche Gut hatte bis vor kurzem dem Grafen Merveldt gehört. Vor einigen Monaten war es verkauft worden. Der neue Besitzer wollte seine Stellung und seinen Wohnsitz, weit entfernt vom Kreise Deutsch-Krone, nicht aufgeben. Das konnte nicht gutgehen. Sehr schnell merkte er, daß er sich vergaloppiert hatte. So gab er sich Mühe, Gollin schleunigst wieder loszuwerden.
Anfang Oktober fuhr ich das erstemal zur Besichtigung. Beim Umsteigen auf die Kreisbahn mußte ich in Kreuz über eine offene Eisenbahnbrücke gehen. Auf ihr traf mich ein harter Wind. Ich blickte nach Osten und dachte in jähem Erkennen: dort, am Horizont, wo das einförmige Land in einem von keinen schmückenden Schnörkeln unterbrochenen, schmalen Strich mit dem einförmigen Himmel zusammenfließt, dort liegt Polen.
Der Osten, Polen, Wölfe ...
Die unendliche Weite der kargen Landschaft griff mir ans Herz. Was in mir erzitterte, war hingabebereite Ergriffenheit. Ich schauderte zusammen, aber ich schauderte nicht zurück.
Mit dem prachtvollen Triebwagen der Kreisbahn Kreuz—Deutsch-Krone fuhr ich durch viel Wald bis zum Städtchen Schloppe. Von dort führte eine neuerbaute Chaussee nach Gollin.
Der sehr alte Kutscher und Gutsleiter Wangerin wies mir die Grenzen. In einer Stunde hatte ich alles abgelaufen. Hun=

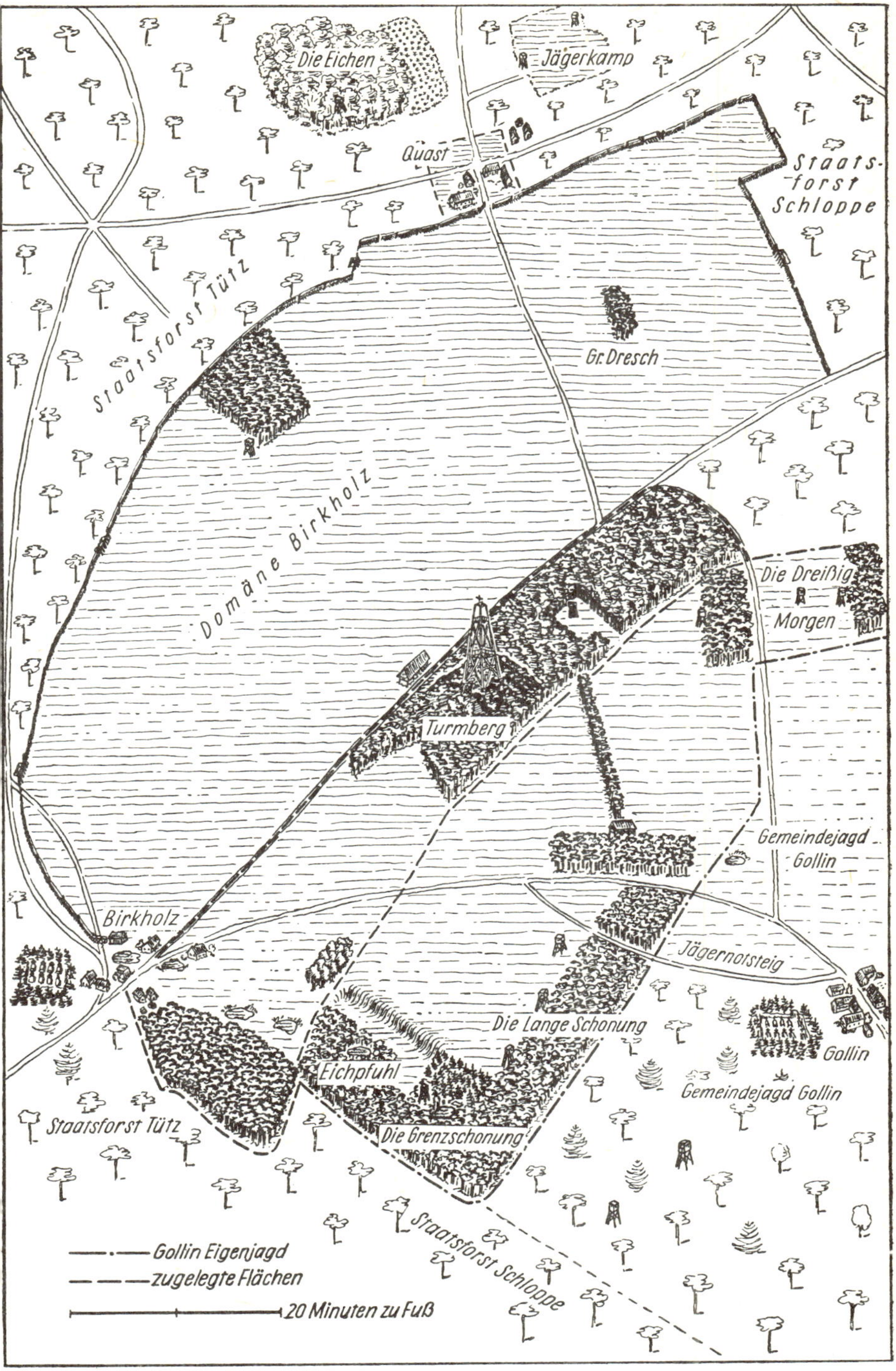
Die Eichen
Jägerkamp
Quast
Staats-
forst
Schloppe
Staatsforst Tütz
Gr. Dresch
Domäne Birkholz
Die Dreißig
Morgen
Turmberg
Gemeindejagd
Gollin
Birkholz
Jägernotsteig
Die Lange Schonung
Gollin
Eichpfuhl
Gemeindejagd Gollin
Staatsforst Tütz
Die Grenzschonung
Staatsforst Schloppe
Gollin Eigenjagd
zugelegte Flächen
20 Minuten zu Fuß

dert Morgen schüchtern wachsender Kiefernwald, dem man=cherlei Kulturarbeiten nottaten. Vier Morgen traumhaft schöne, zwanzig Meter hohe Fichten am traumhaft schönen Eichpfuhltal. Etliche hundert Morgen leichter bis mittelguter Acker, leicht bis mittelmäßig gehügelt. Fast alles ungeschälte Getreidestoppeln, auf denen leidlich Serradella wuchs. Vier Hochsitze, zwei Ansitzbuden. Rotwildfährten, Sauen=fährten ...

Graf Merveldt, der sich die Jagdnutzung noch vorbehalten hatte, war anwesend. Ich durfte ihn sprechen. Die lange Pfeife rauchend, saß er in einem Zimmer, dessen Einrichtung vom einfachen Feldbett bis zum eisernen Waschschüsselstän=der denkbar bescheiden war. Hier hatte der alte Herr jahrein jahraus viele Monate verbracht.

Mit einem bedeutungsvollen Heben der Augenbraue, einem Achselzucken und einer müden Handbewegung vergewisser=ten wir uns ohne viele Worte, daß wir über das große Zeit=theater vorbehaltlos einer Meinung waren. Dann sprachen wir sofort von der Jagd, der wir beide wohl in sehr ähnlicher Hingabe verfallen waren. Überraschenderweise erklärte mir der Graf, daß er, würde ich das Gut kaufen, nach dem kom=menden Herbst auf sein verbrieftes Jagdrecht verzichten wolle. Nur den Abschuß der beiden nächstjährigen Hirsche be=halte er sich vor. Mit ehrlichem Dank verabschiedete ich mich. Fürs erste allerdings stockten die Verhandlungen mit dem Interimsbesitzer, weil er einige tausend Mark mehr verlangte, als ich anzulegen gewillt war. Aber nach Weihnachten kam unser Briefwechsel auf einem sonderbaren Umweg über die Jagd erneut in Fluß.

Der Graf schrieb mir von seinem oldenburgischen Stammgut aus, falls ich nach Gollin führe, solle ich mich um die Sauen kümmern. Da sagte ich zu meiner Frau: „Los, Christa! du mußt mitkommen. Ich zeige dir die beiden Häuser, damit du entscheiden kannst, ob du in eins davon ziehen willst." Recht

unglücklich gehörten zwei durch einen hundert Schritt brei=
ten Dorfplatz getrennte Höfe zur Wirtschaft. Es mußte ge=
klärt werden, welches der Wohnhäuser von uns benutzt wer=
den sollte.

Bei knöcheltiefem Schnee fuhren wir von der Winkelmühle ab. Es war der 27. Januar. Vor neunzehn Jahren war mir an Kaisers Geburtstag in Scharfenbrück die Damschaufler=
doublette geglückt.

Jenseits der Oder starrten uns in grimmiger Kälte zusammen=
gefrorene, nackte Äcker entgegen. Dort lag kein Krümel Schnee. Auf der Kreuzer Eisenbahnbrücke packte ein Eiswind nach uns, der geradewegs aus Sibirien kommen mochte.

Zuerst suchten wir unseren zukünftigen Bürgermeister auf. Sein großer Hof lag gleichweit von Schloppe und Gollin ent=
fernt. Im durchaus bescheidenen Wohnhäuschen wurden wir mit der bemerkenswerten Freundlichkeit aufgenommen, die uns die Grenzmärker noch oft und oft entgegenbrachten.

Dann kam der Postbote, ein derbjovialer Mann, den eine rot=
blaue Korn=Nase zierte. Mit dem seinem Beruf eigenen wachen Interesse für fremde Angelegenheiten, erkundigte er sich sofort nach meinem Begehr. Als er hörte, mit welchen Plänen ich mich trug, brach er in ein donnerndes Gelächter aus: „Hahaha! Die ‚Berge' kaufen! Hahaha! Sagen sie bloß, was wollen sie denn da?"

Mich ärgerte es, offenkundig für einen Narren gehalten zu werden. Deswegen sagte ich knapp: „Zuckerrüben bauen!" Das verschlug dem Blauuniformierten und Blaubenasten die Sprache. Unsicher mit den Augen zwinkernd, wandte er sich seinen Dienstobliegenheiten zu. Für den Bürgermeister, unse=
ren später innigstgeliebten, herzensguten Fritz Kleist, brachte er eine Nachnahme der Krankenkasse für nicht beglichene Beiträge in Höhe von 27 Mark.

Während wir schließlich überhaupt nicht mehr wußten, in welche Zimmerecke wir gucken sollten, so genierten wir uns,

suchte man im ganzen Hause diese 27 Mark zusammen. Endlich wurden sie aus den irdenen Sparschweinchen der Kinder herausgeklappert . . .
Wieder draußen im schneidenden Ostwind, sagte ich beklommen: „Ja, Christa, daran müssen wir uns schon gewöhnen. Es ist eine sehr arme Gegend . . ."
Konnte ich ahnen, daß unser Ortsoberhaupt schuldenfrei auf 400 Morgen recht guten Bodens saß, einen überkompletten Viehstapel sein eigen nannte, sich bald einen Mercedes zulegte und einmal im Jahre, beim Landwirtschaftlichen Ball, in vorgeschrittener Stimmung mit der Faust auf den Tisch zu hauen pflegte: „Ich, Fritz Kleist-Gollin, gebe einem von meinen Jungens die Wirtschaft. Und jeder von den anderen kriegt bare 50 000 Mark!"
Konnte ich an dem Tage, als die 27 Mark Nachnahme zusammengestoppelt wurden, ahnen, daß diese Vermögenserklärung in keiner Weise übertrieben war? Konnte ich nicht.
Der Schein trügt.
Mit der ihr in manchen Dingen eigenen Entschiedenheit erklärte Christa: „Dieses Haus nehmen wir. Aus der überflüssigen zweiten Küche wird das Kinderzimmer gemacht. Hier kann die Tür zum Schlafzimmer durchgebrochen werden. Alles wird tapeziert und gestrichen. Die Fensterläden grün mit weißen Streifen. Um den Vorgarten kommt ein neuer Zaun; auch grün, mit weißen Spitzen."
„Gut", sagte ich, „und das darf 800 Mark kosten und keinen Pfennig mehr."
Darauf fuhr Christa mit der bestellten Taxe ins Schlopper Hotel. Ich wollte am Abend rausgehen, so lächerlich gering auch die Aussichten waren, daß sich bei diesem irrsinnigen Wetter eine Sau zeigen würde.
Vorher ließ ich mir aber von Wangerin eine Spitzhacke geben. Was ich damit wolle? Ich sagte: „Bloß an der ersten Miete feststellen, daß die Kartoffeln angefroren sind."

Dem ängstlich ordnungsliebenden Männchen gab es einen Schlag aufs Herz. „Die Tüffken ... die Tüffken ... das ist ... wir haben doch aber nach besten Kräften unsere Schuldigkeit getan ...“
Ich sagte dem Erschrockenen zum Trost, daß in dieser Nacht in der Grenzmark vermutlich etliche hunderttausend Zentner Kartoffeln anfrieren würden. Dann hackte ich mühsam mein Loch in die Miete.
Oftmals muß der Arzt am Patienten eine Diagnose stellen, ohne daß er die verdächtige Körperstelle sieht; lediglich dem Gefühl der Fingerspitzen bleibt sein Urteilsspruch vorbehalten: gesund — krank. Daran mußte ich jedesmal denken, wenn ich an der Frostmauer der äußeren Mietenwand lag, die Hand durch unnachgiebiges Erdreich und reifknisterndes Stroh bis zu den eingesargten Knollen hindurchzwängte und dann — mit geschlossenen Augen, ganz tasten, ganz fühlen — durch leises Kratzen an der Schale feststellte, ob das Unheil eingetreten oder noch einmal vorübergegangen war. Angefrorene Kartoffeln verfaulen, sobald sie auftauen.
Die erste Schicht der Golliner Vorräte war bereits verloren. Aber weil ich es rechtzeitig festgestellt hatte, war es nicht mein Schaden.
Danach machte ich mich auf den Weg, um zum Eichpfuhltal zu gehen. Hierbei unterlief mir ein Fehler, der nur dem Neuling im Revier verziehen werden konnte. Anstatt, wie es der Graf immer getan hatte, und wie auch ich es in Zukunft hielt, an der Wald-Feldkante hinunterzugehen, wählte ich das überwindige Grenzgestell, das büchsenschußgerade, doch leicht gehügelt, den Gemeindewald und meinen zukünftigen trennte, nicht beachtend, daß ich dabei wichtige Wechsel kreuzte und ungewollt mit meiner frischen Spur verstänkerte. Den Ihren gibt's Diana, auch wenn sie mit Blindheit geschlagen sind.
Zum Eichpfuhltal fiel das Gelände ungefähr fünfzehn Meter

jäh ab. Dort, wo ich herauskam, zog sich wüchsiges Kiefern=stangenholz den lehmigen Abhang empor. Ich blieb stehen und blickte durchs Glas auf den in eine vierjährige Kultur eingebetteten mit üppigen, jetzt abgefrorenen Lupinen be=standenen Wildacker. Bitterkalt hing der fast volle Mond am frostklaren Himmel. Es war kurz vor sechs Uhr.

Neben den Lupinen bewegte sich etwas Schwarzes; eine Sau. Der leise aber beständige Ostwind stand stichgerade auf sie zu, aber sie hatte mich noch nicht gewittert.

Unverzeihlicherweise war mein Schießzeug nicht gerichtet. Zwischen dem Dorf und der Gutsgrenze lag leider ein Strei=fen Gemeindejagd, den man auf der sich geruhsam hinwin=denden Straße umgehen oder auf einem Jägernotsteig über=queren konnte. Diesen wählend, hatte ich als Fremder in der Gegend das Gewehr dabei im Futteral belassen. Nachher, auf dem Grenzweg, scheute ich mich einfach davor, in der schneidenden Kälte alles zusammenzubauen. Das hätte Zeit, bis ich in der geschützten Hütte sitzen würde, dachte ich harmlos.

Und nun beschäftigte sich, in meinem vollen Wind, eine Sau auf fünfzig Schritt vor mir mit etwas Nichtfeststellbarem.

Mit der Emsigkeit eines gewandten Handlungsgehilfen be=gann ich, das reichhaltige Warenlager meines Rucksackes auf dem Waldboden auszubreiten: Nachthemd, Rasierapparat, Ansitzdecke, Stullenpaketchen (raschelndes Pergamentpa=pier), Bahnfahrt=Illustrierte, Waschsachen, 38 prozentige Hustentropfen (sonst nie mitgenommen!) . . . Das alles lag um mich herum, bis sich endlich die steiflederne Fernrohr=tute mit dem völlig verhedderten Tragriemen herausziehen und das Patronenschächtelchen ertasten ließ. Meine Hände flogen.

Und die ganze Zeit über stand die Sau auf fünfzig Schritt in meinem vollen Wind.

Das möglichst lautlose Einhaken des Fernrohrs blieb als

schwierigstes Geschäft über. Aber schließlich lag ich doch in Feuerstellung; allerdings entsetzlich kopfhängerisch. Einem zünftigen Gamsjager mag es nichts ausmachen, wenn seine Füße irgendwo schräg über ihm abgelegt sind. Für mich als schlichtem Flachlandbewohner war es eine ungewohnte und unerquickliche Stellung.
Endlich knallte es.
Die Sau riß es um. Sie verendete, ohne zu schlegeln. Es war ein kinderleichter Schuß.
Sobald ich an den Rand des Hanges trat, klärte sich das Rätsel des Nichtgewittertwerdens auf. Hinter dem Waldbestand, am Taleinschnitt, kippte der Wind über und blies mir ins Gesicht. Hätte ich den einzig verständigen Anmarschweg am Felde entlang gewählt, wäre die Sau flüchtig geworden, lange, bevor ich ihrer hätte ansichtig werden können. Dann nämlich hätte sie mich unweigerlich gewittert.
Den Ihren gibt es Diana . . .

Ohne an mein erstes Golliner Wild heranzutreten, schliefte ich durch ein kleines Türchen in die virtuos in den Hang eingebaute Bude. Das war eine Sitzbank! Breit und lang genug, um die alte Seegrasmatratze drauflegen zu können, die der Graf für seine Ansitznächte benutzt hatte. Das wußte ich von Wangerin.

Wenn wir, später, zusammen neben der Drillmaschine gingen oder geruhsam auf dem Pferdewagen irgendwohin fuhren, pflegte er bedächtig zu erzählen: „Was unser Herr Graf war . . . der hatte sein richtiges Gut in Oldenburg. Aber hier, bei uns, hatte er seine Hirsche. Abends, wenn wir Feierabend machten, ging er mit seinem strupligen Dackel auf den Anstand. Und wenn ich's am andern Vormittag, so um neune, zehne, mit der Angst kriegte und mal vorsichtig nachsehen wollte, kam er ganz vergnügt zurück.

‚Es war zu schön draußen', sagte er dann. ‚Ich mochte nicht weggehen.'

Und im Winter ist unser Herr Graf überall hin zur Jagd gefahren. Dann mußte ich uns' Hanne vor den kleinen Wagen spannen. Das ist so recht ein Wagen für einen Jäger, einen Hund und ein Gewehr. Dann ist er voll. Manchmal blieb er zwei, drei Tage hintereinander weg.

Einmal hab ich ihn gefragt: ‚Was sagt denn die Frau Gräfin dazu, wenn der Herr Graf fast das ganze Jahr bei uns bleiben?' Da hat er gesagt: ‚Ach, unsere Offiziersfrauen sind es gewöhnt, allein zu Haus zu sein.'"

So erzählte mir, später, Wangerin vom alten Grafen Merveldt. — — —

Auch die Seh= und Schießluke der Hütte, die Ausblick auf den Wildacker und die beiden vielbenutzten Eichpfuhlsuhlen gewährte, war breit=verständig angelegt.

Eine Stunde oder auch etwas länger wartete ich. Dann merkte ich an drei abspringenden Rehen, daß mich bei der herrschenden Windrichtung alles anwechselnde Wild zwangsläu=

fig wittern mußte. Nicht sonderlich betrübt verließ ich die Hütte. Sogar in der Erde wurde es mittlerweile fußkalt.
Die Sau war nur ein leidlicher Überläufer, nicht mehr, wie ich heimlich gehofft hatte. Wie schwierig sprechen sich einzelne Sauen doch auf ihre Stärke hin an; nachts vor allem, aber auch am Tage. Ich brach sie auf. Die Leber wickelte ich in die Illustrierte. Christa wollte anderntags über Berlin zurückfahren. Meine Eltern würden an einer frischen Überläuferleber ihre Freude haben.
In Gollin suchte ich das Ehepaar Wangerin in ihrer Schlafstube auf, um alles über den Abtransport und die Verwertung der Sau für den nächsten Morgen zu besprechen. Später, im Dorf, hatte ich den unglaublichen Dusel, einen Schlopper Arzt bei einem Nachtbesuch zu treffen. Er war so mutig, einen fremden, schwerbewaffneten Menschen einsteigen zu lassen. So blieb mir der Fußmarsch, vor dem ich mich wahrhaftig gegraust hatte, erspart.
In aller Dämmerfrühe mußten wir schon auf der Bahn sein. Sobald der Triebwagen anfuhr, fragte Christa plötzlich: „Sag mal! was hast du eigentlich mit der schrecklichen Illustrierten gemacht?" Selbstverständlich war die Leber von ihr säuberlich in alle vorhandenen Butterbrotpapiere umgepackt worden.
Die Zeitbestimmung: ‚sobald der Triebwagen anfuhr' ist hochinteressant. Ich würde wirklich gern wissen, ob auch anderen hervorragenden Hausfrauen wichtige Dinge immer genau fünf Minuten nach der Abfahrt einzufallen pflegen: „Ist das Gas ausgeschaltet?" „Wo habe ich bloß die Speisekammerschlüssel versteckt?" „Du! was ich noch sagen wollte: da rief heute mittag Herr Dingsbums an, du sollst ihm sofort Nachricht geben ..."
Auf Christas Frage sagte ich harmlos: „Och ... die hab' ich zusammengeknüllt und unters Bett geschossen." Seit meinen zartesten Jugendjahren reizen mich bodenfreie Möbel —

Schränke, Anrichten, Sofas oder Vitrinen — dazu, unter ihnen das verschwinden zu lassen, dessen man sich unauffällig zu entledigen wünscht.
Bei der Abfahrt in Schloppe sagte ich das heiteren Sinnes. Dicht vor Kreuz war Christas Kommentar beendet. Der Zug brauchte für diese Strecke rund vierzig Minuten.
Daß mich am übernächsten Tage auf der Prehlower Bahnstation ein Kriminaler mit hochnotpeinlichen Gefrage empfing, wo die mittelblonde Dame geblieben sei, mit der ich für eine Nacht in Schloppe Hotelzimmer und Bett geteilt habe, und die, unter Zurücklassung eines blutbesudelten Papierballens seitdem verschwunden sei, ist ein durch nichts bewiesenes Gerücht, ist ausschweifende dichterische Phantasie. Vermutlich hat die biedere grenzmärkische Hotelmaid das fragliche Indiz erst beim großen Frühjahrsputz entdeckt, ohne es dann noch genauer ansprechen zu können.

16

Während Christa die glänzende Schnellzugsverbindung nach Berlin benutzte — von Kreuz bis zur ersten U-Bahnstation brauchte man nur ungefähr zweieinhalb Stunden — fuhr ich gen Vorpommern.
War es mir doch geglückt, in monatelangem Suchen die Ausschreibung einer Oberinspektorstelle zu finden, deren Anwärter verheiratet sein durfte. Auf diesem Ausnahmegut wollte ich mich persönlich vorstellen. Stand es doch noch keineswegs fest, ob der Golliner Gutskauf rätlich war und ob die Verhandlungen zum Abschluß führen würden.
Rittmeister von Klumpsch, Herr auf 2000 Morgen Acker und ebensoviel Wald, holte mich von der Bahn ab. Er sah beängstigend wie ein zu groß geratener Nußknacker aus. Mein erstes Gefühl war: Wenn der dich zwischen seine Kinn-

backen nimmt und einmal zubeißt, dann kannst du alle deine Knochen im Taschentuch nach Hause tragen.
Ungeachtet solcher erschröcklichen Perspektive erklärte und entschuldigte ich mein befremdliches Aufkreuzen im Jagdgewand mit dem Gewehr über der Schulter. Daraus ergab sich, daß ich einiges über Gollin erzählte. Bald jedoch unterbrach mich Herr von Klumpsch: „Das ist nichts für Sie, bloß so ein paar hundert Morgen. Das ist absolut nichts."
Im Gutshaus stellte der Riesennußknacker ein kleines landwirtschaftliches Examen mit mir an. Das war sein gutes Recht. Mir ist nur noch die Frage im Gedächtnis geblieben, bei der ich wohl am meisten versagte: „Was ist günstiger, mit vielen Gespannen nebeneinander in wenigen Zügen Dung zu fahren, oder mit wenigen nebeneinander in vielen Zügen?"
Da verdüsterten sich — vermutlich — meine Züge, weil mein Wissen in den letzten Zügen lag. Schüchtern gab ich zu bedenken, daß man bei uns in der Provinz Sachsen zuglos Mist fahre, und zwar mit einem gummibereiften Trecker und zwei schweren Plattformwagen.
Dem vorpommerschen Granden gefiel das nicht: „Motorpflüge und Gummiwagen ... dann müßte ich ja einen Teil meiner Pferde abschaffen."
Diese Erwägung sprach natürlich nur für den einstigen Rittmeister; das sei ehrlich festgestellt. Sie half mir aber in meinen Examensnöten nicht weiter. Obendrein mußte ich dauernd an die Scherzfrage denken: „Was möchtest du lieber: dümmer aussehen, als du bist, oder dümmer sein, als du aussiehst?" Und bei jeder Antwort sagt man bedauernd: „Du! das ist ja gar nicht mehr möglich."
Hernach kam die gnädige Frau dazu, um mich über die wirklich gewaltigen ortsüblichen Deputate aufzuklären, die ein leitender Inspektor in diesem gesegneten Land bezog. Dabei erwähnte sie einiges von ihrer Hühnerhaltung; es wurde von 300 Legehennen gesprochen.

Nicht gewöhnt, im entscheidenden Augenblick klüglich den Mund zu halten, wetzte ich unruhig mit der Hinterhand auf meinem Stuhl umher. Sobald ich zu Worte kam, sagte ich in der mir eigenen schönen Offenheit: „Gnädige Frau! als an der Rentabilität der Wirtschaft lebhaft interessierter Beamter sehe ich auf eine große Geflügelzucht mit geteilten Gefühlen. Die Einnahmen pflegen der Dame des Hauses zuzustehen. Das Personal wird aber von der Verwaltung bezahlt, und das Futter ungewogen in hemmungslosem Eifer vom Speicher geholt."
Auf diese goldene Weisheit hin ging die gnädige Frau schleunigst zur Zahl der Hammel über, die ich alljährlich deputatempfangend verspeisen könnte, wogegen mich der Nußknacker zum erstenmal mit ehrlicher, wenn auch fast erschrockener Neugier beäugte.
Endlich gelang es, das Gespräch unauffällig-graziös auf den sehr guten Achter zu lenken, der, fertig aufgesetzt, aber noch nicht aufgehängt, an der Wand lehnte. Das sei der einzige Hirsch, der auf dem Abschuß stehe, wurde mir bedeutet. Knapp neun Pfund. Da ich Jäger sei, könne gegebenenfalls die alljährliche Erlegung eines Stückes Kahlwild mit dem Oberförster beredet werden.
Obgleich ich wußte, daß ich neun Zehntel meiner jagdlichen Zukunftshoffnungen einsargen müßte, war ich der größeren Sicherheit wegen bereit, als Beamter nach Vor- statt als Besitzer nach Hinterpommern zu gehen.
So schieden wir in ausgezeichneter gegenseitiger Hochachtung. Herr von Klumpsch wollte mir seinen endgültigen Entscheid und den Anstellungsvertrag schnellstmöglichst zukommen lassen.
Aber vergeblich wartete ich zu Hause Tag um Tag auf den Schicksalsbrief. Endlich platzte meine Ungeduld. Ich meldete ein Ferngespräch an.
Mein Anruf sei ein ausgezeichneter Gedanke, meinte der

Herr auf 4000 Morgen. Er habe sich nämlich entschlossen, von meiner Bewerbung k e i n e n Gebrauch zu machen.
Die Menschheit ist kurzsichtig. Damals war ich betrübt. Ja, häßliche Gedanken beschmutzten sogar mein reines Innenleben, daß man mir nicht schleunigst einen Absagebrief geschickt hatte.
Heute möchte ich bekunden, wie ausgesprochen dankbar ich dem verehrten Nußknacker bin, der auch ferner seinen Mist — in vielen Zügen zu wenigen Gespannen! das war's! — ohne meine werte Hilfe hinausbefördern wollte.
Und gleichermaßen dankbar bin ich der hochverehrten gnädigen Frau, die händeringend gern auf einen Beamten verzichtete, der das Futter für die zahllosen Hinkel abzumessen erwog.
Kaufte ich danach doch mein liebes Gollin. Mein Gollin, wo ich ... oder genauer ausgedrückt: mit dessen Hilfe ich schließlich Mammon erraffte, gegen den alle ausschweifendsten vorpommerschen Deputate zu freundlichen Trinkgeldern wurden. Mein Gollin, wo ich brave Böcke, eine Reihe leidlicher Keiler und so manchen Hirsch schoß, wie ich ihn mir auf der Nußknackerei bestenfalls von weitem hätte ansehen dürfen.
Die Menschheit ist nun einmal kurzsichtig.

17

Als der Golliner Zwischenbesitzer durch mich erfuhr, daß ein erheblicher Teil seiner von ihm nie besichtigten Kartoffelvorräte angematscht sein dürfte, wurde er mit seiner Preisforderung weich, so daß wir uns auf halbem Wege einigen konnten.
Am 15. März 37 kam ich gegen Mittag in Schloppe an, kaufte in der Landwarenhandlung Stickstoffdünger, radelte, heftig

strampelnd, nach Gollin und schickte meinen neuen Ober=kutscher unverzüglich zur Stadt, den Dünger abzuholen.
Gegen 4 Uhr war der allzeit Pünktliche zurück. Wir luden den Großteil der Säcke in der Scheune ab. Dann sagte ich: „So! und die 6 Zentner fahren Sie mir bitte auf den nächsten Roggenschlag."
Wangerin entgegnete in seiner ruhigen und bescheidenen Art: „Aber warum denn heute abend noch? Das hat doch bis morgen früh Zeit."
„Nein," sagte ich milde, „das hat keine Zeit. Sehen Sie mal: 100 Morgen Roggen sind bestellt. Die haben noch keinen Krümel Dünger; am 15. März noch nicht ein Pfund! Es ist ein herrlicher Mondscheinabend. Düngerstreuen ist eine von meinen Lieblingsbeschäftigungen. Der kommt heute noch aufs Feld. Aber Sie sind selbstverständlich pünktlich um fünf im Stall."
Wangerin war evangelisch. Wäre er katholisch gewesen, hätte er sich in diesem Augenblick bekreuzigt. So machte er nur das entsprechende Gesicht.
Ein Jahr half er mir in Treue, die Wirtschaft in Schwung zu bringen. Dann bat er geziemend um seine Ent=lassung. Er sei nun siebenundsechzig und bekomme Rente . . . Dem konnte man sich nicht verschließen. Später arbeitete er aber noch lange Zeit rüstig=bedächtig bei einem Besitzer, der nicht im Mondschein Dünger ausstreute.
Und das war doch ein so glückhafter Abend, an dem ich, die gewichtige Molle vor der Brust, auf dem eigenen Acker hin= und herging und den blaugrauen Segen hinauswarf, aus dem der Roggen, mein Roggen, die Kraft nehmen sollte, körnerschwere Ähren zu bilden.
Mählich verstummten die letzten Lerchen. Es gab in Gollin, mit seiner Urväter=Landwirtschaft, so viele Lerchen, wie ich sie an keinem anderen Erdenfleck gesehen und gehört habe. Schwer strich ein Bussard seinem Schlafbaum zu. Auf und

ab ging ich, bei jedem zweiten Schritt den wohlabgewogenen Wurf hinaussendend. Wenn ich in die schwärzliche Senke kam, kreuzte ich jedesmal die einzelne Saufährte, die vom Turmberg auf den Eichpfuhl zustand. Und auf dem lehmigen Hügel daneben hatten in der letzten Nacht drei geringe Hirsche geäst. Auch ihre Fährten liebkoste mein Blick bei jedem Hin= und Hergang. — — —

Aller Anfang ist schwer.

Bevor ich nicht aus dem Allergröbsten heraus war, wollte ich keinen der beiden geplanten Hochsitze bauen. Denn es sah in Gollin wirklich schlimm aus: Der alte Wangerin hatte zusammen mit einem noch älteren, dreiviertel invaliden, fuselsüchtigen Jammermann und vier Pferdchen so weit ge=ackert, wie die Kraft reichte. Das war sein geflügeltes Wort. Im Übernahmejahr war sie nach der Roggenbestellung er=schöpft gewesen. Das restliche Land lag, von Wind und Sonne ausgedörrt, noch als Stoppelfeld da.

So suchte ich mir am Eichpfuhl nur die Traum=Tanne aus,

auf deren waagerechten Ästen man am leichtesten hinauf=klettern konnte. In zehn Meter Höhe brachte ich ein beschei=denes Bänklein an, davor einen Knüppel als Fußraste und einen zweiten zum Stützen des Gewehres beim Schuß.

Hier habe ich manchen Abend gesessen, manche Nacht, sanft gewiegt von meiner Tanne, geschlafen. Wobei ich aller=dings nie vergaß, mich mit einem Stückchen Strick festzubin=den. Es wäre fatal gewesen, unvermutet zu ebener Erde auf=zuwachen.

Erst als eine leidliche Ernte geborgen war, baute ich einen Hochsitz mitten ins Tal hinein. Bei ihm war ich vom Wind einigermaßen unabhängig. Zwangsläufig mußte er frei ste=hen und den einzig schönen Erdenfleck verschandeln. Aber mir kam ein rettender Gedanke, den ich allen Hochsitzbauern zur Nachahmung empfehlen möchte:

Von den reichlich vorhandenen Jungfichten am Hang hob ich fünf mit Wurzelballen aus und pflanzte sie zwischen die ge=spreizten Hochsitzbeine. Sie gediehen prächtig. Heute ist mein Bauwerk sicher längst schon von einem Herbststurm johlend und jauchzend geknickt und umgestürzt worden. Von den fünf Rottannen könnte die eine oder andere die inzwischen vergangenen Jahre überdauert haben.

Sehe ich bei einer Fahrt über Land die unzähligen, teils wenig schönen, teils abscheulichen Kanzeln, die einsam in Feld oder Wiese stehen, dann bedauere ich immer aufs neue, daß die 4 bis 10 Quadratmeter Boden unter ihnen nur eine Unkraut=wüste bilden. Wenn der Jagdpächter vom Grundeigentümer keine Erlaubnis zum Bäumesetzen erhält, dann wird es doch irgendeine, der Landwirtschaft unschädliche Kletterpflanze geben, die wohltuend das störende Gebäude verhüllt.

Ansitznacht im Eichpfuhltal.

Heute war der erste richtig heiße Tag. An Bauer Ückers Eichpfuhl, 600 Schritt rechts von mir, herrschte reges Leben. Zuerst wurde dort, wie an jedem Abend, das Vieh getränkt.

Nach Sonnenuntergang kam die Birkholzer Jugend und badete mit viel Geplansche und Gelächter in dem klaren, kreisrunden, schrotschußbreiten Teich.
Eine gute Stunde herrschte dann Ruhe, bis es wieder unbekümmert plätscherte. Kopfschüttelnd blickte ich durchs Glas zu der hell im Mondschein schimmernden Wasserfläche hinüber. So unglaublich es erschien: dort badete, man konnte es nicht suhlen nennen, jetzt ein Rudel Rotwild.
Oft und oft konnte ich so zusehen, wie das Wild unbekümmert nach den Kühen und den Menschen ins Wasser stieg. Einzelne Hirsche und Sauen kamen zu einer von meinen Suhlen, in denen es richtig lehmig-moorige Schlammlöcher gab.
Ansitznacht im Eichpfuhltal.
Das Froschkonzert in den vier Teichen riß nicht ab. Ich höre dieser eigenartigen Symphonie der warmen Nächte besonders gern zu, bei der bald die Vorsänger machtvoll von ihrer Liebe berichten, bald der Chor bekräftigend einfällt.
Am Grenzgestell zum Staatsforst, jenseits meiner erfreulich gedeihenden letzten Schonung, glitten die Ziegenmelker hin und her. Sie erzählten eine lange geheimnisvolle Geschichte, in der gute Waldgeister und heimliche Fabeltiere die Hauptrolle spielten. Hörte man ihnen mit geschlossenen Augen und recht andächtig zu, verstand man ihr eifervoll gesummtes Märchen weit besser als allen neumodischen Krimskrams, der uns, in Buchstaben gedruckt oder in Noten gesetzt, zu überfallen versucht.
Im breitkriechenden Knickweidenbusch am Kleinen Eichpfuhl zur Linken sang der Sprosser.
Er sang so lange, bis zu Füßen der Traum-Tannen eine schlanke Gestalt auftauchte, Sie war nur in das schlichte Gewand der Landmädchen gehüllt, und doch ging ein Leuchten und Strahlen von ihr aus. Dem pochenden Herzen wurde gewiß: hier schritt die verzauberte Prinzessin durch das feuchte

Gras und die heimlich blühenden Erdbeeren, ohne daß ihr Fuß in der schmucklosen Sandale vom Nachttau genetzt wurde. Deutlich erkannte ich die Prinzessin, wie sie näher kam und lächelte. Ich mußte nur mit geschlossenen Augen und mit der rechten Andacht dem Lied des Sprossers lauschen. Er sang, daß alle schlummernden Wünsche sehnsüchtig erwachten.

Dann knackte es weit hinten im stundentiefen Wald.

Der Jäger fuhr aus seiner Verzückung auf. Er vergaß das innige Märchen der Nachtschwalbe. Er wurde es nicht gewahr, wie auf dem Antlitz der Elfenprinzessin das Lächeln erstarb, wie sie stumm in dem schützenden Tannendom verschwand. Denn jetzt war aus dem einsam Harrenden der Jäger geworden.

Der lauschte gierig mit leicht geöffnetem Mund auf ein weiteres Zeichen, um erraten zu können, was da aus der undurchdringlichen Schwärze des Baumortes kommen würde: Sau — Wild — Hirsch?

Ansitznacht im Eichpfuhl. Märchengespinst, Traumprinzessin und Jagdeinsamkeit. — — —

Im April meines ersten Golliner Jahres schoß ich im Eichpfuhl, wie der ganze Geländeeinschnitt auch abgekürzt genannt wurde, eine Überläuferbache von nur 30 Pfund, die wohl mit einigem Recht als typische Abschußsau bezeichnet werden konnte. Mit unsicheren Fluchten, dem letzten instinktiven Befehl: ‚Fort! fort! fort!' gehorchend, verschwand sie in der Grenzschonung. Poopitz, der jetzt dreijährige Dackeljüngling, machte am anderen Morgen eine lobenswerte Totsuche am langen Riemen.

Dann folgte eine Zeit, in der ich mit niederdrückender Regelmäßigkeit ohne Bruch nach Hause kam. Aber in der letzten Augustwoche weckten mich zwei Überläufer aus leisem Schlaf. Ich saß auf dem Bänkchen im Tannenwipfel. Der bequeme Hochsitz war noch nicht gezimmert.

sther – natürlich mit Dackel

Der Landgraf – natürlich mit Dackel

er Vor-Hochzeitshirsch

Christa mit Brautführer Vetter Jochen

Christa mit Mecki

Die Prehlower Ackerpferde

Auf einer geringen Blöße beschrieb der erste Überläufer nach dem Schuß einen engen Todeskreis, bevor er strauchelte und zusammenbrach. Da es ein wundervoller Spätsommer=abend mit warmem Ernte=Vollmond war, blieb ich sitzen. Vielleicht war ich, noch halb verschlafen, auch nur zu faul, mich jetzt schon an das beschwerliche Abwärtsklettern zu machen.

Nach wenigen Minuten kam die zweite Sau zurück.

Ratlos suchte sie hin und her und verhoffte dann genau auf dem ersten Anschuß. Ich schoß in aller Ruhe. Die Entfer=nung betrug nur 40 Schritt. Ich konnte den mit dem Büchsen=knall zusammenfallenden Kugelschlag nicht hören. Dieses sehr gerechte Zeichen verriet mir sonst immer, ob, ja oft=mals sogar, wie ich getroffen hatte.

Das Mündungsfeuer blendete die Augen.

In dieser Sekunde der Blindheit war die Sau lautlos ver=schwunden.

Mit beiden Hunden suchte ich beim Tagwerden sehr sorg=fältig nach. Wir fanden nichts. Trotzdem konnte und konnte ich nicht glauben, daß die zweite Kugel vorbeigegangen sein sollte.

Schließlich wurden meine Dackel dickköpfig. Jedesmal, wenn ich sie zu neuem Suchen ermunterte, tappelten sie, sichtlich gelangweilt, zum verendeten, ersten Überläufer, schnupper=te an ihm herum, wollten wohl auch noch einmal verstohlen zuhapsen und gaben mir durch ihr ganzes Benehmen zu ver=stehen, ich wäre ein großer Esel, wenn ich immer noch weiter herumkrebste, wo doch der liebe Kujel längst gefunden sei. Durch solches Besser=Wissen=Wollen ließ ich mich aber von meinem bewährtem Verfahren nicht abhalten, die jetzt schon brusthohe Grenzschonung reihauf, reihab durchzusuchen. Die Hunde koppelte ich dabei zusammen, weil sie offensichtlich nicht übel Lust verspürten, an Stelle eines so ermüdenden Geschäftes, lieber eine kleine Privatjagd zu veranstalten.

Es fand sich nichts; keine Wundfährte und schon gar keine Sau.
Vier Tage später stolperte ich über die Verluderte.
Dreißig Schritt zur Seite lag sie offen auf der kahlen Blöße in einer tiefen Ausackerfurche, die vor Jahren gezogen und nicht zugepflügt worden war. Langes, schon ein wenig herbst=fahles Dürrgras verbarg ihre dürrgrasfarbene Schwarte.
Die Hunde hatten versagt, weil ihnen das eine gefundene Stück zu genügen schien. Ich hatte versagt, weil ich sie immer wieder am Dickungsrand ansetzte, wo sie nichts finden konnten; weil es mich selbst immer wieder in den Jung=wuchs hineinzog, in dem das Stück vermeintlich liegen mußte.
Ich grämte mich sehr; über das elend verstunkene Wildbret und über den Erlös daraus, der mir entgangen war. Am mei=sten aber grämte ich mich, weil ich nutzlos=sinnlos getötet hatte.
In der Folge schoß ich noch viele Sauen im Eichpfuhltal. Einige wenige Kugeln irrten einwandfrei ab, verfehlten das Ziel. Ein zweites angeschweißtes Stück ging dort nicht mehr verloren.

18

Ein echter grenzmärkischer oder, wie es später nach der Anektierung durch die große Nachbarprovinz hieß: ostpom=merscher Jäger brauchte alljährlich mehr Kugel= als Schrot=patronen. Das traf auch auf mich zu, wenn ich die nur in Gollin verfeuerten rechne, wobei ich allerdings die für den Sprößling erlegten Süppchen=Eichelhäher außer acht lasse. Wann kam ich schon dazu, die Schrotrohre meines Drillings zu benutzen?
Hühner gab es bis 1943 überhaupt nicht. Verblüffenderweise tauchte dann ein Volk von 16 ausgewachsenen Herbsthüh=

nern auf, die nicht im Revier oder in der mir bekannten Nachbarschaft erbrütet waren. Die ihnen sorglich angebotenen Schüttungen nahmen sie nicht an. Als wilde Holzböcke, die, wurden sie hochgemacht, sofort in eine Schonung strichen, kamen sie auch ohne Hilfe durch den Winter.
Im nächsten Frühsommer wurde ein Gelege mit 18 Eiern, aus denen die Küken in den nächsten Tagen geschlüpft wären, in den Süßlupinen ausgemäht und leider vernichtet. Im Herbst war wieder ein Volk von 16 Stück da. Zwei Sonntagsstunden suchte ich sie vergebens. Ich hätte einige geschossen, wußte ich doch nur zu genau, daß es mein letzter Golliner Herbst sein würde. Aber die Kette, die genauso wild war wie die des Vorjahres, ließ sich nicht finden. Vielleicht ist aus ihr ein richtiger Bestand erwachsen, als die Zeit der unbeschreiblichen Verwahrlosung, der Dornen und Disteln begann, die jahrelang meterhoch unsere Felder bedeckten.
Karnickel kamen nur auf dem Birkholzer Friedhof vor, wo sie unnütz mühsam gepflegten Grabschmuck abknabberten. Mit der Kastenfalle fing ich ein halbes Dutzend und setzte sie im Eichpfuhl aus. Zwei Jahre Schonzeit bewirkten keine feststellbare Zunahme. Bei der letzten kleinen Klapperjagd wurde eins geschossen. Wie dieses Karnickel den Steilhang vor den Treibern herunterwetzte, mit meterweitem Satz die zusammengefallene, nicht erneuerte Ansitzhütte des alten Grafen überfiel und zwischen meinem Nebenschützen und mir, von uns gleichzeitig unter Feuer genommen, in die nun schon doppeltmannshohe Grenzschonung zu entkommen trachtete, dessen erinnere ich mich noch mit aller Deutlichkeit. Von einigen Stücken Rotwild und dieser und jener Sau sind mir die näheren Umstände bei der Erlegung entfallen.
Die Friedhöfe bei uns zu Hause . . .
Der Birkholzer lag unter einer der machtvollsten und regelmäßigsten Fichten, die ich jemals in ehrfürchtigem Staunen bewundern durfte.

Der Golliner, dicht hinter unserem Hof, wurde auf allen vier Seiten von noch nicht ganz so gewaltigen, immerhin aber schon 12 bis 15 Meter hohen Bäumen der gleichen Art umsäumt.
Im zweiten Erntesommer suchte mich ein heftiger Hagelschlag heim; das heißt, zuerst brach ein Wirbelsturm herein, als wollte er mich umreißen. Das war mir vielleicht ein Windsbräutigam! Dann prasselten einige Minuten lang die Schloßen herab. Ich hatte noch fünfzig Morgen Sommergetreide draußen, hoffte aber das beste, weil alles ausreichend versichert war.
Zwei Tage später sagte der Beamte der Sozietät: „Es hat gehagelt . . . Aber . . .“ Und dabei blickte er mich väterlich-bedauernd an, denn er war ein alter, erfahrener Mann „. . . aber alles ist nicht Hagel gewesen. Auch Sturmschaden ist dabei, der den reifen Hafer ausgeklappert hat.“
Ich erschrak, sah ich doch einen Teil meiner Entschädigung dahinschwinden. So verschwor ich mich, es habe nur ein schmeichlerisches Windchen, eine Art hinterpommerscher Zephir geweht.
Ich lüge ungern, nicht weil ich ein sittenreiner Mensch bin; aber nein! im Gegenteil! Es ist mir nur zuwider, mich derart erniedrigen zu müssen. Im Verkehr mit Finanzamt, Rentenanstalt, Versicherungsgesellschaft und ähnlichen gemeinnützlichen Institutionen jedoch sollten Sonderregelungen im Hinblick auf die strikte Einhaltung des steilen Wahrheitspfades erlaubt sein.
Der Graukopf hörte mich teilnahmsvoll mit an. Schließlich sagte er: „Dann muß es so gehagelt haben, daß wir es wohl gar nicht bezahlen können . . . so schlimm, daß es die drei großen Tannen, die oben auf dem Friedhof zwischen den Gräbern liegen, umgehagelt hat.“
Da kriegte ich einen roten Kopf.
Trotzdem wurde unser Geschäft noch befriedigend abge-

schlossen, so daß wir zu kräftigem Vespern ins Haus gehen konnten. Wer bei einer Schadenregulierung oder Saatenanerkennung den anderen v o r h e r zum Essen einlädt, ist ein taktloser Tölpel; wer es n a c h h e r unterläßt, ein gnietschiger Geizkragen. — — —
Erzählt man lebhaft und ohne das einschnürende Mieder einer hochnotpeinlichen Disposition, sind Abschweifungen und Umwege kaum vermeidbar. Man muß sich nur zur Hauptstraße zurückfinden: Hagelschlag — Friedhöfe — Kaninchen — Schrotpatronenverbrauch.
Selten mehr als ein halbes Dutzend Jahresschüsse galten den nicht zu zahlreichen Füchsen. Und mit ebenso vielen kam ich aus, um die drei bis fünf Hasen zu erjagen, deren Abschuß rätlich erschien, ohne den Bestand zu gefährden.
Neulich stellte ich meinen Gören folgende Aufgabe: „Um Mitternacht hat es in Gollin geschneit, dann klart es auf. Am Morgen gehe ich nicht den Richtsteig durch die Gemeindejagd, sondern spüre in großem Bogen den Fahrweg ab, der alles Holz bis zum Eichpfuhl hin umrundet. Dabei stelle ich fest, daß nach der nächtlichen Neuen vier Hasenspuren heraus ins Feld stehen und sieben zurück in den Wald weisen. Frage: Wieviel Krumme haben sich da im günstigsten, wieviel im ungünstigsten Falle hoppelnd betätigt?"
Der Student Hänne ging das Problem hochschülerhaft gelehrt an. Natürlich wurde es Kappes. Peter, der Primaner, stellte Gleichungen mit x auf, die ein ähnliches Ergebnis zeitigten. Die zwölfjährige Pütz dagegen fand das richtige Resultat. Womit aber keineswegs behauptet werden soll, sie wäre die Hellste der drei im Rechnen.
Nach einem strengen Winter waren die beiden ersten Krummen, die ich schoß, unglücklicherweise Häsinnen. Daß man bei so seltenem Wild das Geschlecht feststellt, dürfte selbstverständlich sein. Da ärgerte ich mich und tat in diesem mageren Jahr keinem mehr etwas zuleide.

Die beiden Hasendamen hatte ich abends auf dem Anstand geschossen. Beileibe möchte ich kein Streitgespräch für oder wider diese Jagdart heraufbeschwören. Man kann mit ihr einen Besatz auf den Hund bringen, wie der paßrechte Aus=druck lautet. Das schafft man aber mit allwöchentlichem Ab=suchen sämtlicher Örtlichkeiten, die überhaupt in Frage kom=men, noch schneller. Und eine nur einmal in Szene gesetzte Vernichtungsschlacht, bei der sich zwischen dreißig Schützen wenige Treiber arg verlassen vorkommen, räumt noch rasan=ter auf. „Wir lassen Schongebiete liegen!" wird mir entge=gengehalten. Ich freue mich herzlich, kann mir aber eine ge=naue Festlegung der Begriffe nicht verkneifen: „Schongebiete sind Ländereien, auf denen auch ein Hase beheimatet zu sein pflegt. Garantiert wildreine Landstriche, die man zur Ver=meidung völligen Leerlaufes ausläßt, zählen nicht zu ihnen."
Für die maßvoll ausgeübte Anstandsjagd führe ich ins Feld, daß es tatsächlich ganze Reviere gibt, auf denen sich nachts eine leidliche Anzahl der besonders mit Rosenkohl wohl=schmeckenden Tiere aufhält, unter Tag aber nicht ein ein=ziges aufzustöbern ist.
Das klassische Beispiel hierfür war die mir benachbarte Domäne Birkholz. Als Rechteck, doppelt so lang wie breit, wurde sie auf drei Seiten vom Staatsforst umgeben. Auf der vierten schob sich der jagdlich zum Gut gehörende Turmberg zwischen ihr ebenes, leichtes bis mittelgutes Feld und meine ‚Grafschaft'.
Man konnte jede Wette abschließen, daß zur Jagdzeit auf den 1100 Morgen Domänenacker nicht eine Hasenblume zu finden, geschweige denn zu pflücken war, obgleich im Fis=kalischen nebenan auf der Treibjagd bis zu 25 Hasen von 10 Schützen erlegt wurden. Unser Nachbar, Förster Eich=knüppel, wollte an diese Hasen=Leere nicht glauben. Auf sein Drängen hin streiften wir einmal zu vier Flinten und acht Klappern ein paar hundert Morgen üppiger Lupinen=Serra=

della=Sonnenblumen=Gründüngung hinunter, die seit dem 28. Juli nicht mehr betreten worden waren, und die gleiche Fläche bestellter Wintersaat gingen wir zurück. Als wir nach einer Dreiviertelstunde, leidlich abgetrabt, wieder oben auf dem Turmbergweg standen, hatten wir nur etliche Rehe ge=ärgert. Förster Eichknüppel machte ein verstörtes Gesicht. Erkläret mir Graf Örindur . . .

Wenn man in solchem Jagdbann versucht, den einen oder anderen Anstandshasen zu erlauern, dann finde ich darin nichts Unzüchtiges. Kurioserweise betrug im achtjährigen Beobachtungszeitraum die Strecke solchen Wildes in Birkholz: 0. In Worten: null.

An der siebentausend gute Männerschritte nüchtern=langen Waldkante gab es keine bevorzugte Stelle, an der ein Kundi=ger sofort mutmaßen konnte, daß dort abends ein Häslein zu Felde rücken würde.

So habe ich auch nur einmal bei grimmiger Eisluft versucht, der Gutsherrin einen dringend benötigten Verschenke=Hasen zu besorgen. Als aber die Pfosten des Hochwildzaunes meter=lange Frostrisse bekamen, wobei es laut wie von Pistolen=schüssen knallte, steckte ich Stühlchen und Decke schuddernd in den Rucksack und lief nach Hause; die ersten fünf Minu=ten im Hundetrab, um wieder warm zu werden.

Und genauso war es auf der Winkelmühle, unterhalb des Gehöftes im Verlorenen Paradies gewesen. Dort lag im Herbst und Winter kein Hase; und doch fanden sich ihrer ringsum eine ganze Menge, weil ihnen im Staatlichen kaum nachgestellt wurde.

Hier habe ich zwei Jahre hintereinander den Frühanstand be=trieben, bis ich ein langes und dickes Haar in der Suppe fand. So saß ich auch am 16. Oktober zeitig im Morgendämmern auf dem Feuerwerkshochsitz . . .

Schon wieder verleitet eine verdrehte Geschichte dazu, beim

gemeinsamen Gang durch den Erinnerungswald einen Seiten=pfad einzuschlagen:
Als ich von dem Hochsitz aus, 18 Monate zuvor, zusammen mit meiner Braut die noch grauen Aprilböcke beobachtete, gab es zwischen uns plötzlich ein Zischen, eine Stichflamme und eine so ungebührliche Hitze an meiner rechten Keule, daß ich verstört hochhopste, während Christa vor Schreck fast in den Abgrund gekegelt wäre.
Was war passiert?
In der äußeren Jackentasche trug ich zwei Päckchen jener rotgefärbten Zündhölzer, die zu zwanzig in zwei Reihen angebracht sind, um einzeln beim Gebrauch abgebrochen zu werden. Da müssen — anders ist das Phänomen nicht zu er=klären — die schwefelgelben Köpfe des einen so nachdrück=lich mit der Reibfläche des anderen in Berührung gekommen sein, daß die ganze Geschichte aufflammte.
Unverständlich blieb allerdings, durch welche Kräfte die er=forderliche Reibung und Pressung hervorgerufen wurde ...
An jenem Oktobertage, anderthalb Jahre später, schoß ich vom Feuerwerkshochsitz aus in schneller Folge vier Hasen. Dicht neben ihm wurde der Bach auf einer Stelle so schmal, daß den Krummen der Satz von Wiesenrand zu Wiesenrand gelang. Nur hier konnten sie, ohne sich naß zu machen, zu ihrem Übertagungs=Pott gelangen. Ein deutlich ins Grüne ge=peddeter Paß zeigte an, daß ein regelmäßiges Hin und Her stattfand.
Als es hell geworden war, suchte ich mir alle zusammen und legte Strecke. Da sah ich zufällig im Runkelschlag an der Straße eine Bewegung. Das war doch Rotwild! Durch meine Schießerei hatte ich ihm den gewohnten Wechsel ins Bruch zurück verlegt.
Drei Stück waren es. Alttier, Kalb, Schmaltier. Als die viel=leicht noch nicht sehr erfahrene Führerin endlich im hellen Morgenlicht den Durchbruch wagte, lag ich schon hinter dem

Deckenrucksack in der Wiese. Das Schmaltier brach mit ‚wohlgezieltem' Halsschuß zusammen. Trotz der genierlich abgeirrten Kugel war ich ausnehmend zufrieden: Jetzt brauchte ich die vier Krummen nicht mehr in den Rucksack zu zwängen, mußte doch angespannt werden.
Und jetzt kommt das Suppenhaar: Verständlicherweise war ich im nächsten Jahr zur gleichen Stunde am selben Platze, schoß aber nur einen im Dämmergrau anschnürenden Fuchs und einen Hasen! Nur noch einen! Die vier vom Vorjahr fehlten, und Kinder hatten sie auch nicht mehr in die Welt gesetzt.
Da kam mir die Erkenntnis, daß der Hasenanstand eine feine, besinnliche, poesievolle, durchaus zu bejahende Jagd=art ist, sofern man ihn in weiser Mäßigung ausübt. Womit ich das Kapitel schließen möchte. Wie bitte? Was es mit den 7 und 4 Hasenspuren nach der Schneenacht auf sich habe? Nun, im günstigsten Falle mümmelten draußen 3 Hasen, und 4 neue sind dazugekommen. Dann nannte ich 7 mein eigen. Es können insgesamt aber auch nur 3 gewesen sein, wenn einer oder mehrere hin= und hergehoppelt sind; immer vorausgesetzt, daß über Tag keine im Feld waren und blieben. Irrtum vorbehalten; es ist schon eine schwierige Rechnung! Man kann sie mit Streichhölzern, Pfennigen oder vermittels zahlreicher Zeichnungen durchführen. Die hinzugezogenen Familienmitglieder schnaubten zum Schluß Wut, heulten oder waren verachtungsvoll eingeschnappt, je nach Temperament.

19

Denke ich heut an die ersten Golliner Jahre zurück, ist das Wissen um Arbeit und Sorgen, Irrtümer und Fehlschläge nicht ausgelöscht. Aber das frohe Sich=Erinnern an ermuti=gende Erfolge und lustige Vorkommnisse, ja, ausgelassene Eulenspiegeleien, überwiegt.

Zum geplanten Feldscheunenbau fuhr ich eigengeschlagenes Holz in die Schlopper Schneidemühle. Nach leidlicher Zeit wurde mir mitgeteilt, ich könne es, fertig bearbeitet, abholen. Als wir ins Städtchen kamen, lagen unsere Stämme aber noch genauso da, wie wir sie damals vom Wagen gekollert hatten. Nun war das ein Versehen, das jeder echte Grenzmärker mit einigem Schimpfen im nächsten Gasthof mehr oder weniger ausgiebig hinuntergespült hätte. Mich aber wurmte der versäumte Gespann=Nachmittag bodenlos. Deshalb luden wir unter dem andächtigen Staunen der nicht schlecht glotzenden Platzarbeiter unsern Kram auf und fuhren ihn um die Ecke zur Konkurrenz. — — —

Einmal schickte ich einen Ersatzkutscher, den höchst ehrenwerten alten Geldermann, im Hochsommer mit einer Fuhre Getreide zu Müller Witt nach Schloppe.

Das war der Pächter der Golliner Gemeindejagd, mein Nachbar oben an den Dreißig=Morgen und unten im Eichpfuhl, wo unsere Reviere ans Staatliche anstießen. Er hieß wirklich Witt; der als Hinweis auf ein gutes Mehl so geeignete Name ist nicht erfunden. Natürlich kutschierte er mit einem blütenweißen Schimmel herum. Bei meinem ersten Besuch in seinem bedeutendem Betrieb sah ich bei ihm staunend zwei Vierzehnender hängen, einen guten, der ein paar Jahre älter hätte werden können, und einen sehr guten, ausgereiften. Beide waren dicht neben dem Eichpfuhl geschossen worden. Solche Hirsche wuchsen also bei uns . . .

Als mein braver Geldermann nicht, wie erwartet, gegen 11 Uhr auf der langweilig=öden Chaussee zu erspähen war, fuhr ich ihm beunruhigt mit dem Rade entgegen.

In beschaulicher Ruhe, sorgfältig abgesträngt, fand ich meine Pferdchen im Schatten der großen Kastanien, die auf dem Schlopper Marktplatz die Kirche umstanden. Vom Kutscher fehlte jede Spur. Ich warf das Rad auf den Wagen und trabte in beschleunigtem Reisetempo Richtung Heimat.

Erst Stunden später kam eine leicht schwankende Gestalt die Straße heraufgekeucht; der alte Geldermann. Anderntags erwähnte keiner von uns die peinliche Angelegenheit. Erst beim Erntefest sagte er treuherzig: „Nee, so wat ... so geschwitzt habe ich mein Lebtag noch nicht. Wie die Pferde weg waren, und dann nach Haus ... Nee, so wat ..." — — —
Ein Kramladen in der Nachbarschaft wurde von einer Witwe und ihrer einzigen Tochter betrieben. Das junge Mädchen besaß allerdings noch eine um neun Monate jüngere Halbschwester, ein zum Anbeißen hübsches Frauchen, die gut nach außerhalb verheiratet war. Ihre Mutter hatte damals die Pflege übernommen, als die Kaufmannsfrau in den Wochen lag. Wat nich all so jibbet.

Eines Morgens polterte ich zu früher Stunde in die Handlung, um dringend benötigte Nägel zu erstehen. Die Besitzerin sagte mißbilligend: „Immer sachte, junger Mann! Sie werden wohl noch Zeit haben."

„Nein! nein!" widersprach ich lebhaft. „Ich habe keine Zeit!"

„Sie werden noch Zeit zum Sterben haben."

An diesen nicht böse, eher mahnend gemeinten Ausspruch muß ich jetzt oft denken, wenn es ein wenig langsamer gehen muß, aber, um bei der Wahrheit zu bleiben: bei vielen Dingen habe ich auch heute noch keine Zeit; glaube ich, der unerbittlichen Gottheit Zeit, kostbare Stunden, nie wiederkehrende Minuten abtrotzen zu müssen.

Später pachtete ich die dazugehörende recht günstige Landwirtschaft. Der alljährliche Zins betrug einen Zentner Roggen je Morgen. Auch das Außenfeld eines großen Besitzers, das mir bequemer lag als ihm, bewirtschaftete ich, um dem neuen Trecker mehr Acker unter die Räder zu geben. Für diesen anlehmigen Boden mußte ich fünf Mark je Morgen bezahlen. Das waren noch Zeiten ... Alle Landmaschinen wurden natürlich von Gustav Hallmann, Tütz, erstanden, weil der ein gewaltiger Jäger vor dem Herrn war.

Bald fanden wir, besonders zu Christas Freude, allerlei Verkehr; mit dem Arzt, der mich in der eiskalten Januarnacht mitgenommen hatte, dem Sägewerksbesitzer Nr. 2, vor allem aber mit Werners auf der Domäne Birkholz und mit ihrem Administrator, dessen Nachfolger ich später wurde. Das kinderlose Ehepaar Hünifeldt residierte auf der ehemaligen Domäne Quast, die jetzt zu Birkholz gehörte.

Denkwürdig war eine Feier zu viert am Pfingstmontag des letzten Friedensjahres. Am Spätnachmittag fuhren wir durch den Turmberg, um das Birkholz-Quaster Feld zu erreichen.

Der Turmberg war aus Waldstücken der beiden Birkholzer Großbauern Ücker und aus staatlichen Parzellen zusammengewürfelt. Auf dem Scheitel dieses nach unseren norddeutschen Begriffen echten Berges ragte ein aus mächtigen Kiefernstämmen zusammgeschraubter offener Turm 50 Meter hoch empor. Er war von Reichswehr-Pionieren zu topographischen Zwecken gebaut worden. Nur ganz Schlaue trauten ihm auch einen militärischen Wert zu.

Als Jagd war der Turmberg besonders reizvoll, weil sich Rotwild, besonders Hirsche, tage- und wochenlang einzustellen pflegten, wenn ihnen im Staatlichen mit Pürschen, Ansitzen und Drücken zu emsig nachgestellt wurde. Auch Sauen schoben sich dort ein. Die sechshundert Morgen waren jagdlich der Domäne zugeschlagen worden. Später, als wir nach Quast zogen, bekam ich dieses Schmuckkästchen angegliedert.

Oft und oft saß ich dann auf der mittleren Plattform des Turmes, immerhin 25 Meter über dem Scheitel des ‚Berges'. Von hier aus beobachtete ich das nichtsahnende Wild in den Schonungen oder im stehenden Getreide, wenn es hoch wurde, um sich die Läufe zu vertreten. Aber kein Schuß fiel von oben aus. Der Turm war kein Hochsitz, sondern eine ideale Warte mit einem horizontweiten Rundblick über die meilenweiten grenzmärkischen Wälder hinweg. –

Am pfingstlich ruhigen Domänenfeld interessierten mich besonders die reichlich hundert schnurgerade ausgerichteten Heuhütten, die frisch mit Landsberger Mischung — Zottelwicke, Inkarnatklee und Deutschem Weidelgras — bepackt waren. Dazwischen abgesetzte Düngersäcke erregten dagegen mein Mißfallen.
„Menschenskind, Herr Hünifeldt!" sagte ich, kaum daß ich in Quast vom Wagen geklettert war. „Wie kann man denn vor den Feiertagen noch so viel Dünger ausfahren?"
„Warum nicht," verteidigte sich der Hausherr. „Gleich morgen früh soll es mit Macht rangehen: Wrucken und Riesenkuhkohl pflanzen. Dazu brauchen wir den Dünger. Wir haben ihn auch unter die Reuter gestellt, damit er nicht naß

wird, falls es was geben sollte. Aber es regnet ja doch nicht, wenn gepflanzt wird."
„Das schon . . . wenn er nun aber gemaust wird?" sagte ich. Schließlich lag das Feld an dem Verbindungsweg Gollin—Marthe, einem großen, bekanntermaßen hungrigen Bauerndorf.
Herbert Hünifeldt lachte herzlich: „Sie kleiner, niedlicher Mitteldeutscher! Ich garantiere dafür, daß kein Mensch vorbeikommt. Und würde sich wirklich jemand verirren, dann läßt er unsere Säcke hübsch stehen."
So einsam, so dem idealen Urzustand nahe, war es damals in unserer Gegend.
Wir haben dann gut gegessen und viel getrunken. Nach Mitternacht war Herbert Hünifeldt so weit, daß er die Fehlstellen meines Skalpes mit Kaffeesahne behandelte. Er versprach sich eine den Haarwuchs fördernde Wirkung davon.
Am nächsten Abend rief der Quaster an: „Menschenskind! so geschwitzt wie heute hab' ich mein Lebtag noch nicht."
„Es war doch gar nicht zu heiß", sagte ich.
„Lassen sie mich, einmal wenigstens, aussprechen! Für die Stunde Schlaf, die noch übrigblieb, als wir Sie glücklich los wurden, hab' ich die Unterbuxen erst gar nicht ausgezogen. Und dann beim Aufstehen war ich knapp halb munter. Da hab' ich nicht gemerkt, daß in der Arbeitshose schon welche drinsteckten. Ich ziehe den ganzen Krempel immer zusammen aus."
„Das mache ich genauso". sagte ich.
„Ja, und da bin ich den ganzen Tag mit zwei übereinander rumgelaufen." Dann gebrauchte er sein Lieblingszitat: „‚Verflucht!' sprach Max, und heiter schien die Sonne."

20

Für das Jahr 1937 hatte sich Graf Merveldt den Abschuß der beiden Hirsche vorbehalten. Im Sommer erhielt ich die Nachricht, daß der alte Herr eines Samstagsvormittags wie üblich den Pferdemarkt besucht hätte. Zurückgekehrt, legte er sich mit leichter Unpäßlichkeit hin. Als man nach ihm sah, war er verschieden. Ein beneidenswerter Tod — ohne Krankenlager! An seiner Stelle kam der junge Graf für zehn Brunfttage. Er sah genug Wild aber nie den richtigen Hirsch. Einmal, als der Mond noch nicht aufgegangen war, beschäftigten sich mehr als ein Dutzend Sauen eine Stunde lang unter seinem Hochsitz. Sobald Schußlicht war, verkrümelten sie sich.

Währenddessen saß ich Abend für Abend im Turmberg. Papa Werner, selbst kaum Jäger, hatte mir liebenwürdigerweise den Abschuß des erlaubten geringen Hirsches und des Stücks Mutterwild freigegeben. Aber auch bei mir klappte es nicht.

Am letzten Tag stellte ich den Gast aus Oldenburg in die Mitte des Turmberggeländes auf eine schmale Blöße.

Ich wollte drücken. Das ist immer der letzte Ausweg.

Unten am breitgewundenen Gollin-Quaster-Weg fing ich an. Zwischen ihm und dem Grafenstand lag ein bewaldeter Hang mit unterschiedlich alten, meist kräkelkrummen Kiefern. Obwohl das Gelände staatlich war, fanden sich noch malerische, fraglos das Jungholz schädigende, wild gewachsene Überhälter.

Hier war ich einmal in der Morchelzeit herumgestrolcht ... Morcheln kannten wir früher nur aus der Dose, meist als sparsames Einmengsel zwischen den vulgären Bestandteilen des Leipziger Allerlei. „Morcheln sind's, wenn's zwischen den Zähnen knirscht."

In Gollin wurde uns glaubhaft berichtet, daß die köstlichen Pilze hierorts von Kundigen im Monat April gefunden wür-

den; der Kundigsten einer sei der Krumme Zerahn. Von ihm erstand Christa ein hübsches Körbchen voll der schwärzlich-dunkelrötlichen-badeschwammähnlichen Gebilde.
Wir verspeisten sie mit dem gesunden Hunger eines freischaffenden Landwirteehepaares; vergnügt, eine seltene Delikatesse überraschend wohlfeil erworben zu haben.
Am Abend änderte sich die Situation.
In Gollin standen unsere Betten noch althergebracht ehepaarlich nebeneinander. Jeder hing aus seinem, würgend bemüht, alles, was er in sich hatte und noch viel mehr, dem für gewöhnlich nicht gebrauchten Töpfchen anzuvertrauen. Es war ein unbeschreibliches Keuzduett.
Hinterher brachten wir in Erfahrung, das Kochwasser der Morcheln müßte, am besten mehrfach, abgegossen werden. Nach Beachtung dieser Vorschrift und nach Verstreichen eines Schreckjahres aßen wir sie noch oft; mit Genuß und ohne nachteilige Folgen; besonders, nachdem ich selbst zwei ergiebige Fundstellen entdeckt hatte.
Als ich damals im Frühjahr, nach den von Anfängern so schwer aufzuspürenden Pilzen ausschauend, einen trocknen Wasserriß in diesem Turmbergteil hinaufkletterte, wurden vor mir zwei Hirsche hoch. Sie schienen ärgerlich zu sein und unterbrachen nur widerwillig ihre Vormittagsruhe. Niedriggehende Hirsche, auf deren Stirn sich faustgroß die neuen Kolben wulsten, sehen in ihrer fadenscheinig gewordenen, gleichsam mottenzerfressenen Winterdecke irgendwie grotesk, verzerrt, unwirklich aus. Keineswegs elegant trollten die beiden davon, verschwanden hinter breitschirmenden Kiefernknorren, Stachelwacholdern und schmalbrüstig sich emporquälendem Jungwuchs; Fabelwesen in einer Umwelt, die noch abseits von einer wirtschaftlich betriebenen Forsteinrichtung leben durften.
Daß ich in Zukunft dieses Stückchen unbehelligter Natur nie wieder ohne zwingenden Grund betrat, ist selbstver-

Abfischen auf der Winkelmühle

alla die Getreue (r.)

Zwei Hosenflicker

Hänne: ,,So groß ist Papas Roggen!''

Der Lebenshirsch

Der falsch geschossene Zwölfer
und der Uralt-Achter

Hänne mit dem Unglückszwölfer,
Botz der Getreue, Peter im Körbchen

ständlich. Als ich es jetzt dem Grafen Merveldt durchdrückte, war es leer. Nur ein alter Hase, der gut und gern seine neun Pfund wiegen mochte, fuhr so dicht vor mir heraus, daß ich zusammenschrak.

Nach kurzem Flüstergespräch mit dem Gast, dem kein Wild in Anblick gekommen war, umschlug ich unten, auf dem Birkholzer Stadtweg, den dreimal größeren Hauptteil des Turmberges. Das war ein langes, noch recht dichtes Stangenholz, ansteigend zur höchsten, von dem mächtigen Lug=ins=Land gekrönten Erhebung, eine Schonung ‚im besten Rotwildalter' und drei ‚borstendichte', die damals erst mannshoch waren und eher eine Sau als einen Hirsch beherbergen mochten.

Ein Rudel von drei Stück Kahlwild, ohne Hirsch, wurde flüchtig. Sie brachen nach rückwärts durch und trollten aufs Domänenfeld hinaus.

Es sollte nicht sein . . .

Ohne einen Schuß abgegeben zu haben, mußte der Graf abreisen. In mir stritten sich die Gefühle. Da ihm ein zweiter Besuch unmöglich war, durfte i c h mich jetzt auf die beiden freien Hirsche versuchen. Die wilde Stimme frohlockte:

„Schieß! schieß! schieß!" Ihr Widerpart flüsterte traurig: „Es wäre ihm zu gönnen gewesen. Er ist ein liebenswerter Mensch." — — —

1937 bekam ich keinen der freien Hirsche.

1938 bekam ich keinen der freien Hirsche.

Und auch im kommenden Jahr begleiteten mich Mißerfolg und Fehlschlag. Nicht etwa, daß ich vorbeigeschossen hätte. Nein, es kam einfach nie zu der unumstößlichen Überzeugung: Das ist der Richtige!

Denn der Gedanke, dem nicht unfreundlichen Kreisjägermeister ein falsches Geweih vorweisen zu müssen, stand warnend neben mir, als hätte er greifbare Gestalt angenommen.

Er stand neben mir an hundert, an zweihundert, auch wohl an dreihundert Abenden, wenn ich in dem zagenden Hoffen hinausgegangen war: heute? wird es heute sein?

An dreihundert Abenden dieser drei Jahre wurden mir Kahlwild und Sauen, Böcke und Ricken geschenkt. Auf einen Hirsch wagte ich die Büchse nicht zu heben.

Das darf nicht vergessen werden, wird sonst auf diesen Blättern so oft von Schuß und Beute berichtet. Dreihundert Abende, rückblickend geschätzt, ohne einen erlegten Hirsch. Waren diese tausend Stunden verloren? Nein! sie waren angefüllt mit Lauschen und Schauen, mit dankbarem Genießen und unbeirrtem Hoffen.

Mit unbeirrtem Hoffen . . .

Es waren keine verlorenen Stunden!

21

Da wir wirklich und wahrhaftig in einer Gegend mit nur wenigen und meist guten Mitmenschen wohnten, konnte ich Christas regelmäßige Frage, kam ich nachts vom Ansitz nach Hause: „Hast du auch gut abgeschlossen?" schwer begreifen.

Sie fragte es aus tiefstem Schlaf heraus oder sogar noch schlummerumfangen.
„Wie schließt man denn ‚gut' zu?" pflegte ich zurückzufragen.
„Zweimal rum!"
„Ja. Ich habe zweimal rumgeschlossen." Ich sagte das in dem lobenswerten Bestreben, sie zu beruhigen. War es nicht lächerlich, die Haustür zu verrammeln?! Schließlich wußte jeder, daß ich notfalls scharf schießen würde. Bei allen Forderungen, deren Berechtigung ich einzusehen vermochte, war ich ein vorbildlich fügsamer Gatte. Bei den anderen war ich es weniger. Diese Fälle überwogen; behauptete Christa.
An einem Sonntagmorgen stand ich im Pechfinstern auf. Ich wollte auf dem Rückwechsel ein Stück Kahlwild schießen. Lautlos, um Christa nicht zu wecken, tastete ich mich aus der Schlafstube, tastete ich mich im Wohnzimmer weiter. Die Läden waren geschlossen. Es war wirklich pechfinster. Der elektrische Knipser befand sich an der gegenüberliegenden Eingangstür. Um nirgends anzustoßen, glitt ich mit der Hand über die mir vertrauten Möbel. Das war die Schrankkante, das der Tisch, das der große Lehnsessel, der übereck stand. Meine Finger fuhren seine Lehne entlang.
Dabei fühlten meine Finger etwas.
Mein Herzschlag setzte aus.
Ich hatte in kurzborstiges Haar gegriffen, eine schweißfeuchte Stirn gestreift. Ich schrie nicht auf.
Aber dicht daran war es. Endlich fand ich den Lichtschalter. In unserem Wohnzimmer, in unserem Lehnsessel saß ein nicht übertrieben gut beleumdeter junger Mensch aus dem Nachbarort Salm und schlief! Ich weiß heut noch nicht, wie es mir gelungen ist, den Kerl lautlos — wenn Christa etwas gemerkt hätte! — aber nachdrücklich an die frische Luft zu befördern. Nur daß ich ihm am Hoftor bestmöglichst in den Hintern trat, das weiß ich noch. Es war, als ob sich der

Riesenschreck in alle verfügbaren Meterkilogramme verwandelte.
Das Stück Rotwild bekam ich trotz des Zwischenfalles. Zehn Minuten nachdem ich meinen Platz erreichte, zog ein schwaches Rudel gut schußmäßig vorbei, aus dem ich mir ein Schmaltier aussuchen konnte.
Am Tage ergab sich dann, daß der ungebetene Gast nach ausgiebiger Feierei seine Braut besuchen wollte, die in unserer Nähe wohnte. Bei diesem keineswegs verwerflichen Vorhaben hatte er sich augenscheinlich verbiestert. Ohne Lärm zu machen fand er unsere Haustür und unseren Sessel. Der muß ihm zugesagt haben.
In Zukunft schloß ich die Tür ab, wenn auch nicht ‚gut'.
Im Nachbarort Salm, auf der ehemaligen Domäne, war ein Umschulungslager eingerichtet. Dort sollten 80 vierzehn- bis sechzehnjährige Jungens aus dem Kohlenpott zu begeisterten Landwirten ausgebildet werden. Vormittags arbeiteten sie etliche Stunden bei den einzelnen Besitzern, die ein Taschengeld bezahlten und Essen lieferten. Der Nachmittag war mit Sport und vormilitärischen Übungen angefüllt.
Der Erfolg der geschickt geplanten Einrichtung war niederschmetternd. Als die Umschulungszeit im Spätherbst beendet war, erklärten sich zwei Jungens bereit, den anempfohlenen Beruf zu wählen. Die restlichen achtundsiebzig, fast alles nette und aufgeweckte Kerlchen, sagten: „Lieber im Schacht mit 50 Jahren eine Steinlunge kriegen, als jeden Tag Mist riechen müssen."
Ist auch ein Standpunkt. —
Überhaupt die Leuteverhältnisse in der Grenzmark! Das war ein Jammer!
Unser erstes Golliner Dienstmädchen war eine tüchtige und fleißige Dorfschöne. Sie hatte sich in der Hauptsache wohl aus Neugier vermietet, um genau festzustellen, was mit uns los wäre. Nachdem ich ihr zum drittenmal das Monatsgehalt

ausgezahlt hatte, bedankte sie sich, ging aus der Tür, schloß die Tür, öffnete sie spaltbreit und verkündete: „Mein Pappa hat gesagt, ich soll nicht wiederkommen."
Christa saß mit einer Flickerei auf dem Sofa. Noch einen Augenblick saß sie stumm da. Dann kippte sie langsam auf die Seite. Das waren noch romantische Zeiten, als junge Frauen richtiggehend ohnmächtig wurden! In unserer allzu nüchternen Gegenwart haben sie das weitgehend verlernt. —
Die Nachfolgerin war groß und stark, langsam und gefräßig. Sie stotterte auch. Das war ein bedauerlicher Schönheitsfeh= ler, für den sie nichts konnte. Am ersten Abend hatte meine Frau die übliche, weitbauchige Pfanne mit Bratkartoffeln zurechtgemacht, die für das Dienstmädchen, einen ledigen Kutscher, uns beide und Hänne bequem zu reichen pflegte. Christa schickte die neue Perle zum Essen voraus. Sie selbst mußte noch fünf Minuten lang den Lauf eines Überläufers halten, den ich abschwartete und zerwirkte. Ich konnte es natürlich allein, aber wofür hatte man schließlich geheiratet?! Als wir uns hinterher in der Küche die Hände waschen woll= ten, sahen wir erschauernd, daß fünf Sechstel der Kartoffeln verputzt waren.
„Es hat wohl geschmeckt?" fragte Christa gottergeben.
„W . . . w . . . wissen Sie" sagte Frieda. „W . . . w . . . wenn das so warm ist, w . . . w . . . wie heute, dann habe ich immer k . . . keinen Appetit!"
„Aha . . . so . . . so ist das", sagte meine Frau. —
Im Frühjahr 39 kam Jalla zu uns.
Sie war das tüchtigste, fleißigste, ehrlichste und treuste Mäd= chen, das jemals in unserem Hause war. Einzig die Ukraine= rin Claudia besaß, Jahre später, die gleichen seltenen Charak= tereigenschaften. Nur war die weit Jüngere in der Arbeit längst nicht so erfahren wie die dreißigjährige Jugoslawin.
Eines nachts kam ich spät vom Ansitz. Im Schweinestall brannte Licht. Jalla wachte bei einem kranken Absatzferkel.

Kein Mensch hatte ihr dieses — nutzlose — Tun aufgetragen Am nächsten Morgen kam sie mir blaß und verweint entgegen: „Kleines Schwein tot. Und ich so viel beten ..."
Zuerst sprach sie kein Wort Deutsch. Was sie dann aufschnappte, war bisweisen absonderlich. Einmal, draußen auf dem Feld, deutete sie auf mein Fernglas, das ich unter die Jacke geknöpft trug. „Warum Chef immer Guck?"
Ich hielt das Glas richtigrum vor die Augen. Dabei erklärte ich: „So ich sehen große Hirsche. Uaaaah-Hirsche."
Das schlanke, dunkelhaarige Mädchen nickte verstehend.
Dann drehte ich das Glas verkehrt. „Und so ich sehen über Berg weg, hinter Berg, wenn Jalla macht Pusch."
Auch das verstand sie, denn sie errötete entzückend, aber sie wußte sich gegen mein Verkohlen zu wehren. Nicht frech sondern in überlegenem Spott sagte sie: „Ganz egal. Liepmann auch Asch."
Eines schönen Spätsommernachmittags 1939 erschien unser Gemeindediener bei mir auf dem Felde: „In zwei Stunden mit Verpflegung und Fahrrad antreten Försterei Plötzenfließ."
Alle Männer unserer Gegend, die zwei Arme und zwei Beine ihr eigen nannten, gehörten zum Grenzschutz. Einmal hatte ich eine zweitägige Übung mitgemacht, die von einer durchsoffenen Nacht geteilt wurde. Das war meine gesamte militärische Ausbildung. In meinem Kleiderschrank hing eine unbeschreiblich ausgeblichene Uniform fünfter Güte und ein sogenanntes Krätzchen, Mod. 1910, das als Kopfbedeckung diente.
Also machte ich mich feldmarschmäßig fertig und verschwand Richtung Staatsforst.
Ausgerechnet an diesem Tage war Christa in Deutsch-Krone. Bei ihrer Rückkehr kam ihr Jalla weinend entgegen. Völlig aufgelöst umarmte sie meine Frau: „Pani! Liepmann, mein Liepmann Soldaaaat! Huuuuu!"

Knapp zwei Monate später rief ich von Schloppe aus an, für mich sei der erste Krieg zu Ende, ich hätte Kartoffelbuddel=Urlaub. Man möge mir den Wagen entgegenschicken.
Jalla stand natürlich neben dem Telephon. Sobald meine Frau aufgehängt hatte, sagte das prachtvolle Naturkind mit schalkhaft drohendem Zeigefinger: „Liepmann kommen zurück. Frau! viel Kuß, viel Drücken, kommen kleine Baby!"
Sie behielt recht.

22

Bevor der große Wahnsinn begann, lagerten wir eine Nacht, einen Tag und die zweite halbe Nacht im Grasgarten der Försterei Plötzenfließ.
Ernst, beinah schwermütig blickte Silva, die alte Schweißhündin, durch den Zaun, wenn ich ihr Schmeichelworte sagte. Sie wedelte nicht mit der Rute, wie es jeder andere Hund schließlich getan hätte. Sie sah über mich hinweg oder durch mich hindurch.
Viele Bogen schrieb ich für Christa voll, um ihr die Weiterführung der Wirtschaft auseinanderzusetzen. Schälen, pflügen, säen; Kartoffeln roden; das Vieh; das Geld. Viele Bogen mußte ich vollschreiben.
In der zweiten Nacht plötzlich Aufbruch, Richtung Schloppe. Eine Stunde Urlaub in Gollin. Gegen 1 Uhr pochte ich am Schlafstubenfenster. Christa war sofort munter. Für uns wurde es eine Stunde sorgenschweren Wirtschaftsbesprechens, keine Schäferstunde.
Schlag zwei sammelten wir uns auf der Chaussee. Die Grenzschutz=Leute der Nachbarortschaften stießen zu uns. Wir bildeten eine lange Marschkolonne. Alle Kommandos wurden nur halblaut gegeben. Es war ein gespenstiger Zug, den der niedrige Mond fahl beschien.
Plötzlich von hinten her leises Rufen: mein Name.

Ganz vorn an der Spitze meldete ich mich.
Christa radelte an dem auseinandergezogenen Bataillon ent=lang, bis sie mich gefunden hatte. Verstört starrte ich auf ihr Kostüm: Nachthemd, Morgenrock, Bett=Pantöffelchen.
„Was ist denn noch?"
„Du hast dein Koppel vergessen. Da!"
In Schloppe sagte ein unbekannter Kamerad, offenbar ein gewichtiger grenzmärkischer Großbauer, zu mir: „Du! du hast 'ne hübsche Frau. Und patent ist sie auch."
Ich bestätigte es ihm. —
Im Polenfeldzug bekam ich keinen gegnerischen Soldaten in Anblick, brauchte also nicht auf Menschen zu schießen. —
Als Achtunddreißigjähriger stand ich bei einer Grenzschutz=Pionierkompagnie, die sich aus hinterpommerschen Arbeitern und Bauern zusammensetzte. Ich war in jeder Beziehung ein Fremdkörper. Trotzdem kamen mir alle Kameraden und Vor=gesetzte freundlich entgegen. Das muß betont werden, weil in Büchern und Filmen das Schicksal der Außenseiter beim Militär oft so anders beschrieben wird.
Nur mit meinem Unteroffizier, einem Schlopper Maurer, schien es nicht ganz so gut zu klappen. Da baute ich mich am dritten Tage bestmöglichst vor ihm auf und sagte: „Herr Unteroffizier! ich habe eine Beschwerde!"
„Was' los?"
„Herr Unteroffizier! Sie sagen zu allen Kameraden du und zu mir Sie. Das paßt mir nicht."
Da verklärte sich sein Gesicht: „Dann sage ich jetzt zu dir Du. Und du sagst zu mir auch Du . . . Aber natürlich nur außer=dienstlich." —
Nur einmal wollte man mich hineinlegen, als ich zum Fahrer eines Gespannes ernannt wurde. Da erhofften sich alle still=vergnügt eine kleine Tragigkomödie, wie ich mit einem Paar Pferden fertigwerden würde. Es ist nämlich ein erheblicher Unterschied, ob man als Bauernjunge sozusagen im Pferde=

stall aufwächst oder als Gutsbesitzersbengel; dann ist nämlich ein Kutscher dazwischengeschaltet.
Doch habe ich mich hoffentlich nicht zu sehr blamiert. Nur einmal guckte mir ein Schlopper Fuhrmann lange interessiert zu, wie ich meinen Karl und meine Anna striegelte. Dann sagte er, bedächtig und bekräftigend in die Spreu spuckend: „Nee, Hans, 'n Kutscher biste nich'. Du bist . . . 'n Philosoph."
Ich vermute, daß mir dieser nie wieder verliehene Titel zugesprochen wurde, weil ich fast täglich ellenlange Briefe nach Hause schickte, in denen ich Christa landwirtschaftliche Ratschläge erteilte. Allzu leicht hält man die eigene Anwesenheit für notwendig und sieht erst hinterher, ein wenig beschämt, seinen Irrtum ein.
Tag für Tag fuhren wir durch die weite polnische Landschaft. Sie schenkte sich dem Auge nicht wie eine gefeierte Tragödin, eine rührende Sentimentale oder eine kapriziöse Kokette. Sie gab sich dem, der gewillt war, sie zu lieben, in selbstverständlicher Natürlichkeit hin wie ein kraftvolles Bauernmädchen.
Während wir so in langer Kolonne fuhren, brannten kurz vor uns die Getreideschober nieder.
Bei knappem Scheunenraum hatte man viele Mieten gesetzt. Zehn, fünfzehn Kilometer vor uns standen die schmutzigblauweißen Rauchwolken am Himmel. Beim Herankommen sahen wir jedesmal nur noch schwelende Aschereste.
Im kommenden Winter hat das verbrannte Getreide der einheimischen Bevölkerung bitter gefehlt. Krieg ist Verblendung. Ein Krieg, bei dem das Brotkorn vernichtet wird, ist schlimmste Verblendung. —
Nachdem wir drei Wochen lang sinnlos spazierengefahren waren — sinnlos nach dem Urteil eines Jägers und Landwirtes — wurde uns befohlen, eine gesprengte Brücke durch ein hölzernes Provisorium zu ersetzen. Zu solchem Tun hatten wir nur zwei Fachkräfte in der Kompanie: unseren Hauptmann, der eigentlich Architekt war, und einen Zimmermanns=

polier, dessen Ärmel der Gefreitenwinkel schmückte. Zwangsläufig mußten die beiden abwechselnd das nicht ganz einfache Werk beaufsichtigen. Der Gefreite tat es mit der brennenden Zigarre im Mund. Sein Leutnant sagte peinlich berührt: „Hier im Dienst dürfen Sie nicht rauchen!" Der andere sagte gemütlich: „Ich bin nicht im Dienst, ich bin Polier." Er rauchte weiter. Der Leutnant ging fort. —

Einmal sollten wir von einer entfernten Schneidemühle Bauholz holen. Wir kamen durch Wald. Ich ging neben meinen Pferdchen und spürte ab: Rehwild, Sauen, ein geringer Hirsch. Ich zitterte innerlich. Zuerst war alles Laubwald, später Kiefern.

Die Mühle war verlassen. Nur einige Hühner scharrten im Sand. Unser Anführer, der Gefreiten-Polier, wurde bemerkenswert munter. Mit einer Fixigkeit, die ihm keiner zugetraut hatte, jagte er sich mit den Federviehchern rum, bis er eins am Schwanz hatte. Das kakelte steinerweichend: „Ojott! Ojott! Ojott!"

„Wer hat 'nen leeren Sack auf dem Wagen?" fragte der Hühnerjäger keuchend vor Anstrengung. Da hinein kam die Beute. Dann schwang der Gestrenge den gelben Zollstock, um uns die passenden Hölzer anzuweisen.

Bei mir kam ein bildhübscher schwarzer Kater vorbeigeschnurrt. „Mies! Mies! Mies!" Mit gesteilter Rute rieb er sich an meinen Beinen. „Mies! Mies!" Schwupp! hatte ich ihn sanft aber fest am Nackenfell; das Gefreitenhuhn wurde in Freiheit gesetzt, der Kater kam in den Sack.

Sogleich schlenderte ich zum Aufladen. „Nanu? willste helfen? Du bist doch noch nicht dran." Ich wollte helfen: Alibi! Nach genügendem Holzaussuchen griff sich der Unersättliche noch ein zweites Hinkel. Wo der Sack sei? Ich blickte kaum hoch. „Da drüben, am Schuppen, muß er liegen." Ob das Huhn noch lebe? Ich zuckte die Achseln: „Nachgucken!"

Mit der einen Hand hielt er den neuen Braten, mit der ande-

ren band er den Sack auf. Dann steckte er den pausbäckigen Rundkopf hinein. ‚Miauuuu!' beklagte sich der Kater über das ihm angetane Unrecht.
„Das hat weiter keiner gemacht wie der verfluchte Berliner!" Damit meinte er mich. –
Am Abend ging ich zu unserm Hauptmann.
„Es gibt keinen Urlaub!" grunzte er mich an, noch bevor ich den Mund aufgemacht hatte. „Ihre Frau muß die Tüffken allein ausbuddeln." Er wußte, welche Sorge ich hatte, ob Christa mit 90 Morgen Kartoffeln fertig werden würde. Aber vorerst durfte er noch niemand nach Hause schicken.
„Ich komme nicht um Urlaub", sagte ich mit der undurchdringlichen Miene, die zum echten Landser gehört. „Ich wollte mir nur die Frage gestatten: Essen Herr Hauptmann gern Rehbraten?"
„Wie meinen Sie das?" fragte er mißtrauisch. Er war ein breituntersetzter vernünftiger Mensch, der etwas im Leben darstellte. Somit waren ihm Minderwertigkeitskomplexe fremd; somit war er kein Leuteschinder. Ich vermute, daß Leuteschinder meist solche Bedauerlichen sind, die von der Frau oder der Schwiegermutter getreten werden oder die nur etwas Kümmerliches in ihrem Beruf geschafft haben.
„Wir haben doch nur einen halben Tag Dienst, Herr Hauptmann. Wenn ich nachmittags verschwinden dürfte, könnte ich einen Rehbraten besorgen. Ich bin Jagdscheinbesitzer." Schleunigst zog ich das wohlweislich mitgeführte gelbe Dokument aus der Tasche.
„Regimentsbefehl: Jagen ist verboten. Wen die Feldgendarmerie schnappt, der fliegt drei Tage in den Kasten."
„Jawohl, Herr Hauptmann!" sagte ich glückstrahlend. „Wen sie schnappt! Ich fasse das als stillschweigende Erlaubnis auf!" Sprachs, knallte die Hacken zusammen und lief fort, ehe mein militärisches Oberhaupt sich eines weiteren besonnen hatte.

23

Am ersten Nachmittag wollte ich in dem vor der Schneidemühle gelegenen Laubholz pürschen. Dazu mußte ich eine Straßensperre passieren, an der Arbeitsdienstler Posten standen. Wo ich hinwolle? Ich sehr geheimnisvoll: „Spezialauftrag. Partisanen fangen!“

Allein? staunte der Posten. Ganz allein in dem großen Wald?

„Klar“, sagte ich. „Unser Alter denkt, wenn was schief geht, büßt er bloß einen Mann ein.“

Der Jüngling sah mich bewundernd an. Ich liebe so etwas. Es tut mir richtig gut. Dann erkundigte ich mich nach der Parole. Damit es kein Mißverständnis gab, wenn ich im Dunkeln zurückkam. Die Losung hieß: ‚Heut ist Dienstag und morgen Mittwoch.‘

„In Ordnung“, sagte ich. „Weißt du die von morgen auch schon?“ Ich hatte nicht die Absicht, mich hier täglich auszupalavern.

„Aber ja“, sagte er. „Genauso!“

„Was?“ sagte ich. „Ihr habt alle Tage dieselbe Parole?“

„Nicht doch!“ sagte er. „Dann heißt's natürlich: ‚Heut ist Mittwoch und morgen Donnerstag‘.“

„Ihr habt einen prima Chef“, sagte ich, „der keine Schillerzitate oder so'n Kappes nimmt. Der Mann ist in Ordnung. Bestell ihm einen schönen Gruß!“

Dann pürschte ich zum erstenmal im fremden Wald.

Begierig äugte ich nach vorn, ob ich Wild erspähte. Ängstlich lauschte ich nach hinten, ob keine bösen Menschen auftauchten. Die Furcht vor der Feldgendarmerie war nicht viel geringer als die vor versprengten polnischen Soldaten. Die konnten gut und gern noch im Busch stecken.

Diese Furcht wurde ich in meiner ganzen polnischen Jagdwoche nicht los. Und, fünfeinhalb Jahre später, als ich hinter den russischen Linien jagte, erwachte sie ein zweites Mal riesengroß. Ich bin wildpassioniert, aber eine Jagd, ohne selbst dabei Kopf und Kragen zu riskieren, ziehe ich entschieden vor. —

Als ich zum erstenmal durch den polnischen Laubwald pürschte, tat ich etwas Schlechtes.

Der Wald war so unübersichtlich, daß ich manchmal nur dreißig, manchmal nur zwanzig Schritt Ausblick hatte. Das soll der Anfang meiner Entschuldigungen sein. Auch ereignete sich alles viel zu schnell, als daß ich einen überlegten Entschluß fassen konnte. Während einiger hastiger Atemzüge Dauer entschied es sich. Nicht unbeherrschte Jagdpassion trieb mich, sondern einzig der Wunsch, Beute zu machen, damit ich weiterhin jagen durfte. Schließlich wollte ich die schnelle falsche Tat durch eine zweite noch schnellere ins Gegenteil verwandeln.

Es ereignete sich . . . Mich trieb . . . Ich wollte . . .

Plötzlich stand eine Ricke dicht vor mir. Neben ihr verhoffte, die Gefahr verkennend und in die falsche Richtung äugend, das Kitz.

Die Ricke erfaßte die Bedrohung und duckte sich absprungbereit. Bevor sie sich fortschnellte, schoß ich.

So schnell wie möglich repetierte ich. Aber das Kitz war verschwunden. Es blieb verschwunden, wie verschluckt vom polnischen Laubwald, in dem ich etwas Schlechtes getan hatte.

Meine Ankunft im großen Schulgebäude, das unserer Kompanie als Unterkunft diente, wurde zu einem Triumphzug. Alle Kameraden meiner Abteilung, Männer, die von zu Hause schließlich an Hirsche und Sauen gewöhnt waren, gebärdeten sich, als hätte ich einen Elch geschossen. Sie gratulierten mir mit, an ihrer sonstigen Wortkargheit gemessen, erstaunlich vielen Sätzen. Schallend schlugen sie mir auf die Schulter. In die entlegendsten Klassenzimmer rannten sie, damit nur ja jeder meine Beute bewundern sollte.

Der Hauptmann bezeigte eine verlegene Zufriedenheit. Das

Verspeisen in kleinem Kreise lehnte er ab. Das Reh wurde den Köchen übergeben, um als Gulasch für die Allgemeinheit verarbeitet zu werden. Noch anderntags sprachen mich Kameraden, mit denen ich noch nie ein Wort gewechselt hatte, auf meinen erfolgreichen Jagdzug hin an. Und an jedem freien Nachmittag durfte ich wieder hinausfahren. — In dieser Oktoberwoche erlebte ich einen jagdlichen Fehlschlag nach dem anderen. Auf jede Enttäuschung wartete schon die nächste.

Selbstverständlich trug die Schuld an allem Pech nur dieser verdammte ungeschlachte 98er, der dafür gebaut sein mochte, in klobigen Fäusten wochenlang Kampfhandlungen ohne Pflege aushalten zu können. Der roh gearbeitete Schaft! Die grobe Visierung! Fünfzig Zentimeter — ein halber Meter! — Hochschuß bei meinem Wunderexemplar! Vor allem aber der Abzugswiderstand des Druckpunktes! Das waren die Eigenschaften, die an meinem Pech allein schuld waren.

Wollte ich den an einen hauchfeinen Stecher gewöhnten Zeigefinger durchkrümmen, kam es mir so vor, als müßte ich, die Füße eisern gegen den Erdboden gestemmt, am Seil eines Treidelkahnes zerren. Daß dann kein vernünftiger Treffer zu erzielen war, erschien nicht mehr verwunderlich.

Ja, hätte man mir wenigstens Gelegenheit gegeben, mich an dieses Monstrum zu gewöhnen! Aber genau das Gegenteil war der Fall. Einmal, bei der Morgenvisite, wurde verkündet: „Wer mit dem 98er nicht ausgebildet ist, vortreten!“ (Das ‚vortreten‘ natürlich in doppelter Lautstärke.)

Ich trat vor.

Mein Leutnant, der nette Schulmeister aus Salm, lachte schallend: „Was, Liepmann, Sie wollen den 98er nicht kennen? Sie wissen mit dem besser Bescheid als wir alle zusammen. Eintreten!“ (Das ‚eintreten‘ wie oben.)

Ich trat ein.

Und nun verdarb mir der abscheuliche Kuhfuß alles.

Verdarb er wirklich? War er wahrhaftig Ursache und Grund? Hatte ich nicht . . . am ersten Tage . . .?
Jetzt radelte ich immer in den schätzungsweise 3000 Morgen großen Kiefernwald hinter der Schneidemühle. Er gehörte einer Gräfin, die sich zur Zeit in Paris aufhielt. Beim Bauholzholen hatte ich es schon im nächsten Dorf erkundet. Auf meinen heimlichen Jagdfahrten ließ ich mich so wenig wie möglich blicken und sprach mit niemand. Ich gönnte es der Besitzerin, daß sie sich in Sicherheit befand, schon weil sie für ihren Wald den rechten Pfleger bestellt hatte. Trotz des ärmlichen Bodens waren die Bestände wüchsig. Überall merkte man die kundige Pflege. Nistkästen hingen an den Bäumen, die Kulturen gediehen ohne Zaun. Am meisten gefiel es mir, daß die Ameisenhaufen durch ringsherum eingeschlagene Knüppel gegen das Schwarzwild geschützt waren. Denn Sauen gab es in diesem erfreulichen Wald bemerkenswert viel. Sie waren — zuerst — auch so vertraut, daß man die beabsichtigte Hege herausfühlte. Außerdem waren leidlich Rehe vorhanden. Einige wenige Rotwildfährten standen auf den sandigen Gestellen. Doch war der 39er Herbst der erste, in dem ich keinen Hirsch schreien hörte.
Ein Herbst ohne Hirschschrei ist für mich kein . . . Aber ich wollte ja von meinen Mißerfolgen in Josefine erzählen. So hübsch hieß mein Wald.
Auf einem umfangreichen mit Lupinen bestandenen Wildacker kam ich an einen so prahlenden Sechserbock heran, daß man sich kein besseres Erinnerungsgehörn hätte wünschen können.
An zwei aufeinanderfolgenden Tagen schoß ich ihn vorbei. Dann war er der Klügere, gab nach und blieb unsichtbar.
Im Quartier bedrängte mich jetzt ein Jäger aus einem anderen Zug, ich solle ihn mitnehmen. Mir mißfiel der Vorschlag, weil ich ein egoistischer Einzelgänger bin. Lieber gruselte ich mich allein vor bösen Menschen beiderlei Nationalität, als

daß ich einen fremden, mir nicht sonderlich wesensverwandten Begleiter mitschleppte.
Um ihn auf schonungsvolle Art abzuwimmeln, kam ich am nächsten Abend schreckensbleich zurück. Wie gewöhnlich fing er mich ab. Noch innerlich zitternd, war ich zuerst keines Wortes mächtig. Dann ließ ich mich zu geflüstertem Bericht erweichen: „Mensch! stell dir bloß vor: ich pürsche zwischen zwei Schonungen hoch; ganz dichte Kuscheln, übermannshoch. Alles ist scheißfriedlich. Auf einmal habe ich das Gefühl, daß mir jemand von hinten zwischen die Schulterblätter sieht. Ich fühle manchmal sowas ..."
„Das fühlst du?" fragte der Jagdlustige. „Und?"
„Ich dreh' mich um ... Da linzen, achtzig Schritt hinter mir, drei oder vier Kerle aus der Schonung. Abgerissene Uniformen ..."

„Und?“ fragte der Jagdlustige. Er zitterte jetzt fast ebenso sehr wie ich. „Und? hatten sie was ... Ich meine, waren sie bewaffnet?“

Ich zuckte mit den Schultern. „Keine Ahnung. Wie ich zurücksah, waren sie auch schon verschwunden; in der Schonung verschwunden. Wie weggehext.“

Der Jagdlustige zitterte jetzt weit heftiger als ich. In Zukunft bedrängte er mich nicht weiter, mitgenommen zu werden. — Auf dem Schnittpunkt zweier Hauptgestelle, einem mit Heidekraut bewachsenen Platz, auskömmig genug, um auf ihm mit dem holzbeladenen Pferdewagen umzulenken, stand ein sehr altes Heiligenbild. In seiner Nähe schoß ich am dritten Abend auf einen Frischling, der mit zwei Geschwistern auf dem Gestell rumwutzte.

Ich hätte am Bildstock anstreichen können, ohne es meinem Empfinden nach zu entweihen; denn Jagd ist nichts Unheiliges. Aber ich unterließ es, obwohl weit und breit keine Menschenseele war.

Zwanzig Schritt neben dem graumorschen Holzwerk, an dem kaum noch etwas zu erkennen war, kniete ich mich ins Heidekraut. Dann schoß ich den Frischling vorbei.

Und vorbei schoß ich auch am fünften Abend eine einzelne zweijährige Sau, wahrscheinlich einen angehenden Keiler, die übers Gestell trollte.

Obwohl ich nicht damit rechnete, getroffen zu haben, suchte ich am nächsten Nachmittag verbissen die Schonung ab, in der sie verschwunden war. Lieber wollte ich auf anderes Wild verzichten, als nun noch den bohrenden Zweifel mitzuschleppen, etwas krankgeschossen zu haben.

Aber auch diese vierte Kugel war einwandfrei vorbeigegangen.

Kurz bevor ich aufgeben wollte, aufgeben durfte, zog ein unscheinbares graues Ding meinen Blick auf sich. Ich bückte mich und hob eine gute, ganz schlichte Bockstange auf; eine vom vergangenen Jahr natürlich. Drei kraftvolle, einförmig-graue Enden an einer fast perlenlosen, kraftvollen, grauen Stange. Es war ein schlichtes Gehörn gewesen, zu dem sie gehört hatte.

Ich freute mich sehr.

Hatte mir die Göttin verziehen?

Meine nicht-jagdverständigen Kameraden konnten das nicht recht begreifen. „Wo ist das dicke Ende geblieben?" fragten sie unzufrieden.

„Das ist fortgelaufen", sagte ich. —

Bei der nächsten Morgenvisite machte der Hauptmann ein feierliches Gesicht. „Die Kompanie hat zwei Eiserne Kreuze verliehen bekommen", sagte er etwas leiser als er sonst zu sprechen pflegte. „Das eine ... habe ich bekommen. Ich werde es zu Ehren der ganzen Kompanie tragen, für ihr gutes Verhalten und ihre guten Leistungen. Das andere erhält der Obergefreite Mokus. Obergefreiter Mokus, vortreten!"

Ein baumlanger Kerl mit der großmächtigsten Weihnachtsmann-Nase, die man sich vorstellen kann, trat, beängstigend rotblau anlaufend, vor und wurde dekoriert.

Mir kullerten vor Staunen fast die Augen aus dem Kopf. Ausgerechnet dieser, an sich sehr nette Weihnachtsmann!

Vor einigen Wochen fuhren wir durch eine flache Wiesengegend. Rechts von uns, auf reichlich 100 Schritt, stelzte ein einsamer Storch umher. Der Obergefreite Mokus radelte neben meiner Anna. Er sprang vom Rad: „Den schieß ich!"

„Den schießte nicht!" sagte ich. „Man schießt keine Störche."

„Den schieß ich!" sagte er. „Der müßte längst weg sein. Der vergammelt hier ja nur. Wir haben bald Oktober."

„Schieß'n nicht!" sagte ich noch einmal. Da hatte er aber schon am nächsten Straßenbaum angestrichen und das Unglückswurm umgepustet. Es war ein sauberer Schuß.

Nach dem Wegtreten stürmte ich zu dem Ausgezeichneten. Die Gratulanten beiseite schiebend, sagte ich: „Du bist mir

der Richtige, Mokus! Du bist mir so einer! Kriegst das Eiserne Kreuz, weil du den armen Klapperstorch totgeschossen hast! Wenn ich das geahnt hätte ..." —
Am selben Vormittag wurde ich zum Spieß bestellt: „Morgen Kartoffelbuddelurlaub!" Meine Freude kannte keine Grenzen. Ich hatte mich sehr um Zuhause gesorgt.
Bei strahlendem Sonnenschein letzte Fahrt nach Josefine. Nie genießen wir Sonnenschein so dankbar wie im späten Herbst. Gleicht er nicht freundlichem Mädchenblick, einem Einsamen geschenkt, der im Lebensherbst steht?
Wie immer versteckte ich das Rad in der ersten Schonung, 47 Schritt hinter der kleinen Anflugbirke. Ich fand sie auch in der Dämmerung. Denn das wäre eine schöne Bescherung gewesen, eine geborgte Karre einzubüßen!
Begierig-beklommener Pürschgang.
Auf einer dreijährigen Kultur mauste ein starker Fuchs. Ich wechselte die Patrone mit angefeilter Geschoßspitze gegen eine normale aus. Auf siebzig Gänge herangekommen, zielte ich irgendwohin zu seinen Branten ins Grüne haltend. Er zeichnete stark, machte einige verzweifelte Fluchten, strauchelte und verschwand im Heidekraut. Blattschuß.
Die Göttin hatte mir verziehen.
In einem jungen Stangenholz balgte ich ihn ab. Ein Stück vom Weg ab verrichtete ich die gewohnte Arbeit. Gerade so, daß ich vor Überraschungen gesichert war, aber das Gestell im Auge behielt, um gewarnt zu sein, falls jemand, durch meinen Schuß angelockt, vorbeikommen sollte. — Aber alles blieb still.
Später, schon im Schummern, knackte es neben mir im dichten Jungwuchs. Ich konnte aus dem Geräusch nicht schlau werden. Rehe waren es auf keinen Fall. Auch nach Rotwild oder Sauen klang es nicht. Menschen?
Ich duckte mich an den Schonungsrand, das Gewehr schußbereit in der Hand.

Es war eine schon ganz verwilderte silbergraue Kuh, die vorsichtig sichernd herauszog, eilig das Gestell überquerte und im gegenüberliegenden Bestand untertauchte.
Beim Zurückfahren, im Finstern, bekam ich noch einen Totenschreck. Ich radelte langsam, ohne Licht aus Naturanlage, an einem eingezäunten Park entlang. Nachtschwarz und unheimlich begleitete er mich ein gutes Stück außerhalb der einzigen Ortschaft an meinem Wege. Die Straße war tief eingeschnitten. Deswegen lag die untere Kante des hölzernen Staketes ungefähr in der Höhe meiner Schulter.
Plötzlich sprang ein menschliches Wesen von ihm herunter, um ein Haar mir ins Rad hinein. Ich sah natürlich nur undeutlich einen dunklen Klumpen durch die Luft fliegen und genau neben mir, auf Armeslänge neben mir, dumpf aufschlagend auf dem Fußweg landen.
Der Schreck auf der anderen Seite muß ebenso groß gewesen sein. Ein Mensch mit einem Gewehr! Ein deutscher Soldat! Bewundernswert schnell ließ sich der Zaunspringer auf die Seite fallen und aus meiner bedrohlichen Nähe fortkollern. Dann sprang er auf und verschwand in der Finsternis, bevor ich den bestürzt aufgerissenen Mund wieder geschlossen hatte.
Gewiß kann es überall einmal vorkommen, daß einem jemand, auf dem Rückweg vom Obstmausen oder von der Herzliebsten, unversehens in die Quere kommt. Aber in Feindesland denkt man sofort an Partisanen und ähnliche unfreundliche Menschen. An ein langes, beiderseits geschliffenes Dolchmesser und einen keuchenden Aufschrei, der im emporgurgelnden Blut erstickt. —
Und dann kam die letzte Nacht in meinem Pferdestall.
Während meiner kurzen Soldatenzeit hatte ich schon viel Wertvolles gelernt. Mit anderen, womöglich zahlreichen, ausnahmslos männlichen Personen zusammen in einem vielleicht gar geheizten Raum zu schlafen, gehörte nicht dazu.

Im angeborenen Hang zur Einzelgängerei hatte ich gleich am ersten Tage erklärt, bei den Pferden müsse eine Stallwache bleiben. Das sei einfach eine Sache des rossekundigen Anstands. Bemerkenswerterweise fehlte bei unserer Pioniereinheit eine derartige Dienstvorschrift, oder sie war unbekannt. So wurde mir zur Antwort, wenn ich so schlau sei, dann solle ich nur Stallwache schieben. Genau das hatte ich hoffend erwartet. Sanft und selig pennte ich von da an im Stroh oder Heu bei Anna und Karl.
An diesem letzten Soldatenabend stieß mir etwas Entsetzliches zu, etwas fast so Unmögliches, als wäre ich ohne Koppel in den Krieg gezogen.
Am Vormittag war mir ein Knopf abgesprungen, ein mit dem ‚Hoheitszeichen' geschmückter Militärknopf von meinem Rock, meiner Jacke oder wie sich das zur Verhüllung der Brust und umliegender Körperteile bestimmte Kleidungsstück nun dienstlich nennen mochte. Als ich fluchend mein Nähzeug vorholte, gab mir ein Kamerad den wohlmeinenden Rat, ich solle, nach uralt erprobter Methode, ein Löchlein in den reichseigenen Stoff bohren, die Öse durchzwängen und ein Streichholz vorstecken. Ich führe doch morgen zu Mutti. Die verstehe das Annähen besser als ich.
Wahrscheinlich ist dieser Trick schon so oft in einschlägigen Filmwerken vorexerziert worden, daß ich mich geradezu geniere einzugestehen: ich hab's tatsächlich gemacht. Mir schien der Ratschlag vernünftig. Dann vergaß ich's restlos im Urlaubs-Vorfreude-Taumel und über den polnischen Fuchs.
Unsere Pferde standen in einer ausgeräumten Schmiedewerkstatt. Mein Lager hatte ich auf dem Herd gerichtet und die Esse mit einem großrahmigen Öldruck gegen Zugluft abgeschirmt. Er stellte leichtbekleidete aber betrüblich züchtige Nymphen dar; vielzuviel Nebel.
Ehrlich müde warf ich beim Flackerschein eines Kerzenstümpfchens einen letzten Blick in die Runde. Elektrischer

Strom war in Polen so ziemlich unbekannt. Alle Tiere fraßen gesättigt langsam oder lagen schon in der reichlichen Einstreu. Nur das Mahlen der mächtigen Kinnbacken, das wohlige Stöhnen der Verdauung unterbrach die Stille der Nacht. Der gute, in dem langgestreckten hohen Raum nicht zu strenge, Pferdegeruch lag in der Luft. Ich gähnte herzhaft und entledigte mich meines Obergewandes.

Da sprang der bewußte Knopf in die Gegend, traf mit kleinem, metallischen: klick! auf den eisernen Herdrand und hüpfte irgendwohin; auf jeden Fall vertauschte er den sehr bescheidenen Lichtkreis meines Stümpfchens mit der großen Tintenfinsternis.

Ich saß reglos. Lange Zeit.

Wie war das neulich bei Grabowski gewesen, als ihm bei der Morgenvisite ein Knopf fehlte? Das schauerliche Gehabe! Und dann, anschließend, die allgemeine Ratlosigkeit. Wir hatten keine Schneiderei. Nirgends gab es einen Ersatzknopf. Nicht einmal eine fremde Einheit lag in erreichbarer Nähe, bei der ein leidlich fingerfertiger Kerl sich einen hätte besorgen können.

Ich saß reglos und dachte tatsächlich, daß mein Urlaub gefährdet wäre, wenn ich mich knopflos beim Spieß abmelden würde. Die Befürchtung klingt heute lächerlich. Aber damals hielt sie mich in ihren Klauen. So verlandsert war ich bereits; ich, ein auf seine urbane Weltanschauung stolzer Mensch.

Dann sah ich mit Schrecken auf mein vielleicht noch fingergliedlanges Lichtlein. Ich ermannte mich und sprach mir selbst Mut zu: „Nachsuchen! peinlich genau nachsuchen!"

In der Fluchtrichtung des Ausreißers lag ein ansehnlicher Haufen, halb Stroh, halb Äpfel, der abends vom letzten Kutscher zusammengekehrt war. Diesen Haufen suchte ich durch; mit den Fingern.

Als sich das schwärzliche Dochtende auf die Seite legte und müde verzischend im geschmolzenen Stearin versank, war

ich mit meiner Nachsuche gerade fertig. Kein Knopf. Ich war geschlagen.
Ich trat an meine Lagerstatt, um mich hinaufzuschwingen. Da fühlte ich auf dem glatten Zementfußboden etwas Hartes unter der Stiefelsohle. Ich bückte mich. Es war der Knopf. Von dem militärischen Obergewand ungewissen Namens schnitt ich noch drei sehr baumelige andere Knöpfe ab und verwahrte alle zusammen in meinem Portemonnaie. Frühmorgens, noch vor der Morgenvisite, nähte ich sie so fest, daß sie nachher kaum noch durch die doch bestimmt willigen Knopflöcher hindurchgingen. –
Um das Kapitel Grenzschutz abzuschließen:
Nach Beendigung meines Urlaubes brauchte ich nicht zu den Waffen zurückzueilen. Unsere Einheit wurde in Schloppe aufgelöst, so restlos aufgelöst, daß wir alle unsere Klamotten abliefern mußten.
Dabei stellte sich heraus, daß 2 – in Worten: zwei – Halsbinden fehlten. Der Spieß legte uns nahe, sie mit Hilfe einer Kompaniesammlung zu bezahlen. Obwohl mir jede Minute, angetreten auf einem langweiligen Hof, zur Qual wird, meuterte ich meine Kameraden auf, keinen Sechser herauszurücken. So verzögerte sich unsere Entlassung zwar erheblich, aber die zwei Halsbinden, die in unserem Feldzug abhanden gekommen waren, die berappten wir nicht.
Tatsachenbericht! kein Jägerlatein!

24

Christa hatte in Gollin alles fabelhaft in Schwung. Rötlich spitzte die neue Roggensaat. Bis auf die Hälfte des Dreißig-Morgen-Schlages waren die Kartoffeln gerodet. Das Vieh fraß vergnügt, gab Milch, setzte Speck an oder bekam fettigweiche Wolle; was man eben von jeder Art verlangen durfte.

Am Vormittag krebste ich überall in der Wirtschaft umher. Den Nachmittag sollte ich noch einmal frei haben, bevor es mit den Kartoffeln losging. Über 8000 Zentner lassen sich nicht im Handumdrehen sortieren, verladen, zur Fabrik schaffen oder einmieten, wenn alle männlichen Hilfskräfte jünger als 16 oder älter als 60 sind.
So konnte ich mich am ‚letzten Ferientag' sehr zeitig zum Ansitz freimachen. Dem Fußsteig folgend, durchquerte ich den Zipfel der Nachbarjagd und meine Lange Schonung. Dann ging ich an ihrem Feldrand entlang. Eine alte Unlandblöße zur Linken war schon angeschont.
Zuerst stieg der Randweg mählich an. Linkerhand begann ein schmales Stangenholz, das sich der Langen Schonung vorlagerte.
In eine der vierzigjährigen Kiefern hatte der Blitz eingeschlagen. Sie kümmerte. Ich zeigte sie gelegentlich dem vom Staat eingesetzten Forstbeamten, dessen Tätigkeit — bei mir wenigsten — darin bestand, mir Holzlieferungen abzuzwacken, zu denen ich nicht die mindeste Lust verspürte. Ich durchforstete so, wie ich's gelernt hatte. Er aber mußte von Amts wegen raubbaulicher anzeichnen. Trotzdem war er kein Unmensch.
Ich wies also auf den vom Himmelsfeuer getroffenen Baum: „Schlag ich ihn raus," sagte ich, „dann gibt's ein großes Loch. Und hier oben, auf dem Kies, kriege ich als Ersatz nichts anderes hoch. Hundert Schritt weiter, wo der Boden gut wird, wäre es mir gleich. Da würde die Fehlstelle einfach zugepflanzt. Aber so . . . Was denken sie: Geht er ein?" Da sagte der Forstmensch etwas Besinnliches: „Der Arzt weiß auch nicht, ob der Patient eingeht. Wir wollen es abwarten." Diesen Ausspruch habe ich schon ein paarmal Kranken erzählt, die sich unguten Befürchtungen hingaben. Und jedesmal wahrheitsgemäß hinzugefügt: „Aber solange ich die Blitzkiefer kannte, hat sie sich tapfer gehalten." — — —

Hinter diesem schlechten Kopf war ein kurzer, scharfer Geländeeinschnitt, eine schrotschuß=lange Senke schwärzlichen, fruchtbaren Bodens.

Als ich über den Hügel hinwegsehen konnte, erstarrte ich. Am Waldrand, fünfzig Schritt vor mir, stand ein Alttier und schlug am Vorgewende vergessene Kartoffelstauden aus. Sobald eine Knolle zu Tage kam, wurde sie aufgenommen und laut schnurpsend zerkaut.

Noch lagen die Baumkronen im Strahlenschein der untergehenden Sonne, bei mir stand vertraut ein Stück Rotwild...

Nun ja, wir hatten den 23. Oktober. In der Brunft zog das Wild nur selten zur Feldäsung hinaus. Jetzt galt es, das Versäumte nachzuholen. Der Wind stand gut. Beobachtend konnte ich so lange warten, bis ich überzeugt war, es mit einem Einzelstück zu tun zu haben. Dann nutzte ich die einmalige Gelegenheit aus.

Ach, das war doch ein anderes Gefühl, meinen geliebten Drilling wieder in der Hand zu haben, meine Waffe mit der zierlich=feinen Visierung und dem weichen Stecherzünglein!

Es war ein Alttier, das im laufenden Jahr kein Kalb führte. Nach der geltenden Vorschrift durften wir es für uns verwenden, weil der halbe Jahresabschuß erfüllt war.

Nachdem ich das Stück aufgebrochen hatte, ging ich zum Eichpfuhlhochsitz.

Ich war wieder im Eichpfuhltal.

Ich war wieder zu Hause.

In Dämmern kamen zwei Hirsche, um sich im rechten Eichpfuhl, dem größeren Teiche, zu suhlen. Es waren ein Mittelhirsch und ein Starker. Im Wildbret wirkte er um ein Drittel schwerer als der andere.

Bis zum großen Eichpfuhl waren es 135 Schritt. Es wäre ein leichter Schuß gewesen. Schwarzgesuhlt hob sich der mächtige Rumpf vom fahlen Gelb des niedergetretenen Schilfes deutlich genug ab. Aber ich durfte nicht schießen.

In diesem Jahr hatte ich zwei Hirsche frei, einen geringen und einen jagdbaren; beide jedoch zu jenen zählend, die uns eifervollen Jägern abschußnotwendig vorkommen. Gegen das aus verschiedenen Schattierungen zusammengemischte Farbenspiel des Hintergrundes konnte ich das Geweih nicht mehr einwandfrei ansprechen.

Es war ein hohes, schwarzes, weitausgelegtes Geweih . . .

Nach ausgiebigem Suhlen zogen die Hirsche jenseits meiner Traum=Tannen den damals noch kahlen Hang zum Feld hinauf.

Dieser zehn bis fünfzehn Meter ansteigende, zweihundert Meter lange, teils sandige, teils lehmige Abhang, den ich als Unland übernahm, wurde, durch zweimalige Gründüngung leidlich fruchtbar gemacht, später in der Hauptsache mit Kiefern, aber auf den besseren Stellen auch mit Douglasien, Lärchen, Fichten, Pappeln und Eichen bepflanzt. Ein einfaches Holzgatter schützte die revierfremden Bäumchen.

Diese Böschung zogen die Hirsche hinauf und verschwanden auf dem Plateau, auf dem mein fruchtbarster Acker lag. Sobald ich die dunklen Wildkörper nicht mehr sah, hastete ich die Hochsitzleiter hinab und eilte mit langen lautlosen Schritten durch den Hohlweg zwischen den Tannen zur Feldkante.
Legte man sich oben auf die Erde, konnte ein Teil des Feldes gegen den Horizont abgespäht werden. Nach dieser Seite hin störten keine Baumgruppen.
Tatsächlich hatte ich die Hirsche noch vor mir. Mit dem matten Abendhimmel als Hintergrund wäre ein sicherer Schuß immer noch möglich gewesen. Aber das Geweih des Starken war auch hier nicht mehr in seinen Einzelheiten zu erkennen.
Nachdem ich eingesehen hatte, daß die Dämmerung gegen mich war, schlich ich zurück und ging auf dem sonst in später Stunde nie benutzten Grenzgestell zur Wittschen Jagd nach Haus. Dort spannten wir vor den am lautesten klappernden Ackerwagen, um singend — nicht gröhlend — das geschossene Tier einzuholen. Solcherart würden die Hirsche nicht vergrämt werden.
Trotz aller Vorsicht sah ich den Starken in diesem Herbst nicht wieder.
Einige Tage später schoß ich meinen Jahresbock. Es war der einzige Knopfspießer, der jemals in Gollin auftauchte.
Zuerst hatte ich für jede Jagdzeit einen Bock und zwei Ricken frei. Als ich den Turmberg und schließlich die Ländereien der beiden Ückers dazubekam, durfte ich insgesamt drei Böcke und drei Ricken schießen.
Das Nette an dieser zahlenmäßig nicht überwältigenden Freigabe war, daß mein reizender Kreisjägermeister beim Rehwild keine ins einzelne gehenden Wünsche über die zu erlegenden Stücke äußerte. Vor die unterteilenden Spalten des Abschußplanes machte er eine sein Vertrauen ausdrückende

Klammer. Er konnte sich auch darauf verlassen, daß ich entweder etwas Kümmerliches oder etwas Altes zu schießen bemüht war. Nicht, weil ich die Waidgerechtigkeit mit Löffeln gefressen hatte, sondern weil mir die Erlegung anderen Wildes töricht vorkam; an ihr hatte ich keine Anfänger=Freude mehr.

Über meinen ersten Bock stritten wir uns allerdings.

Ich schoß ihn auf 170 Schritt, also ausnahmsweise weit, vom Feldplateau über den Eichpfuhl weg in die Grenzschonung hinein. Das Gehörn hatte sechs lange Enden, mäßig=starke Stangen, kaum Perlen und gehörte zu einem Fünfjährigen. Auf der Hegerings=Schau präsentierte ich ihn unter dem Kennwort: „Raff= und Leseholz, Klasse Ib.“ Mein lieber KJM wurde aber durch die langen Enden beeindruckt und wollte ihn in die A=Klasse einteilen. Ich habe später so viele bessere Böcke gesehen und auch erlegt, daß ich mit diesem 38er, der mir schüchternschwach wie ein Pfarramtskandidat bei schlechter Beköstigung vorkam, wirklich nicht hätte ‚züchten' mögen.

Nach einem strengen Winter schrieb mir mein jagdliches Oberhaupt eine Postkarte, allerorten wäre Rehwild gefallen. Deswegen sollte ich an Stelle von einem Bock und zween Ricken das umgekehrte Geschlechterverhältnis schießen. Über diese verblüffend einfache Methode, Winterverluste wenigstens im Hinblick auf die Bestandeszahl auszugleichen, wollen wir kein Protestgeschrei anstimmen; zum mindesten war sie originell.

Ich war sehr brav und schoß einen mitteljährigen einstangigen Spießer und einen ihm ähnlichen Gabler.

Dann wieder waren die Monate, in denen die neuen Gehörne geschoben werden, günstiger. Ich wurde mit einem sehr starken sechsjährigen und einem sehr starken — leider — nur vierjährigen Bock belohnt, beide rund um die Traum=Tannen am Eichpfuhl erlauert und erlistet. Es gibt eben bevorzugte

Revierstellen, in karger Landschaft noch mehr als in verschwenderischer, an denen im Frühjahr unweigerlich ein guter Bock auftaucht. Sofern man im Vorjahr einen am Leben ließ.

Folgten wieder ein paar von der Sorte, bei denen man gerührt ist über die eigene Bescheidenheit und, anno 1944, der Hundertste des Schußbuches.

Die Gehörne dieses Jahres waren nicht einmal schlecht. Im März standen fünf Böcke auf den beiden Wildäckern. Das war für unsere grenzmärkischen oder neuerdings ostpommerschen Verhältnisse zahlenmäßig etwas Außergewöhnliches. Fünf Hirsche, die konnte man häufig zusammen sehen. Aber fünf Böcke waren schon weit auffälliger. Und fünf Hasen ... nein! wenn ich ehrlich nachdenke, die sah ich in Gollin nicht einmal im Liebesreigen beieinander.

Zwei waren für dieses Jahr uninteressante Nachwuchsböcke. Dann kam ein junger, erst dreijähriger Fast=Kreuzbock. Wenn sich Vorder= und Hintersprosse beinah gegenüberstehen, schießt man deswegen den Bock noch lange nicht tot. Aber zu Ende des Monats bestätigte ich einen, bei dem mein Herz einen Hops machte; den Hops, um dessentwillen man wahrscheinlich Jäger geworden ist.

Ein regelmäßiger ‚Erntebock', wie er für die Kunstbeilagen gemalt wird. Auch im Wildbret war er stark. Solange er noch im Bast ging, sah ich ihn regelmäßig, eigentlich jedesmal, wenn ich zum Eichpfuhl kam. Dann fegte er. Dieser kritische Zeitpunkt brachte die so häufige Enttäuschung: die Stangen waren unten nicht so wuchtig, wie ich sie erträumt hatte. Es half alles nichts; der Bock war noch nicht reif. Nichts für mich! Auch nicht im Jahre 1944 in der Grenzmark!

Blieb der fünfte und letzte. Hoch, eng, schlecht vereckt, stark, mitteljährig. Das war mein Bock!

Aber ausgerechnet der verschwand um die Fegezeit. Diskret

horchte ich mich um: Sehr enggestellter, typischer Abschußbock, natürlich in keiner Weise aufregend ... Wie man in solcher Lage behutsam bei den Nachbarn zu sondieren pflegt. Es half nichts. Der Enge, den ich gern geschossen hätte, blieb verschwunden.

Die ersten Jagdwochen saß ich in allen nur möglichen Ecken und Winkeln umher, ob er nicht noch irgendwo auftauchen würde oder an seiner Stelle ein wirklich Starker. Denn, schonte ich schon meine Zukunftsböcke, dann wollte ich mich im letzten Jahr meines Jagens — meines Lebens, befürchtete ich im Hinblick auf das große Welttheater insgeheim — nicht mit einem der wirklich seltenen Kümmerer begnügen.

So saß ich Ende Mai weit über Ückers Eichpfuhl an der Staatsgrenze. Hier hatten die beiden Birkholzer Großbauern eine 30 Morgen große Schonung, die sich tief ins Staatliche hineinschob.

Ein kurzer, warmer Regenschauer erfreute mein Landwirtsherz. Dann wurden die Tropfen kleiner, das Zauberbild des buntschillernden Bogens spannte sich über den Himmel, schließlich schien die Sonne noch einmal. Es mochte sieben Uhr sein.

Da leuchtete auf 500 Schritt, im Ückerschen Feld, ein rotes Reh auf. Es war aus hohem Roggen auf den Klee daneben ausgetreten: Bock; guter Bock.

Immer der Eigentumsgrenze zwischen der bäuerlichen und meiner Feldmark folgend, die mich jagdpolitisch nicht mehr hinderte, kam ich in einem Geländeeinschnitt bequem heran. Zum Schluß verbarg mich das üppig stehende Korn. Es ist aber immer schief darum, lugt man an einem Getreideschlag, ohne andere Deckung, vorbei. Leicht geht es dann zu schnell. Ich lugte.

Da stand er noch. Auf 70 Schritt. Die goldene Abendsonne lag auf dem regennassen Gehörn. Die Enden blitzten. Die schwarzen Stangen prahlten. Kapitalbock! Der Bock, den ich suchte!

Schuß. Der Dreijährige war's, den ich, schlecht gerechnet, zwanzigmal vor mir gehabt hatte, ohne — nach dem Fegen — seine Erlegung überhaupt noch zu erwägen.

Alles kann ich begreifen: Daß ein seinen Jagdjahren nach alter Jäger losrennt, anstatt sich zu sagen: der steht sicher mitten im Revier. Den kannst du dir heute, morgen oder in acht Tagen immer wieder ansehen.

Ich kann begreifen, daß sich der Alt=Erfahrene in der Eile, ausgerechnet bei seinem 100., durch die trügenden Sonnenstrahlen auf den nassen Stangen täuschen ließ.

Selbst der übereilte Schuß war ihm, dem im Herzen ganz jungen Jäger allemal noch zuzutrauen. Alles kann ich begreifen, nur das eine nicht: Weswegen fiel sein Blick beim Bestimmen der fünf Gehörne für das Flüchtlingsgepäck, der ihrer Zahl nach so armselig beschränkten fünf, ausgerechnet auf diesen Bock des Ärgers, des Verdrusses, des Selbstvorwurfes?

Ja, das weiß ich wirklich nicht. Jetzt hängt er mir gegenüber an der im Vergleich zu früher leeren Wand. Dagegen ist nichts zu machen. Soll ich ihn etwa verstecken? Ich denke nicht dran! So werfe ich ihm also jeden Morgen beim Aufwachen einen kurzen Blick des Mißbehagens zu, wobei ich ihn um Verzeihung bitte: „Du Junger! du falsch Geschossener!" Wie meinen Sie? Es sei womöglich besser gewesen, meine schnelle Kugel habe ihn in den grünstrotzenden Klee geworfen, als daß er im nächsten Jahr von einer M=Pi=Garbe zusammengeschossen dagelegen hätte oder vielleicht gar krank zum Verludern in die Eichpfuhldickung gekrochen wäre?

Nein. Nicht die nackte, krasse, kühle Realität ist entscheidend. Wenn wir bis zum Schluß pflanzten und säten, auf dem Feld und im Wald, obwohl wir das Verhängnis auf uns zukommen sahen; wenn wir weiterarbeiteten trotz des Wissens, wir würden bestenfalls als flüchtende Bettler fortge=

hen, dann hatte keiner das Recht, einen Zukunftsbock zu schießen. ‚Nach uns die Sintflut!' ist eine fadenscheinige Ausrede. Geschah es aber in noch einmal auflodernder Leidenschaft als ungewollte, oft und oft bereute Tat, darf man vielleicht auf verstehendes Verzeihen rechnen.

25

In Birkholz kündigten sich 1940 gewichtige Umwälzungen an. Das Wirtschaftsfräulein wollte heiraten und die Domäne verlassen. Und Herbert Hünifeldt erwog, im neugeschaffenen Warthegau das Familiengut zu übernehmen, auf dem sein Vater die ganze Polenzeit über ausgeharrt hatte.

Ein eifriges Wispern und Ränkeschmieden der Damen begann. Itsch Werner, die temperamentvoll-charmante Gattin des Domänenpächters traf sich mit Christa wiederholt an geheimem Ort (neben dem Eichpfuhl). Beide konspirierten mit der den Damen eigenen Lust am Versteckspiel.

Schließlich wurde ich ‚nichtsahnend' zur Besprechung nach Birkholz eingeladen. Papa Werner, damals fünfundsechzig, sprach in seiner ruhig-abwägenden Art dies und das. Derweilen konnte die gute Itsch mit ihrer bei Frauen so liebenswerten Leidenschaftlichkeit kaum auf dem Sessel stillsitzen. Gar zu gern hätte sie, das Geschehen vorantreibend, helfend in die Erläuterungen eingegriffen. Aber jedesmal, wenn sie zu schneller Rede ansetzte, wehrte der Gutsherr geduldig und doch bestimmt ab: „Nun laß doch mal . . ."

Endlich hüpfte die wilde Katze aber doch aus dem Sack: Ob ich Herbert Hünifeldts Nachfolger werden wolle?

Mit dem mir eigenen schönen Anstand verneigte ich mich: „Zuerst möchte ich mich für das mir bezeigte große Vertrauen gebührend bedanken. Ferner erkläre ich, daß ich mich erheblich erleichtert fühle. Ich ahnte, daß Sie eine Mamsell und einen Administrator suchen. Jetzt weiß ich, für welchen der beiden Posten ich vorgesehen bin. Aber .. Es geht nicht: die Grafschaft Gollin!"

Papa Werner sagte: „Warum gleich immer so hastig? Ich pachte die Grafschaft. Beide Wirtschaften werden zusammen=gelegt."

Über diesen verblüffend einfachen und praktischen Vorschlag riß ich zuerst sprachlos den Mund auf. So konnte der Haus=herr weitersprechen: „Damit Ihnen die Sache noch besonders schmackhaft wird, bekommen Sie das alleinige Jagdaus=übungsrecht im Turmberg."

Da riß ich auch noch die Augen auf, daß sie herauszukollern drohten. Und jetzt war endlich Itsch Werners Stunde ge=kommen. In ihrer witzigen und sprühend=schlagfertigen Be=redsamkeit fing sie an, die hundert Probleme zu erörtern, die diese Umstellung mit sich bringen würde.

So wurde aus der Grafschaft Gollin das Protektorat Gollin. Im Spätherbst zogen wir ins Quaster Gutshaus. Der Turm=berg gehörte jagdlich mir. — — —

Das Quaster Gutshaus:

Auf drei Stellen grenzte das Domänenfeld an den Staats=forst. Ziemlich in der entlegendsten Ecke sprangen 10 Mor=gen Land rechtwinklig in den Wald hinein. Mittendrauf lag die ehemalige Domäne Quast; ein Stück abseits wohnten drei Arbeiterfamilien. Auf den 10 Morgen hatten sie ihr Kartoffeldeputatstück. Das übrigbleibende Land wurde mit Serradella=Süßlupinen zur Grünfuttergewinnung bestellt. Hackfrucht und Gemenge wechselten sich in denkbar scho=nendster Fruchtfolge ab.

Die Jagd auf dieser Hof=Breite wurde kaum ausgeübt. Nur einmal schoß ich einen Tüffken nachstoppelnden Überläufer. Die Rehe standen den ganzen Tag über im Gemenge. Gegen Abend kamen die Hirsche.

Einmal führte ich meine Mutter und meine Schwester, die zu Besuch bei uns waren, im Schummern an die Scheunen=ecke. Es war im Juni. „Sechs Hirsche,“ sagte ich halblaut. „Alles Geweihte. Dem Gebäude nach sind zwei jagdbar.“
Dann ging das Glas reihum. Nachdem wir das auf Büchsen=schußweite vom Gehöft äsende Wild lange genug bewundert hatten sagte ich: „Das geht aber nun wirklich nicht so weiter. Von abends früh bis morgens spät bearbeiten die unser biß=chen Futter. Zum Schluß behält das Vieh nichts mehr über.“
In Quast standen fünf Deputatkühe und zwanzig Stück Domänenjungvieh. Sie lieferten den Mist für die hintersten, von Birkholz 3 Kilometer entfernten Schläge. „Für ein paar Stunden müssen sie jetzt mal verschwinden.“ Ich klatschte in die Hände.
Mehrfach mußte ich's machen, bis die dickfälligen Kolben=hirsche sich bequemten. Schließlich klatschte ich so laut, daß es fast wie Pistolenschüsse klang. Da geschah etwas Unvor=hergesehenes, Nicht=Beabsichtigtes: An dieser Stelle be=grenzte Hochholz unser gestraftes Futter. Mein Lärmen wurde vom Echo zurückgeworfen. Plötzlich glaubte der Trupp, der Rückzug in den Wald wäre ihm versperrt. Alles flüchtete, zuerst schwerfällig, auf die kleine Hofkoppel zu. Krachend zersplitterte der altersmüde Zaun. Da brach eine bei Rot=wild seltene Panik aus. Einem Rudel Mutterwild, mit einem erfahrenen Leittier an der Spitze, wäre es kaum passiert. Aber Mittelhirsche werden vom jüngsten, einem drei= oder vierjährigen Schneider angeführt. Und der benahm sich kopflos wie ein in die Enge getriebenes Reh.
Die wilde Jagd ging durch die Koppel. Der diesseitige Zaun und unser Gartenzaun zerbrachen unter Donnergepolter, daß einem Angst und Bange wurde, einer der Hirsche könnte zu Schaden kommen. Ebenso das Staket auf der anderen Seite. Dann endlich war der Weg ins gegenüberliegende Stangenholz erzwungen.

Am nächsten Morgen zeigte ich Hänne aus dem Schlafstubenfenster eine tiefe dunkle Bahn durch Gemüse- und Erdbeerbeete, zwanzig Schritt vom Haus entfernt. „Das waren gestern Abend sechs Hirsche. Die wären beinah an dein Bett gekommen."
„Die sollen aber nicht," sagte Hänne. In einem Haselnußstrauch des Gartens hatte er seinen Hochsitz, von dem aus er die Rehe beobachten konnte. Aber zu naher Familienanschluß von Hirschen kam ihm bedenklich vor. — — —
Einmal riß nachts einer der seltenen Edelmarder im Gemüsegarten eins der noch seltneren Karnickel. Morgens beim Rasieren sah ich die Bescherung. Als waffenlose Zivilisten folgten wir im Schnee der Spur, die auf jüngeres Stangenholz hinzeigte. Warm schien die ihre Wolkenschleier durchbrechende Sonne auf die verschneiten Kiefernwipfel. In diesem Augenblick plumpste es neben uns. Ein Karnickel, das oben in den Zweigen gehangen hatte, fiel uns kopflos zu Füßen.
„Das gehört Herrn Forstmeister Bergmann," sagte ich.
„Das gehört uns!" sagte Peter.
„Der wohnt ja in Tütz," sagte Hänne.
Es gab ein Mittagbrot. Schließlich hatten wir Krieg. „Schön' Dank, Herr Marder!"
So wohnten wir in Quast.
Der geradezu paradiesische Ort hatte allerdings auch paradiesische Nachteile. Sie entstanden aus der Waldeinsamkeit und erschwerten hauptsächlich das Leben der Hausfrau.
Der nächste Kramladen war im 4 Kilometer entfernten Gollin, zu dem aber keine regelmäßige Verbindung unterhalten wurde. In Birkholz gab es keinen Kaufmann. Alle wichtigen Besorgungen mußten über den Domänen-Milchkutscher im 8 Kilometer entfernten Schloppe erledigt werden. Das wickelte sich dann beispielsweise so ab:
Christa morgens um 5 Uhr zu mir: „Sag Sawatzkis Erich:

‚zwei große Brote'. Hier ist das Geld. Hier sind die Brotmarken. Aber bitte nicht vergessen."
Ich, um halbsechs in Birkholz, falls ich es nicht vergessen hatte: „Erich! Zwei große Brote! Hier ist ... Aber nicht vergessen!"
Christa, nachmittags um vier zum alten Schulz, dem täglichen Boten zwischen Quast und der Domäne: „Schulz, nicht wahr, und bringen sie bitte unser Brot mit!" Von allen beteiligten Persönlichkeiten war der Siebzigjährige weitaus der Verläßlichste. Obschon — oder weil? — er um die Jahrhundertwende als Salmer Brennereiarbeiter den illegalen Schnapskonsum um mehrere hundert Prozent gesteigert hatte.
Zu Feierabend, wenn der Rüstige, Fleißige, Ehrenwerte mit seinen beiden ähnlich beschaffenen Pferdchen auftauchte, Christa: „Schulz, haben sie auch unser Brot?"
Manchmal klappte es dann wirklich. Wenn nicht, mußte bei einer der Quaster Leute=Familien geborgt werden. Das traf jede mal reihum.
Genauso umständlich stand es um: Salz, Schulhefte, Stiefel, die zum Schuster mußten, Radieschensamen, Zahncreme, Waschpulver, Zigarettenzuteilung, Nähbedarf, Einsegnungsgratulationskarten und die anderen siebenundneunzigtausend Dinge des täglichen Bedarfes, derentwillen die moderne Haufrau ‚nur schnell mal um die Ecke springt'.
Schlimm war es um diesen stafettenartigen Besorgungsdienst bestellt, solange ein liederlicher Bengel mit unzähligen Flausen im Kopf, statt die Einkäufe zu erledigen, rumbummelte und dann den armen Gaul nach Hause drosch.
Schließlich wurde — auf Papa Werners Vorschlag, entgegen meinen Bedenken — ein Franzose Milchkutscher. François Costiou, Sohn eines Vier=Pferde=Bauern aus der Normandie, 100 Wörter Deutsch zusammstoppelnd, erledigte nun für die 100 Birkholzer und Quaster Seelen alle Einkäufe. Niemals gab es mit den unterschiedlichen ‚Marken' Ärger, immer

stimmte das Wechselgeld, meistens kam er nach fünf Stunden pünktlich zurück. Ein ruhiger, besonnener, anständiger, nicht gerade passioniert fleißiger Mensch, dieser François! Wenn's nottat, konnte allerdings ‚geschickt' werden. Christa hatte unsere beiden besten Golliner Polenmädchen mitgenommen. Sie waren die Nachfolgerinnen der unvergleichlichen Jalla, als diese in ihre Heimat zurückkehrte.
Meine Frau hatte sich aus den fünfzehnjährigen verschüchterten Dingern aufgeweckte und bei dauernder Beaufsichtigung recht brauchbare Hilfskräfte erzogen. Zuerst bekamen sie Cuprex=Läusekappen aufgestülpt. Dann wurden aus den rot oder blau gemusterten Leute=Bettbezügen hübsche Kleider geschneidert. Dazu gab es nimmermüde Ermahnungen und gutes Vorbild.
Es war bloß ein Jammer, da Ljuba allzu oft und ungestüm der Liebe pflog. Alles Mahnen war umsonst. Schließlich passierte das Malheur, das sich nicht mehr rückgängig machen ließ. Wir behielten die Unbelehrbare, bis unser dreijähriger Peter einmal vor versammeltem Publikum, einschließlich Kaffeegästen, lostrompetete: „Du, Mutti! warum hat die Ljuba den Po jetzt vorn und nicht mehr hinten?" Da schickten wir das Mädel zu seiner Mutter nach Gnesen zurück.
Auf der Domäne arbeiteten an die zwanzig polnische und russische Mädels, die ungehindert mit polnischer, russischer und französischer Männlichkeit zusammenkamen. Nach und nach gab es da kein nächtliches Einschließen, kein Bewachen bei der Arbeit mehr. Alles lief, in Freiheit dressiert, munter umher. Von wenigen kleinen Verkehrsunfällen abgesehen, wiederholte sich das Ljuba zugestoßene Pech nicht.
Als Ersatz überwies uns das Arbeitsamt die achtzehnjährige Ukrainerin Claudia. Am Telephon sagte man: „Heute früh ist sie von ihrer Stelle bei einer unerfreulichen Bäuerin ausgerissen. Versuchen sie ihr Heil."

Claudia war ein schwer gebautes, man gestatte den Ausdruck: unzierliches Mädchen. Trotzdem besaß sie einen verwunderlich leisen, weichen, elastischen Raubtiergang, den Gang eines — bei diesem Vergleich ‚schönen' nicht ‚blutdürstigen' — schwarzen Panthers. Ihr Haar war sehr schwarz. Sie hatte jede Verbindung zu ihrer Familie verloren. Eng schloß sie sich an meine Frau an und liebte die Kinder zärtlich. Ich kann mich nicht erinnern, sie jemals gescholten zu haben. Notwendiger Tadel wurde immer nur mit mühsam unterdrücktem Gelächter vorgebracht: „Was soll ich nun eigentlich mit dir anfangen . . .?"

Gleich an ihrem Ankunftstage kam die unerfreuliche Bauersfrau auf den Quaster Hof gefahren. Sie schwenkte den Wisch eines anderen Arbeitsamtsonkels in der Hand: Claudia solle sofort zurück!

Ich betrachtete mir die Unerfreuliche und nötigte sie in unsere Wohnstube. Ich würde das Mädel holen. In der Küche sagte ich zu Claudia: „Frau wieder da. Du mitgehen. Pack deine Sachen!"

Claudia sah mich mit glühenden schwarzen Augen an: „Ich nicht mitgehen. Ich nicht schlechter als Schweine."

Unwillkürlich die Stimme dämpfend, sagte ich: „Lauf in den Wald! Los! Bis Frau weg. Printko psacrew!"

In ihrem weichen Raubtiergang glitt Claudia zur Hintertür hinaus.

Ich ging ins Zimmer zurück: „Sie ist nicht zu finden. Leider habe ich keine Zeit mehr. Vielleicht warten Sie . . ."

Die Unerfreuliche wartete drei Stunden. Dann fuhr sie mit verkniffenem Gesicht ab. Eine Weile später sicherte Claudia aus der Schonung heraus wie ein Stück Wild. Dann kam sie zu uns zurückgelaufen.

Das ist der einzige mir bekannte Fall, daß Gefangene oder Fremdarbeiter auf einem Bauernhofe schlecht behandelt wurden. Der umgekehrte Sachverhalt, ein der Obrigkeit uner=

wünschter, zu enger bis zu inniger Kontakt, kam dagegen häufiger vor.
Diese Feststellung ist doch recht erfreulich. Besonders weil sie eine Zeit betrifft, in der viel Unerfreuliches geschah.
Im Frühjahr 45 begleitete Claudia meine Frau auf dem großen Treck bis zu seinem vorläufigen Ziel, dem Wohnort meines Schwagers im Mansfeldschen. Nach dem Einzug der Amerikaner wurden alle deutschen Zivilpersonen erst ein=mal in der Kirche eingesperrt. Claudia durfte sich als Aus=länderin ungehindert bewegen. Sie schleppte Essen herbei und brachte Dinge in Sicherheit, die irrtümlich als Souvenir angesehen werden konnten.
Einmal riefen die Vertreter der Siegermächte die Ukrainerin und stellten sie vor den unsanft geöffneten Kleiderschrank meiner Schwägerin. „Hallo, Baby! Such aus, was du haben willst! Nimm, was du magst!“
Claudia antwortete: „Ich nicht stehlen früher bei meine Frau. Ich nicht stehlen jetzt.“ Unter Umständen konnte sie sehr stolz, beinah hochmütig blicken. Ich vermute, daß sie es in diesem Augenblick getan hat.

27

Ende September 1940 hatte ich ein unvergeßliches Hirsch=erlebnis. Ich saß auf dem Eichpfuhlhochsitz. Gegen neun Uhr zog ein Rudel Wild hinter dem großen Teich den in diesem Jahr angeschonten Hang zum Feld hinauf. Es trug nach Roggen Lupinen=Serradella=Gründüngung. Weil der im drit=ten Viertel stehende Mond noch nicht aufgegangen war, ließen sich die Stücke nicht ansprechen.
Ich stieg vom Hochsitz, um mich in der Nähe des Wechsels vorzulegen. Höchstwahrscheinlich kam das Wild dort zurück. Als ich jedoch kaum die Hälfte der Strecke zurückgelegt

hatte, erschien oben am Rande des Ackers ein einzelnes Tier. Gegen den hellen Himmel bemerkte ich es sofort. Da ich vor der prächtig wachsenden Grenzschonung stand, wurde ich nicht eräugt. Der Wind strich ungefährlich das Tal herauf.
Dieses einzelne Stück, unzweifelhaft das Leittier, verharrte länger als eine Stunde fast reglos auf seinem Posten. Während die anderen gierig die junge Serradella ästen — ich konnte sie nicht sehen, aber man durfte es annehmen — stand es am Rande des Abfalls und äugte ins Tal hinunter. Dabei senkte es kaum einmal das Haupt, so daß es schließlich hungrig in den Wald zurückzog.
Ich kauerte am Boden. Keinen Schritt hätte ich vorwärts machen dürfen.
Plötzlich tauchte links von mir, aus der Grenzschonung, ein Hirsch auf und zog, dem Wechsel des Rudels folgend, nach oben.
Im Mondaufgang schimmerte der Horizont, als wäre er aus geschmolzenem Messing. Gegen den hellen Streifen, der erst in größerer Höhe verblaßte, sah ich kurze Zeit den Hirsch deutlich im Glas. Er enttäuschte mich. Es war nur ein leidlicher Achter oder Zehner.

Im nächsten Augenblick erwachte die schweigende Nacht aus ihrem Schlummer. Brunftschrei oben im Feld. Gewaltiger, tobender Brunftschrei. Dann Sprengruf. Dann, am Rande des Plateaus, mit polternden Fluchten auf mich zu rasend, zwei Hirsche.

Der eine floh den Hang hinab und warf sich, dicht hinter mir meinen vollen Wind schneidend, in die deckende Grenz=schonung. Noch kurze Zeit hörte man das Anstreifen des Geweihes.

Der andere verhoffte neben dem wachenden Tier. Vor dem in feierlicher Lautlosigkeit emporschwebenden Mond stand der schwarze Hirsch, doppelt so stark im Gebäude wie das Tier. Regungslos stand er da und äugte dem geflohenen Gegner nach. Deutlich konnte ich das Geweih ansprechen, jedes Ende erkennen. Deutlicher, als es manchmal unter Tag am Schonungsrand mit seinen verwirrenden Farbenschattie=rungen möglich ist.

Ein starker Vierzehnender.

Der Hirsch meines Lebens.

120 Schritt waren es bis zu ihm. Der Schuß hätte ihn von den Läufen gerissen. In der Todesfahrt wäre er den Hang herabgestürzt und krachend in den Randbäumen der Grenz=schonung zusammengebrochen, die ihm, als letzten Dienst, ihre Zweige wie halb erhobene Arme entgegenstrecken wür=den, um den schweren Fall des Edlen zu mildern.

Da stand der starke Vierzehnender, der Hirsch meines Lebens, über mir. Und erst vom nächsten Sommer an hatte ich einen Jagdbaren frei . . .

Noch ein zweites Mal erschien er für unvergeßliche Minuten dunkel, kraftvoll, drohend vor dem hellen Hintergrund des Firmamentes. Er folgte einem furchtsamen Schmaltier. Das Schmaltier fürchtete sich vor seiner drängenden Kraft und vor dem Unbekannten. Aber es würde dem Werben des Hirsches nachgeben, der Gewalt des Unbekannten erliegen.

Es würde vorgeben, ermattet zu sein, und nicht länger fliehen.
Die beiden verschwanden von meiner Bühne, die kein kundiger Schauspielleiter besser hätte aufbauen können, tauchten unter im Geheimnis des Feldes, wohin ihnen mein Auge nicht zu folgen vermochte. Nach einiger Zeit erreichte mich kurz und herrisch-rauh der Siegesschrei des Hirsches.
Später zog das starke Rudel ungekränkt in das Hell-Dunkel des großen Waldes zurück. — — —
Zwei Jahre darauf machten wir bei unserem Forstmeister in Tütz Besuch. Krank war er vom Heeresdienst entlassen worden, um nach langer Erholungszeit die Verwaltung des Amtes zu übernehmen.
Als wir ins Wohnzimmer traten, warf ich nur einen schnell prüfenden Blick über die starken Geweihe und die starken Gehörne an den Wänden. Sofort hatte ich die beiden Abwurfstangen auf dem Bücherschrank bemerkt. Mit einer halben Entschuldigung wog ich sie in der Hand.
„Wo sind sie gefunden worden?" fragte ich.
„Am Großen Stern, hinter Ihrer Grenze."
„Ja," sagte ich. „Er ist unverkennbar . . ."
Nach diesem Erlebnis mit dem Vierzehnender, den ich nicht schießen durfte, wurden mir im gleichen Herbst zwei Hirsche geschenkt.

28

Papa Werner liebte das Rotwild nicht.
Die Domäne Birkholz baute im Frieden 350 Morgen Kartoffeln an; im letzten Jahr, mit der Grafschaft zusammen, waren es 485 Morgen geworden. Davon kamen vier Fünftel auf anerkannte Bestände, bis zu den Eliten hinauf.
Hochwertige Kartoffelsorten zu vermehren, ist eine Kunst.

Ich lernte sie erst in Birkholz. Sobald die Stauden handlang sind, ist es Kennern möglich, die krankheitsverdächtigen herauszufinden und auszumerzen. Die Schädigungen entstehen aus Virusinfektionen, die von Kleinstinsekten übertragen werden.

Wir hatten in Birkholz eine Spezialistenkolonne, die acht Wochen lang nur die Kartoffelbestände bereinigte. Die vier Schwestern Kalinowski, vier unverheiratete Jungfrauen im vorgeschrittenen Mannbarkeitalter waren die Anführerinnen. Einmal mußte ich einen der angelernten Franzosen nach Hause schicken. Bis zum Schlagende übernahm ich seine Reihen, damit sie nicht liegenblieben. Anna Kalinowski, das dürrzähe Leittier des Rudels, ging mehrere Schritte schräg vor mir. Miteins drehte sie sich um: „Herr Liepmann! die da links hinter Ihnen nehmen Sie nur ruhig mit!"

Anna hatte, außer den eigenen Reihen, auch meine im Auge behalten.

Mitte Juli kam der Anerkennungstag. Himmel! war das jedesmal eine Aufregung! Unseren größten Triumph erlebten wir 1944. Ein Herr von der Landwirtschaftskammer Stettin war angemeldet. Wir hätten statt eines Pommern lieber einen Grenzmärker gesehen; aber dagegen war nichts zu machen. Ich durfte ihn rumfahren. Papa Werner beobachtete vom Turmbergweg aus mit dem Fernglas, ob wir uns auch nicht in die Haare gerieten. Itsch Werner und Christa hingen in Birkholz und Quast am Telephon, um sich die neusten Nachrichten vom Kartoffelschauplatz durchzusagen. Der Kalinowski-Trupp stand irgendwo im Hintergrund, gleichsam bereit, mit geschwungener Hacke einzugreifen, falls der böse Mann es wagen würde, uns etwas anzuhängen. Die Bereiniger bangten nicht um die ihnen versprochene Prämie, ihnen, genau wie uns, ging es um die Ehre.

Dem Stettiner Landwirtschaftsrat wurden acht Kartoffelsorten vorgeführt. In jeder hatte er 5 mal 100 Stauden, will-

kürlich herausgegriffen, auf kranke zu untersuchen. Ein gewisser Prozentsatz war erlaubt. Erst bei acht Strafpunkten konnte ein Bestand nicht mehr zur Pflanzgutgewinnung zugelassen werden.
Unsere rund 400 Morgen angemeldeten Kartoffeln wurden im letzten Jahr der Bewirtschaftung mit null Strafpunkten anerkannt. Das heißt: der böse Mann fand unter 500 mal 8 gleich 4000 Stauden keine kranke. Er wurde somit zum guten Mann.
Mitte August begann das Roden der Frühsorten, im Oktober das Verladen von 120 bis 150 Waggons auf dem 8 Kilometer entfernten Schlopper Bahnhof. Was im Herbst nicht mehr geschafft wurde, kam im Frühjahr an die Reihe. Nach dem Stalingrad-Winter verluden wir die letzte Lore am Pfingstsonnabend.
Auf einem Walfänger stinkt alles nach Tran. Wir stanken nach Kartoffeln. Bei einer Geburtstagsfeier verkündete Itsch Werner: „Wer heute das Wort ‚Kartoffel' gebraucht, muß ein Pfand geben. Ich kann nichts mehr von Kartoffeln hören."
Papa Werner liebte die Hirsche nicht, weil sie seine Kartoffeln liebten. Das taten die Sauen freilich auch. Da ihre Zahl aber wohl nur ein Zehntel der des Rotwildes betrug, fiel der Schaden nicht so ins Gewicht.
So war im letzten Friedensjahr an den drei Staatsforstseiten ein Zaun um die bedrängte Domänenfeldmark gezogen worden. Kiefernpfosten, 15 bis 25 Zentimeter stark, wurden von der Forstverwaltung geliefert und, unten angekohlt, im Vier-Meter-Abstand gesetzt. Das Gatter bestand erdwärts aus einem festen Maschendraht, 10 mal 10 Zentimeter, über dem fünf untereinander verknotete Langdrähte gespannt waren. Das sind meine vielleicht etwas parteiischen Eindrücke von diesem Wunderwerk:

Aus Gründen der Sparsamkeit blieb die Turmbergseite offen. Zwangsläufig entstand am Schlopper Weg um die Gatter=ecke herum ein gewaltiger Wechsel. Denn schließlich sagte sich das Wild nicht mit Unrecht: „Seit 100 Jahren sind wir aufs Feld gezogen. Jetzt mit einem Male nicht mehr?! Das wäre gelacht!"

Das andere Zaunende befand sich ‚bombensicher' am Do=mänenhof. Bombensicher mag sein, aber nicht rotwild=sicher! Zwischen Schmiede und Friedhof, vorbei am Brennereiteich, die Gutsscheune links, Ober=Ückers Gehöft rechts lassend, fanden die Rottiere den Weg ins Feld! Das war der sonder=barste, der am klügsten gewählte Wechsel, den ich kennen=lernte.

Nicht so die Sauen, nicht so die Rehe. Die nahmen sich der fünf sorglich angelegten Aussprünge an, die verhindern soll=ten, daß im Gegatterten steckengebliebene Stücke beim Hell=werden zu Schaden kämen. Diese beiden Wildarten stellten bald fest, daß man sich an den Seiten eines Aussprungs einen Notsteig anlegen konnte, der ungehinderten Ein= und Ausmarsch gestattete.

Bis auf einen von einem Gast krankgeschossenen Hirsch hat kein Stück Rotwild jemals die Aussprünge benutzt, auch nicht bei Gefahr. Ich mußte mit ansehen, wie ein Hirsch, der sich in die Enge getrieben glaubte, nachts durch die in fürch=terlichem Gellton reißenden starken Spanndrähte hindurch=sprang, ohne sich das Genick zu brechen. Aber die Aus=sprünge wurden verschmäht.

Der Zaun war mir ein Greuel, doch fand ich mich mit ihm ab. Schließlich waren außer der offenen Turmbergseite drei Tore vorhanden. Meistens war ich der letzte, der sie benutzte. Und ausgerechnet beim Schließen solcher Tore plagte mich eine Vergeßlichkeit, als wäre mein Kopf ein ausgepustetes Spatzenei.

Zudem bekommt ein Wildzaun sehr bald Kriechlöcher. Da

braucht bloß ein Bauholzkutscher etwas ungeschickt zu wenden, kräcks! sitzt das längste Stammende in den Maschen; sich ängstlich umschauend, sieht er zu, daß er fortkommt. Weiter ist auch nichts nötig. Alles Übrige besorgen die Sauen und die Rehe, diese geborenen Ein= und Ausbrecher.

Auf dem Quaster Schlag I, also in der entferntesten Ecke der Domäne, war ein solches Loch fast ein Jahr lang. Was da an jedem Abend und an jedem Morgen herein= und hinausspazierte, war eine wahre Wonne! In einer Schnee=Mondscheinnacht verschwand auf diesem Wege sogar ein Fünfzehner=Rudel, von dem ein Stück durch meine Kugel harmlos gestreift worden war.

So habe ich mich leidlich mit dem Zaun abgefunden. Vorher befragt, hätte ich allerdings zu erwägen gebeten: „Zaunzinsen und Amortisation belaufen sich nach Vorkriegswährung ungefähr auf 2000.— Mk im Jahr. Sollte ein Nachtwächter für 150 Nächte, in denen das Wild zu Schaden geht, nicht billiger sein?" Es war allerdings im Krieg kein verläßlicher Mensch vorhanden.

Als wir flüchten mußten, fingen die ersten Pfähle an durchzufaulen. Vermutlich hätte fachgerechtes Imprägnieren ihre Lebensdauer erhöht. — — —

Auf der Domäne waren ein IIb=Hirsch und drei Stück Kahlwild frei. Papa Werner erlaubte mir, diesem Hirsch nachzustellen.

Anfang Oktober fand ich auf dem Birkholzer Hinterhof Rotwildfährten. Zwischen Scheune und dem Bauerngehöft — beide waren ungefähr achtzig Meter auseinander — stieg das Gelände vom Brennereiteich steil an. Dahinter kam das Feld. Oben, an der Kante, war eine Hecke aus allerlei Gesträuch und Fichten. Durch die einzige bequeme Lücke führte der Wechsel.

Zwölf Schritt daneben setzte ich mich auf einen Strohballen. An dieser Stelle gaben einige kuschlige Fichten gute Deckung.

Zehn Minuten vor acht kamen vier Stück Mutterwild und zwei Kälber durch die Lücke gezogen. Bis sich das Gelände nach ungefähr hundert Schritten senkte, hatte ich sie gegen den Himmel. Selten sah ich Rotwild nachts so deutlich. Ich konnte geradezu das Mienenspiel der einzelnen Tiere erkennen. Wie sie aufmerksam ins Feld hinaussicherten und dabei mit halbem Lauscher auf die Geräusche des Gutshofes achteten. Sie schienen offensichtlich zu denken: ‚Welch ärgerliches Geräusch! Es ist selbstverständlich nicht von Bedeutung, aber wie kann man nur so viel unnötigen Lärm machen?! Ein bißchen gewöhnlich und typisch menschlich.'
Dann zogen sie ins Freie. Bald darauf schrie ein Hirsch mit guter Stimme beim Rudel. Er mochte von der freien Turmbergseite gekommen sein. Das Wild stand jetzt in 130 Morgen Serradella=Lupinen=Gründüngung, zwischen der einzelne Sonnenblumen blühten. Es ist unmöglich, bei Mondschein in diesem Vexierbild ein Stück auszumachen. Schon am Tage ist es nicht ganz einfach. Aber besonders nachts wirkt das grüngelbe Gemisch wie ein riesiges Tarnnetz. Außerdem war keine Deckung vorhanden, um sich anzupürschen.
Bis gegen ein Uhr schrie der Hirsch. Dann wurde es still, beklemmend, die Hoffnung erwürgend still.
Gegen drei Uhr siegte meine Mutlosigkeit. In der letzten Woche hatte ich nicht viel geschlafen. An diesem Abend druselte ich immer wieder ein und träumte von einem weißbezogenem Bett. Dann fuhr ich hoch und sah das weißbezogene Bett zum Greifen deutlich vor mir. Dazu fror ich vor Übermüdung. Ich log mir vor, das Rudel wäre zum Turmberg gezogen, obgleich ich insgeheim vom Gegenteil überzeugt war. Dann fuhr ich nach Hause, um noch eine Stunde in das weißbezogene Bett zu kriechen, bevor die Arbeit anfing.
Als ich am Tage nach Birkholz kam, empfing mich das jagdpassionierte Wirtschaftsfräulein aufgeregt: „Um fünf, als es gerade grau wurde, ist das Rudel über den Hinterhof ge=

kommen. Der Hirsch hat vor der Schmiede geschrien, daß meine Fenster zitterten."

„Jawoll!" sagte ich wütend über mein Schlappmachen. „Jawoll! und die Fenster können Sie mir jetzt noch zeigen."

Dann ging ich zu meinem Ansitzplatz und buddelte dort ein feines Zwei=Mann=Loch mit ‚breitbequemer' Sitzfläche; präzise ausgedrückt: ein feines Fräulein=Mann=Loch.

Die jugendliche Nichte meiner Frau war bei uns zu Besuch.

„Du, Brigitte!" sagte ich beim Mittagessen. „Kommst du heute Abend mit?"

„Gern, Onkel Hans!" Sie strahlte. Ihr hauswirtschaftliches Jahr hatte sie bei einem ostpreußischen Forstmeisterehepaar verbracht. So waren recht ordentliche jagdliche Vorkenntnisse festzustellen.

Wunderbar weich und warm saßen wir auf einem Arm voll Stroh. Es war eine milde Herbstnacht.

In regelmäßigen Abständen brüllte im Domänenstall eine Kuh nach ihrem abgesetzten Kalb. Sie war schon ganz heiser. Nach zwei Tagen würde sie es vergessen und zu brüllen aufhören.

Die Ukrainermädchen sangen eines ihrer schönen schwermütigen Lieder, ein Lied, das von der Heimat erzählte, vom fernen Geliebten und von Tränen. Das alles begriffen wir, ohne die fremde Sprache zu verstehen.

Itsch Werner ließ Nixe und Pussi noch einmal ins Freie und ermahnte sie zu löblichem Tun.

Ein Pärchen, offenbar mit Halb=Intimem beschäftigt, strich, ohne etwas zu merken, dicht an uns vorbei.

„Une fois, s'il vous plaît, ma petite! Eine Mal nur, eine bißchen Mal!"

„Nix eine bißchen Mal! Nima niz!"

Das Polenmädchen und der Franzose verständigten sich anscheinend immer noch am besten, wenn sie deutsch radebrechten.

Warnend und mahnend räusperte ich mich. Sie huschten fort wie aufgestörte Mäuse.
Kein Lichtschein mehr in den Fenstern. Verdunklung. Mählich wurde es hinter uns still. Nur die Kuh brüllte dumpfklagend.
Um dreiviertel acht flüsterte ich Brigitte zu: „Halte den Kopf jetzt ganz tief, damit dein Gesicht nicht leuchtet." Über ihrem sehr blonden Haar trug sie ein unauffälliges Tuch.
„Weswegen?"
„Sie werden gleich kommen."
Es mit solcher Bestimmtheit zu behaupten, war natürlich frech. Aber wenige Minuten später hörte ich die harten Schalen auf dem festgefahrenen Weg am Brennereiteich. Beschwörend drückte ich meinen Arm gegen den von Brigitte. Dann nahm das Wild eilig den Hang in unserem Rücken. Dicht neben uns schob sich das Leittier ins Freie — riesengroß, auf 12 Schritt.
Ich mußte am Glas schrauben. Ich dachte: wenn du die Hand hochhebst, kannst du es berühren.
Es war das Rudel vom letzten Abend. Vier Tiere und zwei Kälber. Aber heute war ein Hirsch dabei. Ich hauchte: „Ungerader Achter. Mittelalt. Ich schieße." Dabei gab ich Brigitte das Glas zum Halten.
Das Rudel zog eilig ins Feld. Wurde es von der Sicherheit der flachen Ebene angezogen, in der es weit und breit keine verdächtige Deckung gab, hinter der sich eine Gefahr verbergen konnte? Lockte die Serradella? War es doch ein wenig mißtrauisch geworden?
Auf 100 Schritt verhoffte es.
Der Drilling ruhte auf dem Rand unseres Erdloches, wie auf dem Sandsack des Anschießtisches. Der flach daruntergebreitete leere Rucksack schützte die Waffe vor Verschmutzung.
Der Hirsch lag sofort. Im Augenblick, als der Kugelschlag uns erreichte, brach er zusammen.

Der Kugelschlag frohlockte: „Getroffen! Getötet! Gesiegt! Hooo! Ich! Ich! Ich! habe gesiegt!"
Das Rudel verschwand in der Gründüngung. Mitleidig verbarg der dichte Pflanzenwuchs die Flüchtenden.
Es war ein ungerader Achter, fünf, bis sechsjährig, vermutlich nicht der Hirsch, der in der letzten Nacht beim Wild geschrien hatte. Der mußte, der Stimme nach, stärker gewesen sein.
Bei solchen schlichten Achtern fortgeschrittenen Alters lächelt jeder Betrachter neidlos anerkennend wie ein Honigkuchenpferd und denkt im stillen: wie gut, daß es keinen Starken getroffen hat.
Itsch Werner und ihr passioniertes Wirtschaftsfräulein standen zitternd vor Erwartung an der Haustür. „Was ist? Liegt er? Können wir ihn ansehen? Führen Sie uns hin!" Nur Itsch Werner bekam es fertig, vier, fünf solcher kurzen Sätze so hervorzustoßen, daß es sich anhörte, als würden sie gleichzeitig ausgesprochen.
„Sie finden ihn allein," sagte ich. „Genau in der Mitte des Luzernestückes."
„Ja, kommen Sie denn nicht mit?"
„Wir wollen zum Eichpfuhl, den Golliner Hirsch schießen."
Aber die Göttin ließ die Un-Tat nicht zu, daß ich an einem Abend zwei Hirsche schoß. Wie für vieles andere sei ihr auch hierfür noch nachträglich Dank!
Als wir ins Eichpfuhltal hinunterschlichen, sah ich dort einen Menschen. Ich erschrak heftig. Noch niemals hatte ich dort einen Fremden getroffen, am Tage nicht, geschweige denn in der Nacht.
Ich rief ihn an. Er machte keinen Versuch fortzulaufen. Es war der zwanzigjährige, jagdbegeisterte Sohn meines Nachbarn. Er habe auf ein Stück Kahlwild geschossen, brachte er hervor, und mit dem Hund nachgesucht. Der sei weggelaufen und stecke vermutlich in meiner Grenzschonung.

Die Geschichte war undurchsichtig. Bei sich selbst pflegt man gern ein Auge zuzudrücken, beim Nachbarn wiegt jede frag=würdige Tat schwer. Also sagte ich bitterböse: „Herr! wäre ich hitzig oder leichtfertig, hätte ich Sie im ersten Augen=blick angerufen und im nächsten umgeschossen. Machen Sie solchen Wahnsinn nie wieder! Aber ich stehe mich mit ihrem Vater ausgezeichnet. Morgen, am Tage, dürfen Sie allein nachsuchen. Sie dürfen auch das Stück behalten, wenn Sie es finden. Aber noch einmal: nie wieder solch Wahnsinn!"
Er unterbrach mich mit keinem Wort.
„Hier ist alles vergrämt", sagte ich wütend zu Brigitte.
„Wir gehen nicht nach Hause", sagte Brigitte. „Die Nacht ist zu schön. Und eben hat ein Hirsch angefangen zu schreien. Da drüben." Sie wies mir mit der Hand die Richtung.
„Meinetwegen", sagte ich. „Dann setzen wir uns auf den Grafen=Hochsitz."
Der stand in der Mitte der Langen Schonung am Waldrand, dicht bei der Stelle, an der ich am ersten Abend nach dem Polenfeldzug das einzelne Rottier geschossen hatte. Von ihm aus ging der Blick weit über die eigenen Äcker hinweg auf das Unter=Ückersche Feld.
Beide Ückers hatten Wirtschaften, die um 400 Morgen groß waren. Jeder besaß einen Hofplan und einen reichlich drei Kilometer entfernten Außenplan an der Schlopper Straße. Seit Menschengedenken hatten sie daraus zwei Eigenjagd=bezirke zurechtgeschustert. Unter=Ücker beschoß den Bezirk zwischen dem Turmberg, Birkholz und meinem Eichpfuhl. Der obere Vetter tat ein Gleiches draußen an der Schlopper Staatsforst. Das war vor meiner Zeit.
Ich kannte die Geweihe, die in ihrer guten Stube hingen. Vom Spießer bis zum Zwölfer war alles vorhanden, was beim unbeschränkten Abschuß zu bekommen gewesen war.
Solche Jagdausübung vergrämt die Verwalter der Stand=reviere. Als das RJG in Kraft trat, wurde den beiden Besit=

zern erklärt, solch willkürliche Art, Jagdbezirke zu schaffen, sei unstatthaft. Schluß damit! Man könnte es, analog dem Bauern=Legen, Jäger=Legen nennen. Doch möchte ich die Maßnahme vom hegerischen Standpunkt aus unbedingt billigen.

Was folgte, war allerdings bitter. Mindestens drei Jahre lang waren die Ückerschen Fluren res nullius. Niemand war jagd=berechtigt. Niemand schoß. Niemand zahlte Wildschaden. Und Schaden entstand.

Dann wurde die Hof=Breite der Tützer, das andere Gelände draußen, der Schlopper Forst zugeschlagen. Sehr viel besser wurde der Zustand nicht. Welcher Förster mochte sich schon nachts auf den Bauernacker setzen, um Wild zu schießen, das am Tage bei ihm steckte?! Und wenn es ans Wildschaden bezahlen gehen sollte, dann standen die staatlichen Kassen immer kurz vor dem Zusammenbruch. „Mein Sohn! auf die=sem Ohr höre ich schlecht", hatte schon der Alte Fritz geant=wortet, als ein Bittsteller ihn um eine Unterstützung anging. Mir behagt solche Hartohrigkeit mehr als Verschwendungs=sucht. Echter Wildschaden sollte aber bezahlt werden.

Mit außerordentlicher Dankbarkeit denke ich an Forstmeister Bergmann aus Tütz. Trat er mir doch im letzten Jahr alles Ückersche Land zwischen Turmberg und Eichpfuhl ab. Das war großzügig von ihm und verpflichtend für mich.

Bemerkenswert im Vergleich zu heutigen Verhältnissen ist die Tatsache, daß ich keine Pacht zu zahlen brauchte, sondern nur zum Ersatz des Wildschadens verpflichtet war. Diese sympathische Regelung stand in der Grenzmark keineswegs allein da. Lebten wir nicht in einem wahrlich gesegneten Lande?!

Ich ging zu Unter=Ücker. „In Zukunft wird der Schaden reell bezahlt."

„Das dreckige Geld!" sagte er wegwerfend. „Kaufen kann man sich doch nichts."

„Stimmt, Herr Nachbar", sagte ich. „Besonders, weil Sie mehr als ich haben."
„Das ist noch nicht raus."
„Still! nicht widersprechen! Ich komme nicht vom Finanz=amt."
„Die Schweinepriester . . ."
„Richtig. Aber wegen der Hirsche und der Sauen: Wie wür=den Sie darüber denken, wenn Sie von jedem Stück, das ich glücklich behalten darf, eine Keule bekommen? Na, wie ist der Vorschlag?"
Da strahlte der Mann. Wir kamen gut miteinander aus, ob=gleich er der enteignete Jäger, ich der eingesetzte Jagdaus=übende war.
Je mehr er hat, je mehr er will.
Unverzüglich fragte ich beim Forstamt Schloppe an, ob man mir die Ückerschen Außenpläne nicht ebenfalls übereignen wolle. Für den Fiskus wären sie doch nur ein ewiges Ärger=nis. Ich wurde aber abschlägig beschieden. Vermutlich hat mein getreuer Nachbar, Förster Eichknüppel, der dieser Ver=waltung angehörte, die Arme gen Himmel geworfen und ge=fleht: „Bloß nicht!" So hätte ich es nämlich an seiner Stelle gemacht. —
Auf dem Grafen=Hochsitz saß man gemütlich wie in einer Turmstube, nur die Entfernung bis zum Erdboden war nicht so beträchtlich.
Gegen 11 Uhr schrie Brigittes Hirsch schon hinter den Tei=chen des Nachbarn. Dann kamen sie heraufgezogen, zehn oder zwölf Stück Wild; bei ihnen ein dem Gebäude nach starker Hirsch.
Da die Entfernung reichlich 500 Schritt betrug, war vom Ge=weih nichts zu erkennen. Sie zogen dicht an das Gehöft heran, dessen weißgekalkte Wände im hellen Mondschein leuchteten.
„Es ist nicht ausgeschlossen, daß sie später zu uns umschwen=

ken", sagte ich leise zu Brigitte. „Wir müssen warten. Weiter ist nichts zu machen."

„Siehst du, Onkel Hans! wenn ich nicht gesagt hätte, wir wollen bleiben ..."

Da fiel ein Schuß!

Das Rudel flüchtete ins Staatliche zurück. Staub wirbelte auf. Man konnte es bei der guten Beleuchtung deutlich erkennen.

„Verflucht! verflucht! verflucht."

„Mein Gott! was war das?" fragte Brigitte fassungslos.

„Schrotschuß", sagte ich. „Bauer Ücker hat aus seinem Schlafstubenfenster dazwischengeräuchert."

„Ja, darf er denn das?"

„Darf? Darf! Den Wildschaden darf er auch tragen."

Das war noch in der Zeit, als seine vorbildlich bewirtschafteten Felder in kurzsichtiger Jagdpolitik res nullius waren.

Müde gingen wir nach Hause.

„Nicht traurig sein, Onkel Hans", sagte Brigitte. „Es wäre undankbar. Das heute abend ... Ich werde es nie vergessen."

29

Am 7. November saß ich auf dem Eichpfuhlhochsitz.

So still war die Nacht, daß man hinaushorchte, ob nicht das Raunen eines noch nie gehörten Märchens, einer geheimnisvollen Botschaft, zu vernehmen wäre.

Es roch nach Herbst.

Müde und schlaf-ersehnend rochen Feld, Wiese und Wald nach Herbst. Es ist ein guter Geruch, der an wärmenden Schnee denken läßt und an winterliches Ausruhen, an dem man selbst teilhaben wird.

Brigitte war abgereist; ich war allein beim wartenden Lauschen, das bald von halben Gedanken, bald von halben Träumen angefüllt war.

Plötzlich trollte ein einzelner Überläufer aus den Tannen heraus. Weil ich dem Holz den Rücken zukehrte, hörte ich ihn, bevor ich seiner ansichtig wurde. Eilig wechselte er unter dem Hochsitz durch. Ich schoß auf kürzeste Entfernung. Er polterte in die Grenzschonung. Dann vernahm ich nichts mehr. Tief mich bückend, um den Feuerschein zu verbergen, zündete ich mir die zweite Zigarette an. Lag kein besonderer Anlaß vor, kam ich mit dreien täglich aus, die ich auf dem Abendansitz rauchte.

Schon nach wenigen Zügen unterbrach das magische Knacken von Läufen die Lautlosigkeit der Nacht.

Schweres Wild ... Einzelnes Stück ... Quer durch die Grenzschonung ... Hirsch ...

Wenige Minuten zuvor hatte ich geschossen. Der Hirsch zog so vertraut auf mich zu, als hätte er den Schuß nicht vernommen. Sein Schicksal ließ ihn ungewarnt auf mich zu ziehen. Ahnungslos gehorchte er seinem Schicksal.

Es war ein alter Hirsch mit geringem Geweih.

Ich schoß auf zwanzig Schritt.

Er flüchtete bis kurz vor den großen Eichpfuhl, bog auch noch richtig nach links ab. In der fünften Kiefernreihe brach er prasselnd zusammen.

Der Hirsch war neun bis zehn Jahre alt. An dem mittelstarken Eissprossenachtergeweih war soviel auszusetzen, betrachtete man es als eifervoller Heger, daß mich grenzenlose Freude erfüllte. Ein kleinfingerlanges Gebilde, an einem der langen, eigenwillig geschwungenen Stangenenden sitzend, sah aus, als wäre es ‚aus Versehen' geschoben worden. Dadurch wurde der Hirsch bei peinlich genauer Beurteilung zum ungeraden Zehner.

Nichts trübte meine grenzenlose Freude.

Auf dem Heimweg atmete ich tief die müde, wintersehnsüchtige Herbstluft ein. Mit ihr vermischte sich ein an den Hirsch gemahnender Hauch. Er haftete an meinen Sachen; er klebte

an meinen Händen, die ich nach den zunftgerechten Verrichtungen notdürftig im betauten Gras gereinigt hatte.
Guter, kräftiger Hirschschweißgeruch.
Guter, wilder Brunftgeruch.
Guter, müder Herbstgeruch.
Meine Freude war grenzenlos. –
Sie wurde auch nicht geschmälert, als ich am nächsten Morgen feststellte, daß ich den Überläufer auf kürzeste Entfernung vorbeigeschossen hatte. „Denke mal an, du großer Jäger", sagte ich zu mir selbst, „jetzt weißt du es genau, daß eine Sau von oben gesehen schmaler ist als von der Seite."
Und zu den Hunden, die mir beim glücklichen Klang meiner Stimme verstehend zuwedelten, sagte ich: „Meine Freude ist ungetrübt und grenzenlos!"

30

„Wollen Sie in den Warthegau mitfahren? auf Treibjagd!" fragte mich Förster Eichknüppel. Sein Schwager war dort Gutsverwalter.

Als wir die Grafschaft übernahmen, betreute Förster Ewald den zum Schlopper Amt gehörenden Schutzbezirk Gollin.

In meinem jagdlichen Erdenwallen durfte ich verschiedenen Forstbeamten meine Zuneigung schenken. Förster Ewald steht unter ihnen mit an erster Stelle. Bis er, aus Gesundheitsrücksichten, an die Schneidemühler Regierung versetzt wurde, hatte er auf seinen 4000 Morgen einen Hirsch geschossen; in all den Jahren einen Hirsch! einen richtig ausgewählten, leidlichen Achter!

Solch einen Nachbarn hatte ich im Eichpfuhl!

Sein Nachfolger wurde Förster Eichknüppel; klein, schwarzhaarig, drahtig, leidenschaftlich, beinah süditalienisch. Wenn ich ihn sah, mußte ich immer an einen schnellen Habichtsterzel denken. Das mochte allerdings auch daran liegen, daß ihn seine Gattin an Wuchs und Figur übertraf; aber durchaus in angenehm=weiblicher Art.

Außerdem war er ein hervorragender Forstmann.

Innerhalb von wenigen Jahren schonte er in seinem Bezirk und bei zahlreichen Kriegsvertretungen etliche tausend Morgen mit Nadel= und Laubhölzern an, daß es eine Pracht war. Im provisorisch hergestellten Holzgatter gab es ausgezeichnete Kulturen zu sehen, obwohl der Rotwildbestand nach heutigen Anschauungen um ein Mehrfaches übersetzt war. Selbstverständlich schälte das Wild, wenn es den ganzen Tag über in einer Schonung stand, in der es außer Kiefern nur noch graues Flechtenmoos gab. Aber nach wiederholtem Durchforsten wuchsen aus diesen Schonungen Stangenhölzer heran, in denen es keinen geschälten Baum mehr gab. Zweifellos kann so etwas in westdeutschen Wäldern mit ihren besseren Böden und ihrer reicheren Landwirtschaft drumherum nicht zuwege gebracht werden. Ich sehe das vollkommen ein.

Er war auch ein hervorragender Jäger.

Im ersten Jahre schoß er ... Also, bitte jetzt mal tief Atem

holen und dann die Zähne zusammenbeißen. Er schoß in den sechs Monaten Jagdzeit ... Vielleicht doch lieber noch einen kleinen Cognac zuerst, als vorbeugendes Mittel gegen Nervenchoc, Gehirnschlag oder Delirium melancholicum?
Acht Hirsche schoß mein neuer Nachbar im ersten Jagdhalbjahr! Acht! Acht! A c h t !
Und alle acht richtige Zweibeer!
Na ja, neue Besen kehren gut. Allerdings wird die Stube hinter ihnen erschreckend sauber. Im nächsten Jahr waren es nur noch vier. Und diese diskutable Zahl wurde nicht mehr überschritten. Sie verläpperte sich sogar, als Eichknüppel 8 bis 12 000 Morgen zu betreuen hatte. Da atmeten alle Beteiligten hörbar auf, seine Kollegen vermutlich nicht am wenigsten.
Obwohl wir so verteufelt ähnliche Jäger waren, er und ich, besessen von der gleichen Passion, vertrugen wir uns. Nur ein Narr stellt sich mit dem großmächtigen Nachbarn schlecht. Wenigstens auf diesem Gebiet wollte ich kein Narr sein.
Das war also Eichknüppel, der mich Ende Dezember fragte, ob ich ihn in den Charnikauer Kreis begleiten wolle.
Natürlich wollte ich.
Am 2. Januar, morgens im Stockdustern, fuhren wir los. Der Schnee lag schon ziemlich hoch. Aber Eichknüppels kleiner Opel schaffte es.
Am ersten Tag jagten wir mit zwölf Schützen; am nächsten zu dritt in einem anderen Revier nur bis Mittag. Zusammen kamen 60 Hasen und 17 Hähne zur Strecke; nicht ganz soviel, wie man es sich vom gelobten Land des Niederwildes vorgestellt hatte.
Mein forstgrüner Nachbar wurde mit 17 Stück Wild Jagdkönig. Wie üblich hatte ich in fremder Umgebung mäßigen Anlauf; und genauso mäßig schoß ich: 7 Stück Wild — 18 Patronen.
„Was machst du mit den vielen Hasen?" fragte Eichknüppel beim Abschied seinen Schwager.

„Die muß ich verkaufen", sagte er. „Für drei-fuffzig das Stück. Wird nicht so einfach sein. Wer kauft hier schon Hasen?!"

„Für drei-fuffzig nehme ich vierzig Stück", sagte Eichknüppel.

„Menschenskind! was willst Du denn damit anfangen?"

„Die reißen sie uns drüben im Reich weg", sagte Eichknüppel, der nicht nur ein guter Förster und Jäger sondern auch ein vorausschauender Kaufmann war.

So fuhren wir am zeitigen Nachmittag unter vielen Dankesbeteuerungen ab, mit 40 steifgefrorenen Hasen hinten im Auto. Obwohl es noch dazugeschneit hatte, landeten wir wohlbehalten gegen 5 Uhr in unserem Städtchen.

Sofort rief ich Christa an: „Alles gesund?"

Jawohl, alles war gesund: das Vieh und die Kinder. Oder umgekehrt; das weiß ich nicht mehr genau. Wer selten von zu Hause fortkommt, denkt immer gleich, in seiner Abwesenheit könnte alles Mögliche passieren.

Dann telephonierte ich mit einer charmanten jungen Frau im zweiten Ehejahr: „Ich habe einen Hasen für Sie, gnädige Frau! für drei Mark fünfzig."

„Ach, wie liebenswürdig ... Wirklich zu nett ... Aber ..."

„Aber ...?"

„Ich weiß nicht ... Ich ... ich möchte doch lieber nicht."

„Grundgütiger! Im Krieg! Ein Hase ohne irgendwelche Gegenlieferung von Sachwerten!"

„Ich ... Unser Mädchen hat bestimmt noch keinen zurechtgemacht. Und ich auch nicht ..."

Das war aber der einzige Ausnahmefall.

Sonst stürzten sich die hasenhungrigen Schlopper in dunklen Scharen zum ‚König von Preußen', wo wir unser Hauptquartier aufgeschlagen hatten.

Da merkte man doch endlich einmal, wie viele heimliche Freunde man besaß. Leider wurde wie im letzten Akt der

Oper Samson und Dalila, die Szene immer mehr zum Bacchanal.

Jeder unserer Kunden war über den strikt eingehaltenen Spottpreis so gerührt, daß er sich bemüßigt fühlte, etwas zu spendieren. Unglücklicherweise fing der erste mit Koks an. Das ist irgend etwas Unzüchtiges mit Weinbrand und einem Zuckerstück. Alle folgenden schrien, kaum daß sie ihren Krummen mit freudig erregter Hand umklammerten: „Herr Mertens! bitte eine Lage Koks!"

Einige dreißig Hasen gedachten wir in Schloppe abzusetzen . . .

Förster Eichknüppel war ein maßvoller Mensch, was seinen Alkoholverbrauch anbetraf. Und von mir kann ich wahrheitsgemäß bekunden, daß ich gern ein Glas Wein trinke, wobei die Betonung nicht unbedingt auf dem Zahlwort zu liegen braucht. Echte, richtige Jäger sind überhaupt selten Saufbrüder. Das ist eine Erfindung von Witzblattredakteuren, bei denen trotz verzweifelten Sich-windens kein neuer Gedanke auftauchen will. Solcherart waren wir beide nicht die richtigen Kämpen im Hinblick auf das uns drohende Schicksal.

Denn das nun stattfindende Schlopper Bacchanal wurde grauenhaft. Ich wäre ja am liebsten ausgerissen und hätte die eine Wegstunde nach Hause auf Schusters Rappen bewältigt. Aber durfte ich meinen unglückseligen Kumpan im Stich lassen?!

So mußten wir beide, die Nüchternheit liebende Jäger, einige 30 Hasen verkoksen . . .

Als ich merkte, daß die Säulen und die Decke des Palastes zu schwanken begannen, um beim Höhepunkt der alttestamentarischen Oper zu bleiben, schwankte ich zum Auto. Dort machte ich in der kalten Nachtluft verzweifelt Atemübungen. Schließlich war der sündhaft teure Schnaps zu schade dazu, ihn irgendwohin auszuspucken.

Nach sehr langer Zeit gelang es Eichknüppel, sich loszureißen.
„Wo . . . wo . . . w . . . was . . . machen Sie denn hier?"
„I . . . I . . . Ich . . . p . . . passe auf die Golliner Hasen auf."
Dann fuhren wir los.
Zum Glück bot die Schloppe—Golliner Chaussee keinerlei Schwierigkeiten. Auch war etwelcher nächtlicher Verkehr unbekannt. Natürlich besaß sie, wie jede ordnungsliebende Chaussee, einen Straßengraben. Der war randvoll mit Schnee zugeweht.
Natürlich saßen wir bei der ersten Wegkrümmung im Graben; ganz weich und beinah warm.
Die eine Wagentür ließ sich sogar öffnen. So war es uns möglich, die polnische Reise zu Fuß zu beenden.
Als die ersten Häuser von Gollin schemenhaft auftauchten, fragte Eichknüppel tief verzagt: „W . . . wo . . . sind wir eigentlich? In Ch . . . Ch . . . Charnikau?"
Ich war schon wieder so weit hergestellt, daß ich meine Freude an dieser Frage haben konnte . . .
Pünktlich um acht, wie verabredet, war ich am andern Morgen vor der Försterei, um das Flottmachen des Wagens vermittels meiner Pferde zu besprechen.

Die sonst sehr liebenswürdige Frau Förster empfing mich betrüblich aufgebracht. Wahrhaftig! sie erinnerte an ein starkes Habichtsweib in Abwehrstellung. „Ich habe meinen Mann schon vor einer Stunde losgeschickt", sagte sie grollend aus dem Fenster heraus. Ich stand armsünderhaft unter ihr im Schnee. „Er hat nämlich seinen Drilling im Wagen gelassen. Und der Schlüssel ist auch weg!"
„Welcher Schlüssel?" fragte ich so intelligent wie möglich.
„Der Wagenschlüssel natürlich! Und wenn sie den nicht wiederfinden, kann es vier Wochen dauern, bis wir jetzt im Krieg einen neuen bekommen. Es ist nur einer da!"
„Sie . . . wer ist denn runtergegangen?" Irgendwie mußte ich mich schließlich zu der verzwickten Geschichte äußern.
„Waldtraut ist mit", sagte die Frau Förster.
Ich hatte den Eindruck, es wäre an der Zeit, mich zu trollen. So sagte ich nur so heiter, wie es mir an diesem Morgen möglich war: „Wenn Waldtraut mit ist, dann kommt alles ins Geschick. Waldtraut ist ein erstklassiges Mädel."
Und damit sollte ich recht behalten. Der gute Eichknüppel war immerhin schon wieder so bei Geisteskräften, daß er seiner Vierzehnjährigen gleich von Anfang an fünf Mark versprach, wenn der Schlüssel gefunden würde. Emsig machten sich Vater und Tochter daran, wie ich weiland den Äppelhaufen nach meinem Militärknopf, den Schnee rings um das Auto mit den Händen durchzusuchen. Solchen Fleiß belohnte das Schicksal. Der Schlüssel fand sich. Waldtraut bekam ihre wohlverdiente Belohnung. Das Auto wurde flott. Und die Frau Revierförster lächelte mir das nächste Mal zu wie eitel Sonnenschein.

30

Jetzt kommt ein Kapitel, das ich nicht mit dem frohen Zurück=schauen zu Papier bringe wie die meisten seinesgleichen. In chronologischer Freizügigkeit könnte ich es ja noch ein wenig hinausschieben, vielleicht sogar das ganze Trauerspiel ver=schweigen, bei dem sich Ungunst der Verhältnisse und eigene Schuld zu grautrübem Ende vereinigten; aber mit welchem Erfolg? Der Gedanke daran würde heimlich bohren und bren=nen, ätzen und schwären.

Draufzu, ohne weinerlich=beschönigendes Gestammel!

Den ebenen, kahlen Domänenacker unterbrach ein Wald=stück, 250 Meter lang, 120 Meter breit, mit zwanzigjährigen Kiefern bestanden, in denen langsam mit der Durchforstung begonnen wurde. Die eine Schmalseite des Rechtsecks lag am Staatlichen, oder genauer gesagt, am Wildzaun. Von ihm aus stieß die Schonung wie eine schmale Zunge ins Feld hinaus. 1941 wurde sie auf zwei Kanten von einem großen Roggen=schlag umrahmt. Außerdem grenzten 15 Morgen Süßlupinen zum Reifwerden an, denen etwas Hafer beigemischt war, damit das Gemenge später bequem mit dem Binder gemäht werden konnte.

Am 25. Juli sah ich, wie unter Mittag drei Hirsche aus diesem kümmerlichen Wäldchen herauskamen und sich auf die Lupi=nen stürzten, die auf den frischen Stellen dreiviertel Meter hoch waren. Eifrig Haferrispen streifend zogen sie nach einer guten Weile ins Holz zurück.

Abends saß ich ein Stückchen abseits am Zaun, um sie mir genau anzusehen. Die beiden ersten, die heraustraten, waren ein junger Achter und ein nicht viel älterer Zehner. Aber der letzte! An der linken Stange hatte er sechs Enden, an der rechten nur vier; langgeschwungene Sprossen und Enden! Im Wildbret mochte er 100 Pfund schwerer sein als die bei=den andern. Ein starker Hirsch, auf der Grenze zum Jagd=

baren. Ein zum Abschuß erlaubter, fehlte ihm doch das schöne, von uns Jägern erbarmungslos geforderte Gleichmaß der Stangen und noch dazu die eine Krone.
Mein Hirsch!
Mein Hirsch, wenn es gelang, den Trupp eine Woche in seiner mehr als dürftigen Unterkunft festzuhalten.
Unaufhörlich umrundete der Binder am nächsten Tage den Roggenschlag. Sein Messer schnitt das reife Korn. Die rotierenden Tücher führten es zum Knüpfapparat. Alle drei Schritt wurde eine schwere Garbe abgeworfen.
Nach dem Frühstück fing unsere ‚Internationale Brigade' mit dem Aufstellen des Getreides an. Polnische und ukrainische Burschen und Mädchen; dazu Franzosen, Russen und Tartaren. „Nix Ruski! Tartar! Muhammed! Allah!" Angeführt wurde das unbeschwert durcheinanderschwabbelnde, meist recht vergnügte Häufchen von einigen wenigen Deutschen.
Bei der Kolonnenarbeit gab es keine Norm, die geschafft werden mußte. Alles ging gemütlich zu, immer so, ‚daß die Kirche im Dorf blieb'. Am Schlagende wurde jedesmal eine Pause eingelegt. Je besser die Deckung, desto länger die Pause. Sie diente der Entspannung und, bei der Männlich-

keit, dem genießerischen Rauchen einer halben Zigarette. Dem die Aufsicht führenden Statthalter gegenüber wurde das Verschwinden allerdings mit körperlichen Bedürfnissen begründet, die im einzelnen nachzuprüfen er weder willens, noch in allen Fällen in der Lage war. Doch soll keineswegs behauptet werden, daß des Leibes Notdurft nur ein leerer Vorwand war. Wuchsen doch die meisten und üppigsten Pfefferlinge und Maronen rings um das Domänenfeld im Holz auf einem ungefähr fünfzig Schritt breiten Gürtel, dessen Fruchtbarkeit sich anders als auf natürlicher Grundlage nur schwer erklären ließ.

Wie der Erzengel mit dem Flammenschwert stand ich am Schonungsrand und bewachte das Heiligtum meiner Hirsche.

„Nein, Tamara! du hier nicht! Du da hinter Kornmandel!"

„Warum hier nicht? Ich aber m u ß !"

„D a r u m hier nicht! Du hinter Kornmandel ‚muß'!"

Als zu Mittag die dreißig Schritt breiten Stoppelstraßen zwischen den schnurgeraden Hockenzeilen freilagen, kam August

Mann mit dem zweiten Trecker angepuppert, um sogleich mit dem Pflügen zu beginnen. Denn schon am folgenden Tage würde der Kleine Franz, vierelang mit der Viermeter=maschine, wiederum schnurgerade, die berühmte grenzmär=kische Gründüngung ausdrillen. Ich selbst hatte viel Spaß am peinlich korrekten, fast mathematisch genauen Steuern der Kartoffelloch= oder Sämaschine. Aber der zwanzigjährige Warthegauer war mir über. Die Hauptschläge waren 1100 m lang. Wenn dann kein Knick die Spur entstellte, konnte man nur achtungsvoll sagen: „Gerade wie schießt!" —

August Mann war Chauffeur und Treckerführer und be=stimmt die wichtigste Kraft der Wirtschaft.

Wie war das doch damals beim Aufbruch zur Turmbergjagd vor dem Birkholzer Gutshaus?

Papa Werner hielt eine Flasche mit Feuerwasser in der Hand, die kostbare, nicht überreichlich vorhandene Kriegszuteilung. „Das beste wird sein", sagte er, alles wohlbedenkend, vor sich hin, „wir teilen gleich; was die Treiber kriegen sollen, und was wir behalten ... Janka! Janka! lauf! leere Flasche holen!"

Itsch Werner war zu Weihnachtseinkäufen im Städtchen. Sonst hätte sie für die Vorbereitungen gesorgt. Eilfertig lief Janka zum Keller. Gewissenhaft maß der Hausherr jedem das Seine zu.

Da kam August Mann, in seiner Eigenschaft als erprobter Obertreiber. „Morgen, Herr Werner!"

„Morgen, August! was ist denn mit dir heute los? Du krächzt ja fürchterlich."

„Ich hab's die Nacht in den Hals gekriegt; ich wußte wahr=haftig nicht, ob ich aufstehen oder liegenbleiben sollte."

„Donnerja! Hier, August, nimm einen ordentlichen Schluck! Das ist die beste Medizin."

Der tat, wie ihm geheißen, setzte die Flasche an, schluckte, verschluckte sich und spuckte in die Gegend, daß wir achtungsvoll beiseitewichen. Ungefähr 32 tote Fliegen kamen heraus. Sie aus der Flasche zu spülen, hatte die eilfertige Janka vergessen. –

Dieser tüchtige August Mann lenkte also, alle zehn Minuten, mit seinem Trecker eine gute Büchsenschußentfernung vor meinem Wunschhirsch um. Dagegen war nichts zu machen. Das mußte er ‚gewohne werden'.

Er und seine beiden jüngeren Gefährten wurden es sogar derart ‚gewohne', daß sie ohne Scheu vor dem rumorenden Schlepper und seinem aufmerksam umherspähenden Führer ihren Lupinen-Haferrispen-Lunch einnahmen.

Somit kam die Wundermär zur Domäne ...

Papa Werner: „Drei Hirsche Tag und Nacht in den Lupinen! Das wird ja eine reizende Verwüstung geben. Da muß ich doch gleich mal ..."

Ich: „Herr Werner! In vier Tagen beginnt die Jagdzeit. Es ist d e r Abschußhirsch des Jahrhunderts. Die kurze Zeit wird's schon noch gehen."

Itsch Werner: „Ich will gleich ..."

Papa Werner: „Nun sei doch mal einen Augenblick ... Also, die trampeln doch alles in Grund und Boden!"

Ich: „Herr Werner! drei Hirsche wiegen noch nicht soviel wie e i n e von unseren 50 Kühen. Wenn die Domäne 50 Kühe das ganze Jahr über ernähren kann, wird wohl für eine halbe Woche ..."

Itsch Werner: „Ich will gleich hingehen und ..."

Papa Werner: „Ja doch, Du sollst ja ... Gut. Meinetwegen. Wenn Sie den Hirsch schießen wollen, dann warten wir bis zum 1. August. Aber keinen Tag länger."

Itsch Werner: „Ich gehe sofort raus! sie ansehen! Das muß ja phantastisch sein! Ob ich Nixe und Pussi mitnehmen kann?"

Ich: „Hochverehrte, liebe gnädige Frau! wenn die Hirsche aus Versehen angerührt werden, rasen sie gegen den Zaun und zappeln dann mit gebrochenen Läufen davor herum, daß man das Aneinanderreiben der gesplitterten Knochen weithin hört."

Itsch Werner: „Wollen Sie wohl augenblicklich still sein?! Das ist ja grauenhaft! Ich möchte aber doch so gern . . ."

Ich: „Selbstverständlich, gnädige Frau. Morgen um halb 12, oben am Schlagrand, zur Besichtigung der wilden Tiere." —

So lagen wir denn anderntags, die gnädige Frau und ich, in gehörigem Abstand — in jederlei Beziehung — hinter einer Kornmandel. Pünktlich kamen meine Schützlinge und ließen sich bewundern. Meine Begleiterin war hingerissen, liebte sie doch alles Getier leidenschaftlich: die Pferde, die Hunde, den zahmen Keiler und den halbzahmen Uhu, die sie früher einmal besessen hatte. Kein Wunder, daß sie von den in den gelb blühenden Lupinen gewaltig wirkenden Hirschen restlos entzückt war. So mußte meine Hand mehr als einmal mit sanft beschwichtigendem Druck auf der neben mir Liegenden ruhen, damit nicht irgendwelche Körperteile in wilder Begeisterung über unsere Deckung hinaushüpften. Und meine Hand tat es nicht ungern. —

Am 1. August regnete es von früh an. Es fielen an die 25 Millimeter. Alle zünftigen grenzmärkischen Landwirte strahlten: Wenn man den Atem anhielt, hörte man den Gründung ordentlich wachsen, die Vorbedingung für den nächstjährigen Kartoffelanbau. Das Getreide?! Schiet! das wurde wieder trocken.

Um 7 Uhr saß ich, gegen einen Zaunstiel gelehnt, auf meinem Jagdstühlchen. Neben mir steckte der sonst nie benutzte, aus Hasel geschnittene, oben gegabelte Zielstock. Es war völlig windstill. Immer noch fiel es naß vom nebelverhangenen Himmel.

Ich war in großer Aufregung.

Würden die Hirsche kommen? und vor allem so früh, daß ich erkennen konnte, ob der Starke gefegt hatte?! Das hatte

ich noch nicht einwandfrei feststellen können. Morgens gab es kein Heranpürschen, und unter Mittag hatte mich eine schwere Geburt im Kuhstall festgehalten.
Im Dämmern zogen die Drei an der gewohnten Stelle aus der Schonung. Reichlich 150 Schritt von mir entfernt begannen sie zu äsen. Fieberhaft erregt blickte ich durch mein ausgezeichnetes zehnfaches Glas.
Alles war grau, grau, grau . . .
Die Schonung, die Haferlupinen, die Hirsche und vor allem das eigenwillig geschwungene Geweih.
Hatte der Starke nun gefegt oder nicht? Furchtbare Zweifel! Ein Aufschub war unmöglich. Morgen würde sich Papa Werner seine mißhandelten Lupinen ansehen, das war sicher.
Zweifel, Zweifel, Zweifel . . .
Wäre das ganze drüben bei mir in Gollin vor sich gegangen, ich hätte nicht geschossen; nie und nimmer.
Da tat der Hirsch etwas, was sein Todesurteil bedeutete: Er bohrte das Geweih in den Sand und warf das Haupt ruckartig zurück; mehrmals hintereinander. Geschieht das gleiche mit einem Ameisenhaufen, nennt man es wohl Wimpelschlagen.
Ich sagte mir: Er muß gefegt haben. Im Bast wäre es eine schlecht vorstellbare Handlung.
Im nächsten Augenblick stand der Wildkörper im Zielfernrohr, überdeckt von den schwarzen Balken, die zugleich jedes zögernde Bedenken überschatteten.
Nach dem Schuß trollte der Hirsch, ich möchte sagen: verwundert, nicht begreifend, zur Seite. Gleich darauf verschwand er zusammenbrechend in der Frucht. Erst jetzt flüchteten die beiden jungen Hirsche entsetzt.
Ich stand auf. Ich zitterte. „Der große Hirsch ist tot", murmelte ich fassungslos vor mich hin.
Es waren genug Gänge vorhanden, auf denen man trocknen Fußes zu ihm gelangen konnte.

Die obersten Geweihenden waren etwas abgescheuert, alles andere im Bast.
Selten im Leben war ich so verzweifelt.
Dann habe ich meine Un=Tat vertuscht. Wie es gelang, ist ja schließlich gleichgültig.
Vier Jahre lang hing das Geweih, dem niemand etwas an= merkte, über unserer Eßzimmertür. Jedesmal, wenn ich dar= unter durchging, mehrmals am Tage, warf ich ihm einen ver= stohlenen Blick zu. Es durchzuckte mich wie ein heimlicher Schlag; ich verspürte einen Stich im Herzen; jedesmal.

31

In der Schlopper und Tützer Forst wurde entweder nur auf Rot= und Schwarzwild gedrückt, oder man veranstaltete Dril= lingsjagden, um auch etliche Hasen zu bekommen.
Mit der Zeit wurde ich immer öfter, schließlich regelmäßig eingeladen. Bei sieben bis zehn Schützen und ebenso vielen Treibern betrug einmal die geringste Tagesstrecke ein Stück Rotwild; als beste wurden uns ein anderes Mal vier Stück Rotwild und eine Sau beschert. Wurden Hasen geschossen, mußten wir uns mit einem bis zwei Dutzend zufriedengeben. Konnte jeder Schütze und Treiber den seinen zum Taxpreis erstehen, galt der Tag als geglückt. Es waren kleine Unter= nehmungen im kleinen Kreise.
Als ich das erstemal, Mitte Januar 38, dabei war, wollte es gar nicht klappen. Der Rotwildabschuß jedes Amtes lag weit über 100 Stücke. Die wollten erst erlegt sein. Zum Schluß der Jagdzeit war das Wild durch die viele Beunruhigung so ver= grämt, daß es an den unmöglichsten Stellen stand, nur nicht da, wo man es vermutete.
Im letzten Treiben wurde ich auf einen Hochsitz geschickt, von dem aus ein Wiesenzipfel überblickt werden konnte. Ein

geringes Rudel kam. Mit der ersten Kugel aus der Doppel=büchse schoß ich ein Kalb; die zweite ging vorbei. Alles strahlte, daß außer einem vom Jagdherrn erlegten Frisch=ling wenigstens noch ein Stück auf den Wildwagen geladen werden konnte. Ich hatte meine Aufnahmeprüfung mit ‚ge=nügend' bestanden und wurde zum nächsten Sonnabend in den Schutzbezirk Dype eingeladen.

Dort trollte, wieder gegen Abend, ein vielköpfiges Rudel links von mir über einen breiten Sandweg. Es waren nur 40 Schritt. Ich konnte zweimal schießen. Ein nichtführendes Alttier und ein Schmaltier lagen. Aber beide Kugeln trafen zu hoch. Da ich keinen Nachbarn hatte, sprang ich hinzu, um so schnell wie möglich die Fangschüsse abzugeben.

Benutzte ich die Doppelbüchse ohne Fernrohr, lag mir der Schaft nicht besonders. Schnelle Schüsse saßen unweigerlich zu hoch, wenn sie nicht sogar drüberweg gingen. Aber erst im nächsten Jahr nach einer Vorbei=Doublette auf Überläufer wurde ich so schlau, nur noch den Drilling mit seinem Maß=schaft zu nehmen. Mit ihm traf ich sicherer. Auch ging das Nachladen so fingerfertig, daß ich mehrfach zwei=, ja drei=mal auf dasselbe Rudel zu Schuß kam.

Im Staatlichen bekam der den Aufbruch, von dem das Stück versehen wurde. Um keinen Preis wollte ich mich vordrän=gen, weil ich noch nicht genau im Bilde war, welche Beamten Wert auf das Geräusch legten. So saß ich schon in Dype am gastlichen Kaffeetisch, als Förster Meyer, der sich meiner Stücke angenommen hatte, hereinkam. „Denken sie nur, wie sonderbar", sagte er laut zu den versammelten Schützen, „beide Tiere waren nicht erfolgreich beschlagen."

Ich sah auf meinen Teller und sagte bescheiden: „Deswegen hatte ich sie ja ausgesucht."

Worauf sich Herr Forstmeister Schuberth an seinem Streu=selkuchen verschluckte. –

Ein überaus sympathischer Beamter war Revierförster

Radieschen. Obgleich er recht brauchbar traf, hatte er keinerlei jagdlichen Ehrgeiz. Solche Mitmenschen sind mir die weitaus liebsten. Den Spitznamen verdankte er seiner blühenden Gesichtsfarbe. Wer behauptete, sie rühre nicht nur von Sonne und Wind, sondern auch von Bier und Korn her, kehre am besten erst vor der eigenen Tür. Jeder hat sein Steckenpferd und seine kleinen Eigenheiten.

Wäre es nicht ein Jammer gewesen, hätte ihn diese vertrackte Zahngeschichte damals in ein frühes Grab gebracht? Radieschen ließ sich einen Abschuß=Backenzahn ziehen. Kleinigkeit so etwas. Wurde aber bedenklich, ja schließlich fast lebensgefährlich, als die Blutung nicht nachließ. Radieschen wurde bleich und bleicher, rettich=bleich würde ich sagen, wäre in solcher Situation ein Scherz angemessen. In aller Angst schaffte man ihn ins Krankenhaus. Der Chefarzt kriegte den rinnenden Lebensquell glücklich zum Stehen, proppte etwas Geeignetes in das Zahnloch, band dem Unglückswurm buchstäblich das Maul zu und sagte voller Ernst: „Acht Tage lang keinen Happen essen. Sonst garantiere ich für nichts. Inzwischen künstlich ernähren!" Sprachs und entließ widerstrebend den Patienten, den es zu Weib und Kindern drängte.

Nun durften wir uns glücklich schätzen, in unserer verlassenen Gegend eine rührige Gemeindeschwester zu besitzen, voll mannbar und auf die Fünfzig zumarschierend. Die übernahm es, Radieschen vor dem Verhungern zu bewahren. Wenn ekelhafte Lästermäuler tuschelten, beiden hätte es Vergnügen bereitet, dann erwidere ich mit aller Entschiedenheit: „Selbstverständlich! Radieschen wollte schließlich nicht verhungern; vulgär gesprochen: er hatte nach dem Durchgemachten Kohldampf, daß ihm der Magen knurrte. Und sollte unserer Schwester Friedrike ein strammer Waidmann nicht besser gefallen als ein kümmerlicher Armenhaus=Opa?! Ich finde das ganz in der Ordnung!"

Vor der nährenden Prozedur wurden die kleinen Radieschen züchtig vom Krankenbett verjagt, das sie sonst von früh bis spät umlagerten. Am dritten Tage sagte ein sechsjähriges Mädelchen verschmitzt: „Mutti! Gerhard hat durchs Schlüs=selloch geguckt. Wir wissen doch, was Schwester Friederike macht. Die macht Pappa den Durchfall!" — — —

Einen ganzen Treibjagds=Tag lang, an dem noch nichts Ge=scheutes vorgekommen war, murrte ich immer vernehmlicher: „Zum Blumenberg! Zum Blumenberg!" Das war eine unge=fähr 200 Morgen große, dichte Schonung in der Försterei Gollin. Wenn alles versagte, dort fanden wir Wild.

Endlich war es so weit. Gleich im ersten der drei Blumenberg=treiben wurde ein Fuchs geschossen. Das war wenigstens ein Anfang. Wenn es die Beamten auch nicht übertrieben gern sahen. Der Balgerlös, auf den sie ein gutes Recht zu haben glaubten — und auch hatten! — gehörte nun der Staatskasse.

Im nächsten Unterteil saß ich, so klein geduckt wie möglich, allein auf dem Flankengestell. Auf beiden Seiten dickste Dickung. Bautz! schoß es rechts von mir im Treiben. Das war Eichknüppel. Mit richtigem Riecher hatte er sich an einen Jungeichenhorst gestellt, in dem man Sicht hatte.

Gleich darauf kam mir ein geringer Überläufer von links. 70 oder 80 Schritt waren es. Trollte mittelschnell oder mittel=langsam, wie man's nun nennen will, übers Gestell.

Petsch! lag er im Knall.

Ich dachte: Bist doch'n dollen Kirl! und lächelte sofort pflicht=schuldig ironisch über die freundliche Einschätzung der eigenen werten Fertigkeit.

Als abgeblasen wurde, tauchte der gute Eichknüppel mit tiefen Augen auf der Saufährte auf. Es lag ein wenig Spur=schnee. Offensichtlich beglückt stolperte er über den toten Kujel, brach sich einen handfesten Bruch, machte ihn eifrig schmuddlig und versah seinen Deckel damit.

Ich war unangenehm erstaunt, denn die Sau war mir durch=
aus kregel vorgekommen. Aber: kann man's wissen? weiß man's denn? wenn man's weiß, sagt man's denn?
Beschwingt ging ich zum Tatort.
Eichknüppel stand in eindrucksvoller Photographierpose neben seiner Beute. „Waidmannsheil!" sagte ich verhalten und beguckte sie mir. Da war nur eine Kugel zu entdecken; rein und raus, wie sich's gehört.
Sagen Sie mal ..." fing ich behutsam an, „... war wohl 'ne dicke Schweißfährte?"
„Nee. Komischerweise kein Tropfen bis hier."

Ich nickte hoffnungsschwanger. „Von welcher Seite haben Sie eigentlich geschossen?"
„Ich? Warum? Von links natürlich."
Da grinste ich mitleidlos: „Und die Kugel sitzt natürlich von rechts und ist natürlich meine."
Eichknüppel klapperte mit den Augendeckeln wie eine Waldohreule mit Zahnschmerzen und entforstete innerlich weinend seinen Hut, um den meinen zu schmücken. — — —
Im nächsten Winter spürte der Nimmermüde im Blumenberg einen leidlichen Keiler ein. Wir waren nur drei Schützen. Er, sein Chef und ich.
Ich wurde auf ein Vier=Meter=Gestell zwischen Dickungen postiert. „Wo bleiben Sie?" fragte ich den anstellenden Eichknüppel.
„100 Schritt weiter," flüsterte er. „Genau zwischen uns ist der Wechsel."
„So'n enges Gestell, und da noch einer drauf!" schimpfte ich verhalten aber inbrünstig. „Das ist doch höherer Wahnsinn! Schließlich ballern wir mit Kugeln und nicht mit Karnickelschrot!"
„Quatsch!" sagte Eichknüppel. „Unterm Schnee ist der Boden nicht gefroren."
„Danke ergebenst!" sagte ich und blieb mit flauem Gefühl im Magen allein.
Der Keiler kam mir flüchtig auf 40 Schritt. Ich schoß ihn glatt vorbei, weil ich den fatalen Gedanken nicht loswurde: Du darfst ja gar nicht abdrücken!
Augenscheinlich hatte die Sau den Eindruck, daß ein Platzwechsel rätlich wäre. Darum rannte sie ein lose eingehängtes Gattertor um und lief ferner und ferner.
In kommenden Jahren geschah es zweimal, daß ich zufälligerweise im graugrünen Schützenhauf' hinter Eichknüppel ging, wenn wir zum Blumenberg marschierten. Beide Male erzählte er die Keilergeschichte. Das ist menschlich verständlich. An

jeder Örtlichkeit kleben ihre bemerkenswerten Geschehnisse, die großartigsten und die bescheidensten, wie die Orden auf der Heldenbrust oder die Fliegenpickel auf dem Lampenschirm. Sehen wir den vertrauten Platz vor uns, meldet sich zwangsläufig die Gedankenverbindung, und die Erinnerung möchte zu Worte kommen.
Das erstemal sagte Eichknüppel: „Und wie ihn Liepmann vorbeigedonnert hatte, nahm er doch das Tor auf den Buckel und schleppte es ein Dutzend Schritt weit in die Gegend ..."
Und im nächsten Jahr: „... vorbeigedonnert hatte ... auf den Buckel und verlor es erst auf reichliche Büchsenschußentfernung."
Häßliche weltpolitische Ereignisse unterbanden leider mein stilles Zu-Lauschen, wie eine Sage entsteht. Ich bin der festen Überzeugung, daß heute der Keiler das Gatter einige Tage im Nachbarforstamt herumschleppen würde, gingen wir noch alljährlich erwartungsfroh zum Blumenberg.
Nach solchen psychologisch aufschlußreichen Erfahrungen hege ich den Argwohn, daß Siegfrieds Drache auch nur ein ausgewachsener Regenwurm gewesen ist. — — —
Wohlüberlegt verkündigte ich vorhin: ‚Ich schoß ihn glatt vorbei.' Die Geschichte hat aber ein winziges Fragezeichen, einen keineswegs zweifelsfrei dazugehörigen Epilog:
Monde waren ins Land gegangen, als es ruchbar wurde, daß zur selbigen Zeit unser blaubenaster Postbote mit allen Anzeichen der Bestürzung zu Radieschen geradelt kam: „Herr Förster! kurz vorm Großen Stern sitzt ein Schwein, ein mächtiger Bengel, an 'ner Telephonstange und kann nicht weiter!"
Elastischen Schrittes eilte Radieschen zu dem Schwerkranken und schoß ihn tot. Alle Welt staunte, daß dieser friedfertige Mensch eine starke Sau gemordet hatte. Denn in seiner angeborenen Bescheidenheit behielt der Gute die näheren Einzelheiten für sich. Erst nach und nach munkelte man, die

Sau sei sterbenskrank gewesen. Da war es zu spät, festzu=
stellen, was der Wunden gefehlt haben mochte.
Ich dachte auch nicht im Entferntesten daran, den mir so sympathischen Mann durch taktlose Fragen zu vergrämen, war er doch sozusagen mein politisches Oberhaupt. Weit=
gehend verdanke ich es ihm, daß Quast und seine prominen=
ten Einwohner auf diesem leidigen Gebiet einfach nicht existierten.
Erkundigte er sich doch einmal pflichtgemäß nach meiner Teilnahme am letzten Gemeinschaftsempfang — so war doch wohl die sprachlich vieldeutige amtliche Bezeichnung — dann erwiderte ich mit treudoofem Augenaufschlag: „Aber ja! ich war natürlich in Gollin!"
Und stellte Fritz Kleist, mein herzlieber Ortsbauernführer, die gleiche Frage, dann erwiderte ich unweigerlich: „Aber ja! ich war natürlich bei Radieschen!"
Und beide wußten, daß ich schwindelte. Und beide taten sie so, als glaubten sie mir.
Nein! einen so vortrefflichen Mann wie den Revierförster mit der hypergesunden Gesichtsfarbe, den verärgerte man sich nicht mit blöden Nachforschungen, wie es nun eigent=
lich um sein großes Waidmannsheil bestellt gewesen sei.
Ehrlich gesagt: Ich glaubte selbst keineswegs an einen Zu=
sammenhang, denn auf dem Gestell im Blumenberg lag nicht eine Borste. Ich kroch noch ein leidliches Stück in die Scho=
nung. Ich fand keinen Schweiß. Eichknüppel umschlug der=
weilen das Waldstück, bis er zu dem bewußten Tor kam. Und auch dort fand er keine Schußzeichen. Wer weiß, was Radieschens Keiler, vier Kilometer landein, gefehlt haben mag. — — —
Dieses verruchte Anstellen von mehreren Schützen auf engen Schneisen konnte ich auf den Tod nicht leiden.
Einmal, im jagdlich so gesegneten Zietenfier, standen Radies=
chen und ich auf solch engem schnurgeraden Gestell; aller=

dings mehr als 200 Schritt auseinander. Trotzdem war ich nicht böse, daß mir nichts kam. Bei meinem Nachbarn dagegen tat sich allerhand. Zwei Wildrudel sah ich übers Gestell ziehen, und etliche Überläufer kugelten drüberweg. Radieschen verharrte wie der standhafte Zinnsoldat und zuckte nicht mit der Wimper, geschweige denn mit dem Büchsenlauf.

Nachher fragte ich ihn: „Menschenskind! warum haben Sie denn nicht geschossen? Hatten Sie tatsächlich Angst um mein liebes Leben?" Ich war im Innersten aufgewühlt.

„Geschossen?" sagte er höchst erstaunt. „Worauf denn?"

„Verehrtester! mindestens ein Dutzend Stück Wild und ein paar Sauen wimmelten doch bei Ihnen rum! beinah wie im Tiergarten!"

„Dann hab' ich bestimmt immer grad' nach der anderen Seite gesehen."

„Oder von Schwester Friederike geträumt!"

„Bleiben Sie mir mit der vom Leibe!"

„Na hören Sie mal! Ist das Dankbarkeit? Die hat Ihnen doch das Leben gerettet."

„Na ja ... das schon ... Aber eine ganze Woche lang nicht der kleinste Schnaps ..."

„Mann!" sagte ich erschüttert. „Wollten Sie den etwa von Schwester Friederike ... ?"

„Ich wollte gar nichts," sagte Radieschen, mich vor Verlegenheit energisch unterbrechend, „aber haben Sie etwa einen mit?"

Ich hatte ‚einen mit'.

Das war in Zietenfier, der besten Rotwildecke des Tützer Forstes. — — —

Dort stand ich im nächsten Winter zuerst allein in der Flanke auf einem überbreiten Sandweg. Es lag Schnee. Nachdem die Treiber eine ganze Weile bei mir vorbeigeknastert waren, hörte ich heimliches Wild anwechseln. Es verhoffte eine

kleine Ewigkeit, ungefähr dreißig Schritt rechts von mir, dicht vor dem Weg, selbstverständlich so, daß ich kein Haar sah. Alle Schonungen in diesem Revierteil waren doppelt mannshohe, noch nicht geläuterte Ackeraufforstungen.
Dann trollte das Stück ins Freie; ein einzelnes starkes Rot=tier. Es trollte ein wenig schräg auf mich zu. Ich folgte ihm mit dem Drillingslauf, zögerte aber absichtlich noch zwei, drei Herzschläge lang, ob ein Kalb hinterherkommen würde. Das Tier blieb allein. Kurz vor dem jenseitigen Bestand schoß ich.
Es zeichnete gut und prasselte in den Jungwuchs.
Später fand ich nach wenigen Fluchten Schweiß.
Nichts fasziniert den Jäger so wie die roten Tupfen auf der blütenweißen Decke. Wie die Witterung der Wundfährte den Wolf zwingt, sie gierig anzufallen, so behext ihre leuch=tende Farbe das Jägerauge: ‚Schweiß! Nachhängen!'
Nach zwanzig Schritten war das Stück verendet zusamm=gebrochen.
Als wir wieder zusammen waren, erzählte ich den anderen mein Erlebnis. Abschließend sagte ich: „Es war ein einfacher Schuß."
Der Zietenfierer Beamte, der fabelhafte alte Revierförster Schulz schüttelte den Graukopf: „Hören Sie sich das bloß an, meine Herrn! Da schießt er ein Stück Rotwild im Trollen und sagt, es wäre ganz einfach gewesen. Und jetzt sollen wir ihn loben, weil er so bescheiden ist."
„Freilich!" sagte ich. „Und nicht zu knapp. Aber wenn ein Stück ausnahmsweise da kommt, wo Platz ist, dann finde ich den Schuß mit einer Kugel, die 700 Metersekunden hat, erheblich leichter als den auf einen doppelt so schnellen Hasen mit der doppelt so langsamen Schrotladung."
Da kam Forstmeister Bergmann angefahren und unterbrach den sich anspinnenden schießtechnischen Disput. „Kommen Sie auf den Wagen!" sagte er zu mir. „Sie stehen im nächsten

Treiben auf dem Gestell, wo Radieschen im letzten Jahr vom Wild umgelaufen sein soll." Damals hatte sein Kriegsvertreter die Jagd geleitet.
„Aber nicht, wenn da noch ein anderer Schütze steht," sagte ich. „Oder höchstens als Doppeladler, daß jeder nach einer Seite schießt."
„Sie bleiben allein," sagte der Jagdherr.
Wir fuhren das Gestell hinunter. Der feuchte Schnee backte an den Rädern. So hinterließen wir eine Spur, auf der dunkelfeuchter Sand das leuchtende Weiß unterbrach.
„Hier ist es verdammt eng, Herr Forstmeister," sagte ich leise, damit der Klang meiner Stimme im Geräusch der ausschreitenden Pferde, dem Knarren des Lederzeuges und im geringen Rumpeln des Wagens unterging. Nur ein Stümper spricht bei einer Hochwildjagd laut; tut er es in der Nähe seines Standes, ist er obendrein ein Esel. „So eng, daß man unmöglich entscheiden kann, ob ein Stück führt oder nicht."
„Das weiß ich," sagte der Forstmeister. „Aber wir haben 120 Stück Rotwild zu schießen; wir müssen sie auch schießen; wenn uns der Bestand nicht über den Kopf wachsen soll. Und jetzt sind wir auf den 20 000 Morgen glücklich noch drei Rotwildjäger, den alten Papa Schulz mit eingerechnet. Schließlich geht er auf die Siebzig zu ... Wir sind in einer Zwangslage."
„Das ist der Krieg," sagte ich.
Bald nach dem Angehen der Treiber vernahm ich das heimliche Knistern eines großen Rudels. Steht man an einem stillen Tage ruhig und lauscht aufmerksam, hört man das Wild meistens kommen. Werden Kopf und Herz nicht schreckhaft überrumpelt, pflegen Auge, Arm und Hand zu gehorchen.
In Abständen zogen die einzelnen Stücke über das Gestell. Das Leittier mit seinem Kalb ließ ich durch. Mit lebhaftem Mißtrauen verhoffte es mitten auf dem Weg und beäugte

die schwarze Wagenspur. Es bewindete sie nicht. Pferde hinterlassen in einem Wald, aus dem das meiste Holz mit Gespannen abgefahren wird, keine gefährlich erscheinende Witterung. Aber es beäugte die auffällig dunkle Schlangenlinie, die da nicht hingehörte.

Alle anderen Stücke ahmten das Beispiel der Führerin nach. Auf 60 Schritt verhofften sie breit, groß und dunkelgrau in der weißen Schneelandschaft. Auch die Kiefern sahen weiß aus. Der feuchte Schnee hing auf ihren Zweigen.

Dreimal konnte ich schießen, obgleich ich nur den Drilling hatte und jedesmal nachladen mußte. Mit Flintenlaufgeschossen verstand ich nicht umzugehen.

Die beschossenen Stücke machten eine weit entsetzte Flucht nach vorn und verschwanden im gegenüberliegenden Bestand.

Nach dem Treiben lagen dort zwei verendete Tiere, ein Kälberstück, mäßig im Wildbret, und ein Schmaltier. Ein drittes war trotz allen Suchens nicht zu finden. Ich folgte den auseinanderführenden Einzelfährten, aber nirgends lag Schweiß. Schließlich mußte ich mich mit dem Gedanken abfinden, daß eine Kugel in der Aufregung drüberweg gegangen war. Eine andere Möglichkeit, vorbeigeschossen zu haben, bestand kaum.

Nachher, beim Neuanstellen, flüsterte mir der alte Schulz zu: „Das hier ist nun freilich ein toter Stand, wie man zu sagen pflegt. Aber bei Ihnen muß man ja auf alles gefaßt sein."

Es war aber nicht nur ein toter Stand, sondern ein toter Trieb. Kein Schuß fiel. Meine drei Stücke blieben an diesem Tage überhaupt die einzigen, die aufgeladen werden konnten. Ein Fuchs wurde vorbeigeschossen und gegen Abend ein Rottier angeschweißt. Wir versuchten sofort, es einzukreisen. Es nahm aber den viele hundert Morgen großen Zietenfierer See an, um rinnend das andere Ufer zu erreichen, das im

Nebeldunst der sich herabsenkenden Dämmerung verschwand.

Förster Eichknüppel suchte am anderen Morgen mit Silva, der uralten Plötzenfließer Schweißhündin, nach, deren Herr irgendwo in Norwegen auf Elche jagte, nachdem er bevorzugte Sterbliche auf das seltene Wild geführt hatte. Aber nirgends stand die Wundfährte heraus. Das kranke Stück mußte ertrunken und in einem Rohrgehege hängengeblieben sein. — — —

Papa Schulz, der Zietenfierer Revierbetreuer, war ein ausgezeichneter Jäger und ein mehr als ausgezeichneter Jagdgeschichtenerzähler. Doch glich er dabei keinesfalls der bekannten Witzblattfigur, die schwadronierend eigene Unvollkommenheit vertuschen möchte. Er hatte in seinem langen jagdgesegneten Leben viel geschossen und verstand es, seine Erlebnisse mit Feuer und Humor vorzutragen.

Im letzten Jahr kescherten wir, nur zu dritt, um Quast herum; Forstmeister Bergmann, der alte Schulz und ich.

Als eine sehr dichte Kiefernsaat genommen werden sollte, sagte der Jagdherr: „Herr Schulz! Sie stellen sich am besten direkt ans Leutehaus."

Dem alten Herrn gefiel es nicht, sich sozusagen auf das Feierabendbänkchen seines trinkgewaltigen Quaster Namensvettern, unseres braven Fohlenkutschers, setzen zu sollen. In echtem Alt-Männer-Besserwissen postierte sich der Graukopf 100 Schritt vom Gehöft entfernt. Da er allein auf weiter Flur war, durfte er es tun, ohne sich oder einen von uns zu gefährden.

Natürlich stand er falsch. Das Wild kam jetzt zwischen ihm und den Leutekindern, die mit naseschniefender Anteilnahme der Jagd zusahen. So konnte Schulz erst spät ins jenseitige Holz hineinschießen.

Gegen jede Regel folgte das trotz der mißlichen Begleitumstände getroffene Kalb nicht der Mutter, sondern schlug um

und zog in die Saat zurück. Es schonte einen Hinterlauf. Lästerlich fluchend durfte der Schütze der begeisterten Gören wegen keinen Fangschuß anbringen.
Nachdem wir verständigt waren, wurde das Treiben zum zweitenmal genommen. Ich wartete jetzt 300 Schritt von der Dickung entfernt im freien Felde. Ein stämmiger Ahorn am Marther Weg gab mir Deckung. Mein befremdlich aussehender Stand und der am Leutehaus, den Herr Schulz eigentlich einnehmen sollte, zeigten übrigens, wie ausgezeichnet Forstmeister Bergmann die Gewohnheiten seines Wildes kannte. Das kranke Kalb verließ vor den Treibern die Schonung und kam mir so bequem wie möglich. Es setzte den Lauf an; der Knochen war nicht verletzt. Vermutlich hätte sich die Verletzung ausgeheilt. Wiederum war es ein leichter Schuß. Nach so befriedigendem Erfolg machten wir Feierabend. In Quast stand das Vesper bereit. Um erst gar keine Zweifelsfragen über den Besitz des Aufbruchs entstehen zu lassen, ließ ich Papa Schulz das Stück versorgen. Ich wußte, daß er von einer Meute hungriger Städter bestürmt wurde, die sich über jeden Happen freuten.
Als der alte Herr zu uns ins Wohnzimmer kam, war er ordentlich aufgeregt: „Stellen Sie sich das bloß vor, Herr Forstmeister! Die sonderbarste Schußwirkung, die ich je erlebt habe: Meine Kugel sitzt auf der Keule, und ein Splitter hat trotzdem die Leber getroffen. Eine unbegreifliche Schußwirkung!"
„Entschuldigen Sie, Herr Schulz," sagte ich verwundert. „Schließlich habe ich auch noch auf das Stück geschossen."
„Sie?" sagte der alte Herr. Es klang enttäuscht, beinah ein wenig entrüstet. „Sie auf die Leber?! Ich hätte nie gedacht, daß Sie so weit nach hinten abkommen."
Eine seiner prachtvollsten Geschichten erzählte uns Papa Schulz nach der Tützer Domänenjagd. Wir saßen im Herrenzimmer und lauschten andächtig.

„Also, meine Herren, neulich, als Vollmond war und Neuschnee, hielt ich's zu Hause nicht aus. Ich wollte auf Sauen pürschen. Um den Weg abzuschneiden, ging ich quer über die große Bußberger Wiese.
Plötzlich bemerke ich einen schwarzen Fleck, der sich vom gegenüberliegenden Waldrand löst. Ich hebe das Glas vor die Augen: ein einzelnes starkes Stück Schwarzwild. Es kommt schräg auf mich zu.
Was soll ich machen? Ich kniee mich in den Schnee und beobachte das Stück weiter. Der Mond scheint fast taghell. Wie die Sau auf 200 Gänge heran ist, verhofft sie kurz. Sie hat mich bemerkt. Dann kommt sie auf mich zugetrollt!
Zuerst bin ich einen Augenblick starr vor Staunen. Doch sogleich kommt mir die Erleuchtung: Grober Keiler. Rauschzeit. Du kniest dunkel angezogen im blendend glitzernden Schnee. Der hält dich für eine Bache!
Meine Herren! was soll ich sagen?! Stichgerade kommt er auf mich zu! Der Wind steht natürlich gut. Stichgerade! Ich sehe im Fernrohr nur das gewaltige Haupt, das immer gewaltiger wird . . .
Als er auf 20 Schritt heran ist, drücke ich ab. Ich wage nicht, noch länger zu zögern. Meine Kugel läßt ihn im Feuer zusammenbrechen."
„Allegutengeister!" sagte ich gepreßt. „Sonst hätt' er Sie beschlagen."

32

Bei so reicher Gelegenheit, auf Hochwild zu jagen, freute ich mich über die Einladung zur Marzdorfer Treibjagd immer besonders. Das war ein Rittergut, eine Pferdestunde hinter Tütz, aus 500 Morgen Wald und 3000 Morgen Feld zusammengesetzt. Dort wurden 15 Schützen in drei fahrende Ab-

teilungen aufgegliedert. Das Verhältnis von Schützen zu Treibern war vorbildlich: 1 zu 5.
Waren morgens einige Waldtreiben beendet, wurden große Kessel, jedesmal von drei Seiten zugleich, ausgelaufen. Hierbei erwies sich der Jagdleiter, Administrator Claes, als einzigartiger Stratege. Er war bewundernswert, wie er alles vorbedachte und einteilte. So kam er selbst einmal im Felde an einem lächerlichen Bau vorbei, genauer gesagt, einem einzigen kümmerlichen Notrohr. Er trampelte ein wenig draufrum. Ein Fuchs fegte heraus und wurde prompt erlegt. Ich hatte an der Kaffeetafel nur geringe Mühe, dieses seltene Waidmannsheil auch in die Rubrik: vorbedachte Strategie einzuordnen.
Dreimal durfte ich an dieser Jagd teilnehmen. Außer einigen Füchsen wurden geschossen: 75 — 137 — 137 Hasen.
Äußerst lehrreich war ihre örtliche Verteilung. Regelmäßig brachten dreiviertel der Strecke einige Kessel fruchtbaren Lehmbodens, den Rest der Wald. Nur einmal nahmen wir noch einen Riesenkessel leichten Bodens; ich schätze, daß es 500 Morgen waren. Da kam gerade ein halbes Dutzend Krumme vor! Warum saßen sie auf dem Lehm? Warum verschmähten sie den Sand? Die gleiche Tatsache ist ja aus vielen anderen Gegenden bekannt. Aber mir fehlt die e i n l e u c h t e n d e Erklärung. Man spricht immer von milden, warmen Böden, die dem Hasen zusagen. Ja, ist der benachbarte Sand etwa strenger und kälter? Als Landwirt möchte ich fast das Gegenteil behaupten. Oder sollte es die schollige Winterfurche, der ideale Platz für windgeschützte Sassen, sein, der so anziehend wirkt?
Auf der letzten Jagd, wir schrieben 1944, wurden mir zwei Erkenntnisse zuteil, die mich zwei Entschlüsse fassen ließen. Sie in der Praxis zu erhärten, verhinderte das große Welttheater.
Bis zum Frühstück war ich nur mäßig zu Schuß gekommen

und hatte auch ein paarmal unverzeihlich gepudelt. Wie konnte ich bei so bescheidenem Abschneiden meine Kron=prinzenwürde, zu der ich es bei den vergangenen Jagden glücklich gebracht hatte, erfolgreich verteidigen?!
Die liebe kleine Eitelkeit trieb und stänkerte. Jetzt sollte der beste Kessel drankommen. Ein fachmännischer Blick in die Gegend genügte, um Bescheid zu wissen. Das ganze war ein sanfter Hang. „Du mußt als zweiter nach links gehen," tuschelte die liebe kleine Eitelkeit. „Dann bist du beim Schließen des Kessels an seinem höchsten Punkt."
Ich ging als zweiter nach links. Ich erreichte, wie gewollt, seinen höchsten Punkt. Ganz einfach hatte es sich zwar nicht bewerkstelligen lassen, denn der fette Lehm klebte in immer neuen Batzen an den Stiefeln. Dafür stand ich jetzt auf hoher Warte und konnte alles glänzend überblicken. Die Schlacht mochte beginnen! Trara! Trara!
42 Hasen wurden in diesem Kessel erlegt.
Ich kam nicht zu Schuß.
Beim Auslaufen des nächsten Treibens saß ich müde auf meinem Stühlchen; müde in den Beinen, müde im Herzen. In dieser Verfassung schlurfte ich auch, nachdem man mich aufgerufen hatte, die Chaussee hinunter. Den Kessel be=grenzten zwei sich spitzwinklig schneidende Hauptstraßen. So entstand eine Reuse, die sich nicht vermeiden ließ; sonst hätte es der erfahrene Feldherr Claes getan.
Blindwütig liefen die Hasen in die Reuse hinein.
Dort überranten sie einen passionierten Jäger, der an diesem Tage vom Pech verfolgt wurde. Der bezaubernd schöne Schaft seiner Flinte — ich möchte mich bildhaft ausdrücken: der Rosenholz=Schaft — zerbrach im Kolbenhals. So schoß der Ärmste jetzt mit einer in der Eile beschafften Zwanzi=gerin. Es war keine Liebe auf den ersten Blick zwischen den beiden, dem Jägersmann und der Ersatzbraut. Eher möchte man von der verhängnisvollen Abneigung, einer erzwunge=

nen Verbindung sprechen. Jedes Pauff=pauff des sonst pas=sabel Schießenden beschleunigte das Tempo der Krummen nur noch ein wenig.
Nachdem das etliche Male links von mir durchexerziert wor=den war, hatte sich die Reuse verengt. Nach wie vor strömte der Hasensegen in sie hinein. Aber jetzt konnte ich auf die breitkommenden Quer — schwimmer das Feuer eröffnen.
Die ersten rutschten zusammen.
Ganz ehrlich: Das elegante Auf=den=Kopf=Stellen habe ich nie rausgekriegt. Ich mußte mich damit begnügen, wenn meine Krummen, auf die ich drei gute Längen — also zwei Meter — vorzuhalten glaubte, im Schuß, mittendrauf getrof=fen, verendet zusammenrutschten. Die Leitung zwischen Hirnkasten und Zündhütchenstichflamme war eben um den Bruchteil einer Sekunde zu lang.
Sobald es erfolgreich geknallt hatte, fingen meine Treiber an mitzuarbeiten.
Der Bühnenkünstler braucht das Publikum als Resonanz. Ohne den Jubel der Menge wird er Höchstes nie erreichen. Bei der offenen Feldschlacht auf alles Niederwild helfen dem Schützen begeisterte Treiber. Die passioniertesten der Welt . . . halt! geographisch vorsichtiger bezeichnet: Mittel=europas . . . sind Polenjungens; dann kommen Franzosen. Beide Sorten hatte ich neben mir.
„Chef! kommt sich Hasse! kommt sich Hasse ganz schnell über Berg!"
„Schnauze! du kleiner Hundesohn! Willst du mal Schnauze halten!"
„Monsieur! Monsieur! un lièvre! un lièvre! Attention, mon=sieur!"
„Ventrebleu! Laissez un trou! Allez un peut à droit! s'il vous plaît! Je ne suis pas vortre petite poule! Un trou entre nous deux pour les lièvres!"
„Monsieur! Monsieur!" „Chef! Chef!"

Als dann zwei zugleich kamen, verharrten meine Treiber reglos, in halber Kniebeuge erstarrt, mit geballten Fäusten, als umklammerten sie die eigene Aufregung, bis es in Doublette geglückt war, zwei um ihr Leben laufenden Häschen das Lichtlein auszublasen. Dann erst jubelten meine Treiber auf. Trotzdem war und blieb ich nur ein kleiner Niederwildjäger; denn soeben wurde meine erste und einzige Hasendoublette beschrieben. Bei Rot= und Damwild dagegen . . .

Zwölf Hasen schoß ich in diesem Kessel.

Daraufhin nahm ich mir vor, mich in Zukunft nie mehr nach einem günstig aussehenden Posten drängen zu wollen. Komisch; wird eine Platte mit leckeren Brötchen rumgereicht und liegt nur noch eins drauf, von dem der Kaviar schwarz=grau=großkörnig in die Augen sticht, dann käme ich mir recht primitiv=verfressen vor, wollte ich den verlockenden Happen ergabeln. Aber auf Jagden hatte ich mir bisher nie etwas Böses dabei gedacht, wenn ich mich auf einen bevorzugten Posten hinzulisten versuchte. Komisch . . .

Das also war der Entschluß Nr. 1, solch naiv=eigennütziges Streben hinfürder zu unterlassen.

Ist es nicht betrüblich: Nicht nach dem Fehlschlag kam die Erkenntnis, sondern erst nach dem Erfolg.

Diesem denkwürdigen Geschehen schloß sich noch ein letzter Kessel an, der erfahrungsgemäß nicht allzu ergiebig war. Leise und weich begann es zu schneien. Bald sah der blanke Acker weiß, die Saat silbergrau aus. Schwarz hoben sich davon die schmalen Striche der Schützen und Treiber ab. Weitläufig angebrachten Koppelpfählen gleichend, umgaben sie in bedrohlichem Ring das Feld.

Plötzlich von der Gegenseite aus ein neuer Schrei, der das gewohnte, schon abgestumpft monotone Rufen zerschnitt: „Fuchs! Fuchs! Ein Fuchs im Kessel!"

Dann sah ich ihn im achtzig=Meter=Abstand von den todbringenden Koppelpfählen in die Runde jagen.

Mit Gier, ohne eine Spur von Mitleid, sah ich ihm entgegen; mit Nur=Jäger=Gier.

Wenige Monate später stand ich länger als zwei Stunden an die Kirchhofsmauer des Ritterguts Stibbe gepreßt, wäh= rend die Granaten rund um mich herum die niedrigen Häuser zusammenschlugen. Da erinnerte ich mich mit einem Mal des Fuchses im letzten Marzdorfer Kessel ...

Der bog jäh ab, genau auf mich zu.

Ich trug meine lange Pelzjoppe, deren Stoff mit schwarz= weißen Strichen grätenartig gemustert war. Von weitem ge= sehen wirkte sie grau. Überall, auch im meist grauen, nicht grünen Wald, schien ihre Farbe mir am besten mit der Um= gebung zu verschmelzen.

Im leicht überschneiten Feld eräugte mich der Fuchs nicht. Er hielt auf die vermeintliche Lücke zu ...

Kurz vor meinem linken Treiberjungen rutschte er zusam= men. Der stürzte sich auf ihn, hob ihn empor, umarmte ihn

und stieß atemlos stammelnd hervor: „Du schönne Fuchs! O, du meine schönne Fuchs!"
Die ganze Zeit über trug der Junge den Fuchs auf den Armen wie ein kleines Mädchen seine geliebte Puppe.
An der Kaffeetafel erhob sich Geheimrat Grüneisen, der Gutsherr: „Ich habe die Freude, Herrn Zimmermann, der 17 Hasen erlegt hat, zum Jagdkönig zu ernennen. Mit einem Fuchs und zwölf Hasen wurde, wie üblich, Kronprinz . . ."
Als ich abends im Bett lag und nicht einschlafen konnte, weil die überreizte Phantasie in einem fort dunkle Hasen über hellen Grund geistern ließ, ging ich noch einmal alle Schüsse des Tages durch. Dabei ergab sich, daß sämtliche Hasen, die mir richtig, das heißt näher als 45 Schritt, gekommen waren, auch gelegen hatten. Ohne Ausnahme waren die erfolglosen Schüsse auf solche jenseits dieser Entfernungsmarke verknallt worden.
Da faßte ich den zweiten Entschluß: In Zukunft will ich nicht mehr zu weit schießen.
Ist es nicht betrüblich: Nicht die Un=Tat des Zu=weit=Schießens war entscheidend, sondern der Un=Sinn des Zu=weit=Schießens.
Wie bereits angemerkt, sei noch einmal festgestellt, daß es den löblichen Vorsätzen der Feuerprobe durch die Ausführung gebrach.

33

Ließ es sich irgend ermöglichen, spürte ich an jedem Vormittag die wichtigsten Stellen meines Revieres ab, den Eichpfuhl, die Dreißig Morgen, den Turmberg und den Hauptwechsel am Domänenzaun=Ende. Erst dann hörte das Jucken und Kribbeln unter der Mütze auf, das mir keine Ruhe ließ. Wäre ja alles halb so gefährlich gewesen, wenn man sich nicht jeden Motorrad=Kilometer ängstlich hätte überlegen müssen. Die Herren vom Wirtschaftsamt schrieben: ‚Sie krie=gen Ihren roten Winkel und behalten ihn auch. Sie brauchen Ihr Rad. Aber Benzin kriegen Sie nicht. Das müssen Sie bei der Treckerzuteilung abzweigen.' Für zwei Bulldogs der alten Bauart gab es im Monat durchschnittlich zehn Liter. Damit sollte mindestens allmorgendlich der Glühkopf mit der Löt=lampe angefeuert werden. Oft aber auch zweimal am Tage, im Sommer wie im Winter. Da zweige mal einer ab!

Zum Schluß fuhr ich ein selbsterfundenes Gemisch: Zwei Teile Petroleum — das bekam ich unbeschränkt —, ein Teil Diesel und ein Teil Benzin. Damit sprang die Maschine natürlich nicht an. Also barg das berühmte Jägerfläschlein an meinem Busen nicht Feuerwasser zum Einheizen, sondern Benzin zum Anheizen. Davon träufelte ich ein wenig in den Vergaser. Dann machte ich gymnastische Übungen mit dem Rad, bis es anzuspringen geruhte, oder bis ich zu der Über=zeugung kam, daß es seinen schlechten Tag hätte. Mit einem Motor fuhr ich, der zweite war in der Fabrik zum Aus=schleifen. Jedes Halbjahr mußte gewechselt werden.

Mit besonderer Hingabe wurde am grundsätzlich arbeits=freien Sonntag, der auch für die Ausländer arbeitsfrei blieb, abgespürt; so nannten wir damals das „Abfährten".

So ging ich an diesem Ruhetag, Mitte Oktober 42, den breit=gewundenen Turmberg=Grenzweg entlang. Links stieg der jagdlich mir gehörende Wald mählich an; rechts hatte ich mäßiges Holz des Forstamtes, an das sich ‚meine' beste, eben=falls fiskalische Morchelkultur anschloß.

Seit der letzten Brunft liebte ich diesen Revierteil besonders. Eines Tages schrie in ihm am hellichten Nachmittag ein guter Hirsch. In *meinem* Turmberg schrie ein Hirsch *am Tage*.

Wildklopfenden Herzens ging ich das Rudel an. Zweimal kam ich in jüngeren aber raumen Beständen an die neun oder

zehn Stück heran. Ich konnte den Hirsch ansprechen. Es war ein gerader Zwölfer auf der Grenze zum Jagdbaren. Noch zwei Jahre, vielleicht noch drei . . .
Kam es auch nicht zu Schuß und Beute, so war ich doch sehr stolz, daß sich das kluge Leittier in diesen gefahrvollen Tagen in meinem kleinen Busch sicherer fühlte als in den endlosen Staatswäldern.
Ungefähr eine Woche blieb das Wild stehen. Dann wurde ich durch Zufall Zeuge seines Auswechselns. Ich fuhr früh am Nachmittag aus Birkholz, um in Gollin etwas zu erledigen. Es war unzeitgemäß warm. Da sah ich aus dem Turmberg Wild herauskommen, das sich auf dem freien Feld sogleich gehörig ordnete: Leittier, Kalb, Schmaltier, Alttier, Kalb . . . und immer so weiter. Den Beschluß bildete der Hirsch; mein Zwölfer mit der so oft gehörten kraftvollen Stimme.
Breit kam das Rudel auf ungefähr 200 Schritt an mir vorbei. Unter=Ücker hatte mit seinem neuen Motorpflug einem Schlag die Winterfurche gegeben. Das leichte Kahlwild zog mühelos über das tiefe Geläuf. Nicht so der Hirsch.
Ach, der bot keinen sehr majestätischen Anblick, als er sich da alle Mühe gab, den Anschluß nicht zu verpassen. Er sah aus wie ein pflastermüdes Pferd, das mit hängenden Knien vorwärts stolpert. Die hängenden Knie waren natürlich Ein=bildung. Aber der Vergleich drängte sich auf, vielleicht, weil die Hauptlast des Körpers auf der Vorderhand ruhte.
Insgeheim hatte ich eigentlich stets den starken Platzhirsch, den Herrscher über ein halbes bis ganzes Dutzend Frauen, beneidet. Bei diesem Anblick wurde mir klar, daß nicht alles eitel Lust war, was so lauthals über Wälder und Wiesen röhrte. Genau betrachtet, war da auch ein verdammtes Stück Plack mit dabei. S. M. der Platzhirsch schwitzte, mit allem ihm schuldigen Respekt vermerkt, daß ihm, als einzigem vom Rudel, der Lecker längelang aus dem Äser hing. Armer, im Augenblick wenig königlicher König!

Jenseits der Ückerschen Schonung verschwand die graubraune Perlenschnur mit dem gewichtigen graubraunschwarzen Abschluß dort, wo Schlopper und Tützer Forst zusammenstießen. Grüßend hob ich die Hand: Gute Reise, einen sicheren Einstand und, wenn es uns vergönnt ist — euch und mir — zur nächsten Brunftzeit: auf Wiedersehn!
An jene schöne und stolze Woche mußte ich denken, als ich an diesem Sonntag den Grenzweg abspürte. Zweimal fand ich dabei eine starke Hirschfährte; rein und raus.
Rein und raus? Konnte es nicht auch heißen: raus und rein? Wenn nämlich der Hirsch schon im Berg gestanden hatte.
Den ganzen, etliche hundert Morgen großen Wirrwarr von Dickungen und Stangenhölzern einwandfrei einzukreisen, war nur bei jungem Schnee möglich. Es gab mehrere grasbewachsene Strecken, auf denen bei offenem Boden kein Tritt haftete. Ich mußte mich damit begnügen, die Hauptwechsel zu prüfen und aus dem dabei Beobachteten vage Schlüsse zu ziehen.
So stand ich neben den zehn oder zwölf sauber und tief in den feuchten Sand gepreßten Tritten, diesen magischen Zeichen, deren romanische Bogenform und Vier-Finger-Breite zusammen mit dem spannenweit zur Seite schwingenden Schrank die Vision eines schwer wuchtenden Geweihes heraufbeschworen. Mir war je ein Hirsch der stärksten Altersklassen freigegeben. Wir hatten Neumond, das Wetterglas fiel, es war ungewöhnlich diesig. Ich überlegte: Steht er im verwilderten Stangenholz, ist es ungewiß, wo er über den Sandweg zieht. Der ist dazu noch gebogen. Der ist Grenze. Also kann man sich an ihm nicht ansetzen. Man muß demnach den ‚Heuraffel' abpürschen.
Steht er aber in einer der Schonungen um den Turm herum, kommt er am Hangwechsel.
Zuerst durch den Heuraffel pürschen. Dann unten am Hang

auf die kleine Bank setzen. Gegen den Himmel reicht das Licht eine Viertelstunde länger.
Mein Plan war fertig. Ich ging nach Hause.
Gegen zwei Uhr tauchte ich in dem Waldteil unter, der, frei=lich nur insgeheim für mich, den Zaubernamen Heuraffel führte.
Es war ein Traum=Tag, ein Geister=Tag, ein Sinne=Tag.
Der graue Himmel und die grauen Baumwipfel waren eins, verschmolzen zum düsteren Dach für die spätherbstliche Welt. Kein Windhauch regte sich. Nur ab und an fiel schwer klatschend ein Tropfen vom triefenden Gezweig.
Für meinen immer sanft bergan führenden Gang brauchte ich mehr als ein Stunde. Wild kam mir dabei nicht zu Gesicht. Um mich war Einsamkeit und Schweigen.
Aufatmend trat ich an den Rand der Blöße. Meine Joppe war so dicht von unzähligen Tau=Nebeltropfen bedeckt, daß sie silbergrau aussah. Ich schlich am Rand der Lichtung ab=wärts; linkerhand, hinter ihr, lagen die verschiedenen Scho=nungen und jungen Stangenhölzer, die den Hauptteil des Berges bildeten.
Da zog der Hirsch auf dem bekannten Wechsel, von links kommend, am Ende der Blöße entlang.
Hinter ihm ragten fünfzehnjährige, auf einer Lehmader ste=hende Kiefern wüchsig empor. Sie waren beim Hinüberglei=ten des nebeltriefenden Tages zur frühen Abenddämmerung in stumpfes Grau getaucht.
Und grau war auch der Hirsch. Er hatte ungefähr dreißig Schritte zu ziehen, dann würde er im Heuraffel verschwin=den. Dahin gab es keine Folge. Einen fortwechselnden Hirsch holte man nicht ein.
Blick durchs Glas.
Müder alter Hirsch.
Haupt tief gesenkt.
Schwankende starke Stangen, unten massiger als oben:

Müder alter Hirsch.
Hundert Schritt . . .
Schuß.
Kugelschlag.
Wieder war die von keinem Geräusch unterbrochene Stille um mich. Aber es war die feindliche, anklagende Stille nach dem Schuß: „Weswegen? Durftest du? Mußtest du?“
„Ich bin Jäger“, antwortete ich dem stummen Fragen der feindlichen Stille. „Ich bin Jäger!“
Dort, wo es den Hirsch hingetragen hatte, war alles übersicht=lich. An dem steilen Graben wuchsen etliche alte Kiefern von eigenwillig=verschrobenem Aussehen; einzelne Wacholder standen am Hang. Über dem sehr alten Dachsbau breitete sich ein Holunderbusch aus, der auch schon sehr alt sein mochte. So konnte man weit sehen.
Den Drilling in der Hand, schlich ich mich vorwärts mit dem behutsamen Schritt des Jägers, der dem wunden Wild den Schrecken seines Anblicks ersparen will.

Verendet lag der Hirsch am Ende des Wasserrisses, kaum achtzig Gänge vom Anschuß. Ein ungerader Vierzehnender war es. Langgeschwungene, edle Sprossen, eine mäßige Krone. Das Geweih enttäuschte ein wenig. Trügerisch hatte es der Nebel stärker erscheinen lassen. Ein oder zwei Jahre hätte der Hirsch noch älter werden müssen. So blieb, nach dem unvergeßlichen Zauber des Erlebens der heimliche Vorwurf: Hättest du noch gewartet.
Warten ist eine schwere Kunst.

34

Mein Quaster Vorgänger, Herbert Hünifeldt, rief aus dem Warthegau an: „Sie müssen zur Treibjagd kommen!"
Ich brüllte zurück: „Ich komme!" Die Verständigung war menschenunwürdig.
Bis Hohensalza fuhr ich mit der richtigen Bahn. Dann mit einer Quartärbahn, einer Kreuzung von Viehwaggon und Kieslore. Dann 16 Kilometer in die Kaschubei hinein mit dem Landauer, der schon Napoleon dem Ersten in der entgegengesetzten Richtung gedient haben mochte.
Ich bin nicht kleinlich, wenn's stuckert, habe ich doch schon auf den tollsten Ackerwagen bei den tollsten Ackerwegen gesessen. Aber diese Fahrt durch die polnische Pechfinsternis war grandios! Nicht die steinhart gefrorenen, vermutlich armtiefen Löcher und Räderspuren der Landwege holten den Blinddarm bis an die Gurgel herauf, daß man nur immer fleißig schlucken mußte, um ihn wieder an seinen von der Natur vorgesehenen Platz hinzukriegen. Auf diesen Strecken mußte der wie ein Bär vermummte Kutscher nämlich Schritt fahren, um nicht vorzeitig Kaleschenbruch zu bewirken, sondern das Katzenkopfpflaster besorgte es. Da ließ der Unglücksmensch seine Rösser traben! Auf original polnischem Katzenkopfpflaster traben! Das ist sittenwidrig!

Endlich kam aber doch der frohe Empfang in den vier Meter hohen Zimmern eines alten Gutshauses, das fern von Feuerungsmaterial spendenden Wäldern oder Kohlengruben in fruchtbarem Ackerland lag. Da die entzückende Hausfrau und ihr stattlicher Gatte beim Abendbrot keinen Pelz trugen, zog auch ich, verstohlen klappernd, meine schöne warme Joppe aus.
Anderntags sammelten sich die Gäste, überwiegend umgesiedelte Balten mit imponierenden Namen und Adelsprädikaten. Es sollten nur zwei, allerdings große Kessel gemacht werden. Das war das gesamte Programm, ein besseres Einschiebsel zwischen Frühstückstisch und Abendtafel. Wir waren sieben Schützen. Auf dem Gutshof erwartete uns eine begeisterte, schier unübersehbare Treiberschar, allen Altersklassen und beiden Geschlechtern zugehörig.
Nachdem die beiden Treiben beendet waren, lagen ganze neun Krumme mit bekümmertem oder auch resigniertem Gesichtsausdruck am Wegrand ...
Seit Jahren befleißigte ich mich einer liebevollen Waffenpflege. Meine Gewehrseelen schimmerten in makellosem Edelstahlglanz. Genauso makellos schimmerte das Innere meiner Selbstladeflinte nach Erledigung der anderthalbstündigen kaschubischen Jagerei ...
Dafür fünf Stunden teils Sekundär-, teil Quartärbahnfahrt. Dafür fünf Stunden Blinddarm-runterschluckenmüssen. Dafür Dauerfrieren ... Nein! um alte Freunde wiederzusehen, um neue Verhältnisse kennenzulernen, deshalb war ich gekommen. Was konnten mir schon ein paar geschossene oder nicht geschossene Hasen ausmachen!
Trotzdem verspürte ich als einziger Originaldeutscher keine Neigung, die Zielscheibe heimlicher Spottpfeile abzugeben, oder mir gar von zarter Hand auf die vermutete Wundstelle Mitleidssalbe draufstreichen zu lassen. Der Angriff ist allemal die beste Verteidigung. Kaum saßen wir also, mit den

nachgekommenen Damen anmutig vermischt, an der Tafel, als ich mich zu kurzer Rechtfertigung erhob:
„Meine hochverehrten Damen! Meine verehrten Mit=Jäger! Kommt man hoffnungsträchtig vom Altreich nach Volks=deutschland ... (Gelächter und: ‚Hört! hört!') ... Volks=deutschland, dann muß man als Mitteleuropäer mit gewissen Enttäuschungen rechnen. Da wäre zuerst einmal die nicht unbedingt erstrebte Würde des Ferkelkönigs zu nennen. Immerhin gibt sie dem Titelverteidiger das schöne Recht der Redefreiheit. Das tröstet. Doch die Enttäuschungen begannen für mich schon mit dem gestrigen Abend.
Nachdem ich in den Prunkgemächern des gastlichen Hauses, anscheinend ortsüblich, frosterstarrt war, ging ich froh be=schwingten Schrittes in das mir zugewiesene Schlafgemach. Aus dem verschämten Lächeln der gütigen Hausfrau, dem kräftigen Auf=die=Schulterklopfen ihres stattlichen Gatten, glaubte ich, das Folgende erraten zu können. Was hatte ich nicht schon Rühmendes über echt polnische Gastfreundschaft gehört! Wenn bei solcher Temperatur in das eiskalte Bett vorsorglich etwas Quietschvergnügt=Warmes gesteckt wird,

das mutwillig unter der Decke kichert . . ." (Die mir gegen=übersitzende, wirklich charmante Hausfrau: „Aber Herr Liiiiepmann!")
„Gnädige Frau!" Ich wandte mich direkt an mein Vis=à=vis. „Was ich da dezent andeutete, habe ich nicht nur zahlreichen begeisterten Schilderungen entnommen, nein, ich halte es, darüber hinaus, auch für einen im Hinblick auf die Blutauf=frischung außerordentlich begrüßenswerten Brauch. (Zustim=mung bei den Herren. Die Damen schienen geteilter Mei=nung.)
„Bitte hören sie weiter! Auch mir wurde etwas ins Bett ge=steckt! etwas Warmes sogar! Es war . . . ein Ziegelstein. Meine Hochverehrten! mir einen Ziegelstein ins Bett . . ."
Derart redete ich mir die kleine heimliche Kümmernis von der Seele; aber nur in wenigen Sätzen. Lange Reden finde ich grausam, lange Tischreden taktlos=grausam.
So als Flintenjungfrau wollte man mich aber unter keinen Umständen heim ins Reich fahren lassen. Also wurde mit Herbert Hünifeldts jüngerem Bruder verabredet, daß am nächsten Tag bei ihm in Kruschka im kleinsten Kreise gejagt werden solle. Er verwaltete etliche tausend Morgen in der Nachbarschaft.
Wir waren unser fünf Flinten; die beiden Brüder, ein Ge=richtsrat, der genauso gern schoß wie ich, und der Guts=inspektor. Dazu zwei Dutzend Jungens als Treiber.
Als erstes umstellten wir einen kleinen verschilften Teich, über den man drüberwegschießen konnte. Ein Fasanenhahn blubberte auf und strich genau auf mich zu. Pautz! schoß ihn der Rechtsprecher von der gegenüberliegenden Seite. Den Hahn riß es zusammen. Er war aber schon ganz gut in Fahrt. So versuchte er mich in seinem Todesfall zu treffen. Ich machte einen weiten Schritt beiseite; einen nur, um meine Beherrschung zu bezeugen. Plumps! riß der Buntschillernde mein Jagdstühlchen um, das ich, ohne es zu benutzen, neben

mich gestellt hatte. Alles lachte. Der eifrige Schütze entschul=digte sich. Artig winkte ich ab.
Als nächstes sollte eine jetzt im Winter ziemlich sichtige Laubholzgeschichte drankommen, die bewies, wie jagd=freundlich die polnischen Besitzer gewesen sein mußten. Offensichtlich war sie nur den Fasanen zuliebe angelegt worden.
Neben mir, in der Front, stand Herbert Hünifeldt mit seiner Frau. Wir waren ungefähr achtzig Schritt auseinander. Plötz=lich sah ich halben Auges, wie man seinen Nachbarn zu beob=achten pflegt, solange noch nichts Aufregendes vor sich geht, wie Frau Elli mit schneller Handbewegung ins Treiben wies. Hinterher schien es mir so, als hätte sich das ausgezeichnete eheliche Einvernehmen der beiden irgendwie getrübt, wenn es selbstverständlich auch nicht gerade zu einer heftigen Szene kam. Aber die Harmonie der Gatten war gestört. Als feinfühlendem Menschen entgeht mir dererlei nicht.

Da schnürte ein Fuchs ziemlich eilig auf mich zu.
Der keineswegs schwierige Schuß gelang.
Bald waren die Treiber und die mit ihnen gehenden übrigen Schützen zur Stelle. Und jetzt gab es einen gelinden Volksaufstand. Ein Fuchs war den unglaublich temperamentvollen kleinen Eingeborenen ein nie gesehenes Wundertier. Welche Labsal ist es doch für den so gar nicht überragenden Jäger, wird er von aus ehrlichem Herzen Jubelnden umringt; mögen das nun Panjejungens sein oder Safari=Neger. Die liebe Eitelkeit bläht sich auf, plustert sich und schlägt ihr Pfauenrad.
Nur Herbert Hünifeldt murrte vernehmlich: „Mensch! Liepmann! wissen Sie auch, wem Sie den Fuchs verdanken? Meiner Teuren! Die zappelte plötzlich mit Armen und Beinen ..."
„Ich habe bloß mit dem kleinen Finger ..."
„Dem Fuchs hat's auf jeden Fall gereicht. Der ist schleunigst zu Ihnen abgedreht."
„Gnädige Frau!" Ich machte vor der Jagdherrin eine meiner zierlichen Verbeugungen. „Gnädige Frau! bisher war ich Ihr ergebener Diener; von jetzt an bin ich Ihnen geradezu hörig ..."
Worauf die sehr blonde Frau Elli meinen Namen mit so vielen ‚Is' ausrief, wie es nie wieder jemand fertigbrachte.
Im nun folgenden Kriegsrat wurde das beste Treiben des Tages besprochen, eine wohl zwei Kilometer lange, unterschiedlich schmale, mit einzelnen Fichtenpartien durchsetzte Laubholzanpflanzung. Herbert Hünifeldt sagte: „Ich bin großzügig, und auch Sie sollen nicht leben wie ein Hund, Liepmann. Wir streifen alle zusammen die Geschichte ab; und Sie stehen, als einziger, am Ende."
„Da schießt er alles tot", bangte der Rechtsgelehrte.
„So gewalttätig ist er gar nicht", beschwichtigte Hünifeldt. Dann jedoch geisterte ein infernalisches Grinsen über seine sonst ziemlich ansprechenden Züge. „Aber natürlich sollen

die Gockel auch ihre Chance haben. Kein Mensch kann von uns verlangen, daß wir 'ne Viertelstunde anfrieren, bis er glücklich an Ort und Stelle ist. Also gehen wir gleichzeitig los. Mal sehn, wie Liepmann kantern kann!"

„Prima dobsche!" sagte ich begeistert. „Wo ist das Treiben? Wo stehe ich ungefähr?"

In dem tischebenen Felde wurde ich eingewiesen. Ich konnte mich nicht verlaufen. „Ho! Rüdho!" schrie ich und lief los wie . . . nun, wie ich damals eben laufen konnte.

Das war eine Sache nach meinem Herzen! Im fremden Gelände, herrlich allein, sich den Stand aussuchen zu dürfen, der am erfolgversprechendsten aussah. Das Wäldchen endete in großen Weidenbüschen, zwischen denen Erlen und Birken standen. In der anschließenden Wiese, ungefähr 50 Schritt entfernt, machte sich noch ein genügend großes Gestrüpp breit. Hier baute ich mein Jagdstühlchen auf, weit genug ab, um den Hähnen in die Fresse schießen zu können, wie der gute alte schlesische Ausdruck lautet.

Zuerst kam links von mir, zu weit, ein Hase. Ich schoß zu weit. Der Hase flüchtete. Ich haderte mit mir selbst.

Dann hörte ich die Treiber rufen und klopfen und einzelne Schüsse fallen.

Und dann kamen die Fasanen.

Ich stand richtig.

Henne — Henne — Hahn — Pautz! Pautz!

Henne — Hahn — Pautz!

Henne — Hahn — Pautz! Pautz! Pautz! Dreimal mußte ich mit der Selbstladeflinte schießen, bis ich ihn runter=hatte. Er kam nämlich breit und weit angesegelt. Das ist ein Schuß für den Fasanen=Fachmann, nicht den Dilettanten.

Zum Schluß noch ein einzelner Hahn. Er war zu Fuß ins vorderste Weidendickicht marschiert und stand erst beim allerletzten empört gockend auf. Pautz! Das war kein Kunststück.

Es waren nur vier Hähne, die mir gekommen waren; gewiß. Aber für einen hinterpommerschen Kugel=Jäger bedeuteten sie etwas. Weißbereifte Bäume, froststarres Schilf, blaß=blauer, kalter Winterhimmel. Und davor kupfern und stahl=blau=grün, mit leuchtend weißem Halsring das bald schnell streichende bald schnell dahinsegelnde Wild, dem das Auge, dem der Flintenlauf entgegenfliegen möchte. —
Am Nachmittag unternahmen wir im freien Gelände etliche Versuche, auf Hasen zu drücken. Es wurden strategisch inter=essante Treiben, deren Großrahmigkeit mehr imponierte als ihr jagdlicher Erfolg.
Müde, durchgefroren aber zufrieden strebten wir abends dem Gut zu. Zur Dämmerstunde erreichten wir den weitläufigen Park. „Soll ich Ihnen meine Fasanen zeigen?" fragte mich der jüngere Hünifeldt, der Kruschkaer Treuhänder.
Allein gingen wir beide durch den Park. Auf den alten, größ=tenteils kahlen Bäumen waren sie aufgebaumt. Ich zählte 80 Stück. Es waren aber mehr.

Mein Führer strahlte: „Die werden niemals bejagt. Das ist das Kapital. Solange ich etwas zu sagen habe, geschieht denen hier im Park nichts.“ Er war ein noch längst nicht fertig abgeführter, recht passionierter Jungjäger. Den ganzen Tag über hatten wir uns draußen im Revier geplagt, um glücklich elf Hähne und vier Hasen zu erlegen, dazu meinen außerprogrammmäßigen Fuchs. Aber den Parkfasanen wurde nichts zuleide getan.
Das ist doch eine feine Sache, wenn ein Jungjäger trotz seiner ganz selbständigen Stellung soviel Beherrschung aufbringt. Nicht in allen Ländern haben sich alle Sieger so zurückgehalten.

35

Jetzt ist es an der Zeit, mit verhaltener Stimme von internen Dramen zu berichten, die sich in Birkholz abspielten. Aber das klingt zu großartig, nach Othello oder Maria Stuart. Sagen wir lieber Drämchen.
Zuerst meine Beinah-Kontroverse mit unserer höchst ehrenwerten Schmiedemeistersgattin, beziehungsweise mit ihrem höchst temperamentvollen Mann.
Der hatte in einer schönen Maiennacht, den Treckerführer ablösend, durchgepflügt und weilte jetzt zu Hause, um die versäumte Nachtruhe nachzuholen. Am späten Vormittag begab ich mich zu ihm, um irgendeine Dringlichkeit, eine eilige Reparatur oder das Beschlagen eines hufempfindlichen Pferdes, zu besprechen.
Als ich in seine Wohnstube trat, war niemand anwesend. Mein schweifender Jägerblick wurde von einem an der Wand hängenden Seitengewehr angezogen. Der kümmerliche Landser-Rest in meiner Brust erwachte spontan. In der mir eigenen stürmischen Fortbewegungsart eilte ich um den mitten

im Zimmer stehenden, bis zur Erde mit einer zierlich gestick=ten Decke geschmückten Tisch herum. Aber noch bevor ich die soldatische Wehr betasten und bewundern konnte, stürzte ich ins Leere.
In venezianischen Renaissancegeschichten oder in modernen Erzählungen, die in der Chicagoer Gangsterwelt spielen, öff=net sich unter dem glühenden Liebhaber der Dogaressa oder dem nichtsahnenden Detektiv gewohnheitsmäßig eine Fall=tür. Die Unglücklichen verschwinden in einem finsteren, kal=ten, grauenerweckenden Raum. Dort läßt man sie zerschla=gen und betäubt ein Kapitel lang liegen, währenddessen von Nebensächlichem berichtet wird. Dann werden die gefallenen Helden durch eine völlig unglaubwürdige Schicksalsfügung gerettet.
Der Raum, in dem ich mich nach meinem verblüffenden Ab=sturz befand, war kalt, finster und, für's erste wenigstens, grauenerregend. Zerschlagen war ich auch, aber nicht be=täubt, wußte ich doch sofort: Du hast dir mal wieder das Bein gebrochen. Wahrscheinlich, weil du damit gegen einen scharfkantigen Balken dieses verdammten Verlieses geschla=gen bist.
Eine Weile später kamen mir verschiedenartige Kenntnisse. Ich befand mich in einem Kartoffelkeller. Die Aufbewah=rungsorte der nützlichen Wurzelfrüchte lagen in der Grenz=mark in den älteren Häusern unter der größten Stube. Eine Klappe im Fußboden und ein bescheidenes Leiterchen bilde=ten den einzigen Zutritt. Der Deckel war im vorliegenden Falle geöffnet gewesen. Die Kreuzstichdecke hatte mir diesen Umstand verborgen. Einige halbgefüllte Körbe, zwischen denen ich unsanft lag, bekundeten, daß die Hausfrau sich mit Kartoffelnauslesen beschäftigte, oder, genauer ausgedrückt: beschäftigt hatte, bevor sie aus Sorge um das Federvieh oder eines natürlichen Bedürfnisses wegen zum Verlassen ihrer Katakombe bewogen worden war.

Bei dieser Erwägung überfiel mich, trotz der sich mählich meldenden Schmerzen im gebrochenen Bein, das große Glücksgefühl, einer tödlichen Gefahr entronnen zu sein.
Man stelle sich vor: Die beispielhaft Sittsame hätte, ganz in die Arbeit vertieft, im Kellerloch gekniet. Dann wäre ich ihr ohne jede Vorwarnung von oben hinten auf den Rücken gefallen! Selbst wenn ihr kein schwerer körperlicher Schaden zugestoßen wäre, so hätte ihr gellendes Um=Hilfe=Schreien den nebenan schlummernden Ehemann so fürchterlich aufgestört, daß er, seinem cholerischen Temperament folgend, den stets neben dem Bett bereitstehenden Vorschlaghammer ergriffen und, um die in Not Befindliche gegen mutmaßliche Diebe oder Räuber zu verteidigen, mir mit gewaltigen Schlägen den Schädel zertrümmert und aus meinem Brägen Apfelmus gemacht hätte.
Deswegen wuchtete ich mich, mannhaft nur leise weimernd, dankerfüllten Herzens, aus meiner Grube empor, ermunterte mit lauten Rufen den nicht schlecht erschrockenen Meister und bat ihn, Papa Werner mit dem Auto zu holen. Laufen könne ich nicht mehr.
Das war nun eine reizende Schweinerei, dieser zerknackste Lauf! Denn in der nächsten Woche wollte der Gutsherr eine schon längst nötige Badereise unternehmen, und gleichzeitig hatte sich meine Frau mit den beiden Jungens in Stolpmünde eingemietet. Mitten im Kriege konnten derartige Vorhaben nicht einfach hinausgeschoben werden. Wirklich, eine reizende Schweinerei!
Na, zuerst kam mal unser Schlopper Doktor angefahren, ein großer Gemütsmensch und leidenschaftlicher Skatspieler. Er besah sich die Bescherung. „Bildschöner Bruch", sagte er. „Keinerlei Komplikationen. Morgen geht's zum Röntgen und Gipsen ins Krankenhaus. Ich habe übrigens meine Frau mitgebracht, damit wir einen kleinen Skat spielen können; wo das Benzin nun einmal verfahren ist."

Drauf setzen sich die beiden neben mein Sofa, einer mischte und gab Karten, der andere reizte: „18 — 20 — zwo — drei — ich passe."
Nach zwei Stunden paßte i c h und warf die beiden höflich, aber entschieden aus dem Tempel hinaus. Christa war nicht zu Hause. In Deutsch=Krone erledigte sie die letzten Besor=gungen für die Reise an die See.
Gegen Abend kam sie aus der Stadt zurück. Zuerst gab es ein ängstlich=besorgtes und klagend=anklagendes Hin= und Her=reden. Dann berichtete sie: „Ich sah ja sofort, daß etwas pas=siert sein müßte; sofort! Schulz stand auf dem Bahnsteig! Getrunken hatte er nicht, das war zu erkennen. Wenn der die Pferde allein ließ, um mir zwei Minuten früher etwas zu sagen, dann w a r etwas passiert. ‚Schulz!' rief ich ihm ent=gegen. ‚Was ist los?' Er rief zurück: ‚Also, beide Beine hat er wohl nicht gebrochen.'" —
Am nächsten Vormittag fuhr ich im Krankenauto nach Deutsch=Krone. Das Milchglasfenster war eine Handbreit heruntergelassen. Ich sah die Baumkronen vorbeigleiten; nur sie. Starrt man längere Zeit in Wipfel, deren erdverwurzelte Stämme verborgen bleiben, kommen wirre, unwirkliche Ge=danken: Alles gleitet, nichts ist beständig, Gesundheit, Krankheit, Schmerz; alles gleitet . . .
Der Chefarzt war Jäger. Er verstand meine Bitte: „Gehgips!" Beim Begucken der Röntgenplatte strahlte er: „Entzückender Bruch! daumenbreit unter dem alten. Eigentlich überhaupt kein Bruch, sondern nur ein besserer Sprung. Sie kriegen einen Gehgips, daß Sie heute abend auf den Bock pürschen können."
Das war ja nun leicht übertrieben. Aber mit selbstgebastelten Krücken und Pferdewagen war ich doch in einer Woche so weit, daß die geplanten Reisen unternommen werden konn=ten. Ich stellte inzwischen, meistens viermal am Tage, fest, daß es auf dem Waldweg zwischen Quast und Birkholz 37

Hauptwurzeln und unwahrscheinlich viele zweiter Güte gab, die, trotz aller Fahrkunst, unweigerlich von meinem eingegipsten Bein registriert wurden. Es sagt sich so leicht hin: „Du sollst nicht fluchen!"

Als ersten Jagdausflug wagte ich am kommenden Sonntagnachmittag eine Fahrt zum Grafen-Hochsitz. 300 Schritt davor band ich Lotte, die alte, leidlich geduldige Golliner Stute, am Mast der Überlandleitung fest. 300 Schritt ... das sind mit Gehgips und Krücken im Sand bergan, bergab 700 Schritte.

Der Petkuser Sommerroggen auf dem Schlag vor dem Hochsitz bekam gerade Ähren. Wenn irgend möglich, säten wir ihn im Januar oder Februar, damit er zum Beginn der regelmäßig einsetzenden Frühjahrsdürre schon den Acker bedeckte.

Noch bei bestem Büchsenlicht wuchtete sich aus dem ungleich hohen Getreide ein schwarzer Fels empor.

Eine starke Sau.

Eine starke Sau auf ungefähr 100 Meter! Bald sah ich die Rückenlinie, bald eine Handbreit mehr, bald verschwand sie auch ganz. Es war sehr aufregend. Ich hätte schießen und mit Sicherheit treffen können. Aber im Mai eine starke Sau ...?

Da! dicht daneben plötzlich ein zweites, ebenso gewaltig wirkendes Stück! Zwei Sauen, die sich so sicher fühlten, daß sie am hell-lichten Tage im Getreide umherzogen, um das weißliche Pulver herauszuwühlen, zu dem die vorjährigen Kartoffeln zusammengefroren waren.

Es war w a h n s i n n i g aufregend; aber ich schoß nicht.

Da wurde das eine Stück vorn ungewöhnlich hoch und hinten ganz niedrig. Zweifelsohne machte es das Geschäftchen, bei dem man als angenehm gebildeter Mensch einer Dame nicht zusieht. Einer Dame! Denn Stellung und Gesichtsausdruck waren typisch damenhaft.

Nummer zwei folgte dem löblichen Beispiel. Sowas steckt an.

Man kann es in der Wildbahn beobachten, im Viehstall und auf dem Tanzsaal. Niemals wird eine holde Schöne allein zum verschwiegenen Örtchen gehen; stets sind es ihrer zwei, und am liebsten Hand in Hand.
Einmal wenigstens hatte ich mit dem Schuß gezögert. —
Über die Abschußrichtlinien beim Rot= und Rehwild ist eine ganze Bibliothek zusammengeschrieben worden, hat doch jeder jagdlich Schreibbeflissene über dieses Thema seine eigenen wertvollen Gedanken. Die entsprechende Literatur im Hinblick auf das Schwarzwild ist vergleichsweise spär= lich. Vermutlich zucken die Kenner schon vorher aufseufzend mit den Schultern: „Ist ja doch alles zwecklos."
Ich hatte mir meine eigene Vorschrift zurechtgelegt: „Schieß jede Sau über 25 Pfund Gewicht tot, wo und wann du sie sauber totschießen kannst!" Das ist eine verblüffend einfache Maxime, die auch dem Langsamsten im Geiste einleuchten wird. Ähnlich haben die Großväter unserer heutigen Ameri=

kaner in der Pionierzeit gedacht: ‚Der tote Indianer ist der beste Indianer.‘

Eine Ausnahme besaß meine Regel allerdings; welche wäre schon so bettelarm, keine aufweisen zu können?! Sie lautete: Führende Bachen haben vom Neujahrsmorgen bis zum Silvesterabend Schonzeit — als Vorahnung auf das Lüneburger Modell.

Nur sehr dumme Bauern schlachten ihre Zuchtsauen, so lange sie gute Ferkelwürfe bringen. Nur sehr kurzsichtige Jäger schießen ihre Bachen. Und sollte wirklich an ihrer Stelle gelegentlich ein angehender Keiler noch einmal davonkommen, dann möge man diese Fügung nicht bejammern, sondern sie preisen.

Tatsächlich erinnere ich mich nur an drei führende Bachen, die ich, unter knapp 100 Sauen, irrtümlich schoß und bitter beweinte. Dieses teils am Tage, teils bei Mondschein erzielte Resultat erscheint mir günstig, blicke ich auf die Strecken der hoch-waidgerechten zünftigen Schwarzwildjagden: Schneeverhangene Dickung, giftiger Hundeblaff, gesprengte Rotten, aufjauchzender Büchsenknall, tote Mütter . . .

36

Eine unkomplizierte Unterschenkelfraktur ist in acht bis zehn Wochen fast vergessen. Als weit langwieriger erwies sich das zweite Birkholzer Drämchen, die mählich wachsende Verstimmung zwischen Papa Werners temperamentvoller Gattin und mir.

Jeder Sterbliche hat sich gegen äußere Feindschaft zu behaupten; man nennt das Lebenskampf. Auch den unsterblichen Göttern, auf dem Olymp oder in Walhall, erging es nicht anders. Daneben laufen, weit weniger auffällig aber schärfer, erbitterter, drohender, Zwistigkeiten dort, wo eigentlich unverbrüchlicher Burgfrieden herrschen sollte: im vertrauten

Mitarbeiterkreis, in der lieben Verwandtschaft, ja, wohl sogar innerhalb der eigenen Familie. Diese geheimen Widerstände täglich und stündlich bestehen zu müssen, reibt mehr auf als alle Turniere mit ritterlichen Gegnern, die von außen angesprengt kommen, so laut auch das Getöse mit splitternden Lanzen und schildeschrotendem Schwertschlag sein mag. Wir beide, Itsch Werner und ich, fanden unser böses Lüstchen ausgerechnet darin, dem andern nette Knüppelchen zwischen die Beine zu werfen und ihn mit feinen Nadelstichen in empfindliche Seelenteile aufzumuntern. Um allen tiefschürfenden psychologischen Spekulationen und allen Ausdeutungen längst vergangener Gemütswallungen aus dem Wege zu gehen, einigen wir uns darauf, daß ich als leicht aufbrausender, selbstherrlicher und ehrgeiziger Gernesehrgroß die Alleinschuld trug.

Anfang September 42 war Papa Werner zur alljährlichen Kur verreist. In schöner Gelassenheit fuhr ich eines Vormittags auf den Domänenhof, stieg breitbeinig vom Motorrad und wollte mich gerade elastischen Schrittes in den Kuhstall begeben, als Itsch Werner auf mich zugesaust kam.

Frauen schlendern oder schreiten, trödeln oder trippeln, rennen oder rauschen, je nach Gemütsverfassung und Gemütsart. Die Herrin von Birkholz sauste meistens.

„Guten Morgen! Ich habe heute eine sehr erfreuliche Nachricht erhalten. Unser guter Freund, Herr Dr. Waidlich, wird nächster Tage kommen, um auf der Domäne seinen ersten Hirsch zu schießen."

In jeder Taschenuhr schwingt ein kleines Rädchen unaufhörlich hin und her, das den poetischen Namen „die Unruh" führt. Ich vermute, daß etwas Ähnliches auch im Menschen für den harmonischen Gleichgang und Gleichklang sorgt. Bei dieser völlig überraschenden Eröffnung hatte ich das Gefühl, die winzige Feder an meiner Unruh wäre gesprungen, etwas zum Weiteratmen Notwendiges setzte aus.

Beim Vertragsabschluß hatte Papa Werner mir entgegenkommenderweise das Jagdregal im Turmberg abgetreten. Vom Domänenabschuß — ein geringer Hirsch, drei Tiere, ein Bock, eine Ricke — wurde nichts erwähnt. Ich hielt dieses Stillschweigen für durchaus berechtigt, wäre es mir doch überspitzt vorgekommen, hätte man mir die gesamte Jagdhoheit übertragen. In Friedenszeiten wurde Birkholz von Direktor Dalei, der Kruppsche Kanonen verkaufte, zusammen mit einem hohen Offizier bejagt. Beide Herren waren im Kriege unabkömmlich. So ergab es sich zwanglos, daß ich auch das Domänenwild erlegte.
Aus diesem Sonderzustand ein Gewohnheitsrecht konstruieren zu wollen, war ein fataler Irrtum; auf meiner Seite.
Dieser Irrtum wurde nun durch das Auftauchen von Herrn Dr. Waidlich etwas abrupt richtiggestellt. Noch niemals war mir der Name ‚unseres guten Freundes' zu Ohren gekommen. Ferner bildete ich mir ein, daß Papa Werner, der Vorsichtige, Bedachtsame, weit fort im Bade Weilende von den jagdlichen Geschehnissen der Heimat nur eine unvollkommene und wohl auch verschwommene Kenntnis besaß.
Freilich durfte ich bei mir drei Hirsche schießen. Aber der Zahlenbegriff vier bedeutet mehr als drei. Wer das bestreiten will, versteht nichts vom bürgerlichen Rechnen. Wer bestreiten will, daß vier Hirsche mehr sind als drei, der versteht nichts vom nimmersatten Jägerherzen.
Itsch Werners strahlende Grauaugen strahlten noch intensiver als an anderen Tagen: „Sie sind vielleicht so freundlich, unserm Gast die Grenzen zu zeigen."
„Jawohl, gnädige Frau."
„Im übrigen wird er als erfahrener Jäger allein auskommen."
„Jawohl, gnädige Frau." —
‚Unser guter Freund' sah so aus, daß ich, leider, auf den ersten Blick nichts zu tadeln fand. Er steckte in einem anheimelnd vertragenen Jagdgewand, führte eine gepflegte Büchs-

flinte und besaß einen Rucksack, der schon zum Fortschaffen von Wild benutzt worden war. Das alles stellte ich, wider=strebend, an dem mir ungefähr gleichalten Gast fest; ich sah es, ich witterte es, ich fühlte es.
Kurzer Reviergang. Behutsam tastendes Gespräch, das Un=günstiges nicht zutage förderte. Höfliches „Waidmanns=heil"; bevor wir uns trennten, um jeder in seinem Jagdbann die erste klare Mondnacht ansitzenderweise zu genießen.
An der Birkholzer Feldschonung fiel in der elften Stunde ein Schuß.
Ich zuckte zusammen, daß der Hochsitz unter mir erbebte. Schoß der hergelaufene Kerl tatsächlich auf Anhieb meinen — meinen! — Hirsch tot?! Ein einzelner Schuß. Immer schwer verdächtig. Aber wehe, wenn es kein Abschußwürdiger war! Dreimal wehe! Kein Beschönigen, kein Vertuschen würde es geben! Unbarmherzig . . .
Ich knirschte mit den Zähnen, daß ich meinte, der Hochsitz müßte unter mir erschauern.
Als ich am nächsten Morgen auf dem Gutshof regierte, kam Dr. Waidlich vom Felde her angegangen. Auf seinem Hut steckte ein Bruch. „Ich bin die ganze Nacht über draußen=geblieben", sprudelte er glückstrahlend hervor. „So herrlich war es."
„Gewiß. Und? Was haben Sie geschossen?"
„Passen Sie auf! Gegen zehn kam eine Rotte Sauen. Noch nie im Leben habe ich Schwarzwild vor mir gehabt."
„Ach so . . . Sauen . . . Was war es denn?"
„Ein starkes Stück mit sieben geringen, Bache mit Frisch=lingen."
„Eine Bache! Eine . . . Bache? Und? Und?"
„Ich kam gut zu Schuß. Das Stück lag im Feuer. Etwas hoch auf dem Blatt."
„Die . . . die Bache?"
„Aber nein! Wo denken Sie hin? Einer von den Frischlingen."

„Ach . . . Ach so . . . Ein Frischling. Waidmannsheil! Ich freue mich aufrichtig."
„Waidmannsdank."
„Er liegt doch am Feldschonungs=Hochsitz? Ich lasse gleich anspannen."
„Nicht doch. Sie brauchen nicht anspannen zu lassen. Natür=lich habe ich ihn mitgebracht."
„Mit . . . ge . . . bracht?"
„Freilich! Im Rucksack! Es ist meine erste Sau im Leben!"
Erst jetzt ließ Herr Waidlich seine Last zu Boden gleiten und richtete sich ein wenig kreuzlahm hoch. Auf das Hofpflaster rutschte ein dreißigpfündiger Kujel.
In meiner Brust schmolz etwas. Der hergelaufene Kerl war ja untadlig. Aber Itsch! Itsch! Die sollte . . .
Der Mond wurde rund. Seine rechte Backe, von uns aus ge=sehen, begann einzuschrumpfen. Kein weiterer Schuß störte die nächtliche Stille. Allemal muß ein richtiger Abschußhirsch erst kommen, sich ansprechen lassen und sich schließlich schußgerecht aufbauen. In meiner schwarzen Seele glomm ein

Lichtlein auf, so hell wie ein Feuerzeugflämmchen, das im dunklen Zimmer entzündet wird.
Da fuhr ich eines Mittags über die Birkholzer Flur und eräugte einen Hirsch. Anhalten. Betrachten. Was zog da im hellen Sonnenschein, wohl schon brunftmüde, einher? Einer dieser unglückseligen Achter, denen man nur Hoffnungsfrohes für den ferneren Lebensweg voraussagen oder auch alles mögliche Üble anhängen konnte: Dünnstangigkeit, eine mindestens um fünf Grad verdrehte Gabel, ein Lebensjahr zu viel; wenn man den Jüngling nämlich für vier= statt für dreijährig erklärte. Kurz und gut, ein Hirschl, für Fortgeschrittene so reizlos=langweilig wie die meisten Postwertzeichen eines bekannten Landes.
Der bummelte langsam in die Domänenschonung hinein.
Oben, auf dem Wirtschaftsweg, tuckerte August Mann mit seinem Trecker zum Hofe.
In mir stritten sich die Gefühle und Überlegungen, aus denen ein Entschluß geboren werden mußte:
Der sterbenslangweilige Hirsch. Der gute Dr. Waidlich. Die böse Itsch Werner. Der blickgeschwinde August Mann.
Ich fuhr gen Quast und eilte ans Telephon. Es ist viel zu lange her, um heute noch zweifelsfrei entscheiden zu können, ob es ein edler oder ein kluger Entschluß war; vielleicht war es ein edelkluger. Auf jeden Fall sprach ich also:
„Guten Tag, Herr Doktor! Bitte gehen Sie heute nachmittag in die 65 Morgen Ackersegen oberhalb der Feldschonung. Kurz vor dem Holz steht die hohe Sonnenblume, die wir absichtlich geschont haben. Die letzten hundert Schritt bitte ganz vorsichtig pürschen. Wenn Sie sich dort ansetzen, an der Sonnenblume, kommt 20 Minuten nach sechs ein annehmbarer Abschußachter gegen den Westwind aus der Schonung gezogen. Genau da, wo die Hängebirke steht. Entfernung 170 Schritt. Waidmannsheil!"
Dr. Waidlich hörte meine geflügelten Worte und bedankte

sich geziemend. Seine Stimme schmeckte wie Staunen mit Ungläubiger=Thomassauce.

An diesem Nachmittag saß ich in gehobener Stimmung auf meinem Hochsitz, des Schusses auf dem Domänenfeld gewär=tig. Ich hatte mich zu der Überzeugung durchgerungen, daß ich doch ein liebenswerter Mensch wäre.

Kein Schuß bis zum Dunkelwerden. Auch in der klaren Nacht, einer der letzten, die vom wandelbaren Mond trüge=risch beschienen wurde, kein hellaufjauchzender Büchsen=knall, wie man so schön sagt.

Nervöse Unruhe befiel mich; hatte der Hirsch meine allzu selbstsicheren Voraussagen eigenwillig zunichte gemacht?

Zur nächsten Frühstückszeit erschien ein tiefgeknickter Jäger: „Alles ist so gekommen, wie Sie's gesagt haben. Die Zeit hat gestimmt. Der Wechsel hat gestimmt. Der Hirsch hat gestimmt."

„Und?"

„Ich . . . ich dachte . . ."

„Und??"

„Ich saß achtzig Schritt zu weit nach oben. Ich dachte . . ."

„Nicht an der Sonnenblume?"

„Achtzig Schritt über der Sonnenblume . . ."

„Weswegen?"

„Ich dachte . . . ich meinte . . . ich glaubte . . ."

Dr. Waidlich reiste ohne Geweih ab. Zum Abschied verehrte er mir ein schönes Jagdbuch; vermutlich als Zeichen gegen=seitiger vorzüglicher Hochachtung. —

Papa Werner kam gut erholt aus dem Bade zurück. Zufrie=denstellende Besichtigung des Viehstapels. Sehr zufrieden=stellende Fahrt über die Felder. Zum Abschluß: „So, nun klemmen Sie sich hinter den Hirsch und die drei Stück Kahl=wild!"

Gemessen antwortete ich das, was seit Wochen, vielmals an jedem Tage, der Gegenstand meiner schwarzen Gedanken gewesen war: „Gehorsamsten Dank. Aber ... ich bedauere außerordentlich: Es wird wohl nicht möglich sein. Ich bin jagdlich bei mir drüben sehr in Anspruch genommen. Auch werde ich immer mehr im Staatlichen eingeladen. Herr Forstmeister Schuberth und Herr Forstmeister Bergmann ..."

Papa Werner schwieg ahnungsbang. Itsch Werner erblaßte: Krieg. Kein Abschuß. Keine Aufbrüche. Kein freies Küchenstück nach Erfüllung der halben Auflage. Nichts. Gar nichts. Das war im ersten Winter.

Da kam Direktor Dalei, der früher die Birkholzer Jagd beschossen hatte, als Ausgebombter aufs Gut. Itsch Werner jubilierte wie eine Lerche im Ätherblau des Frühlingshimmels: „Wie freu ich mich! Wie freu ich mich! Jetzt wird noch alles gut!"

Bang ballten sich die schwarzen Gedanken in meiner schwarzen Seele.

Aber es wurde nicht alles gut. Nur verschwindend wenig wurde gut.

Der alte Herr, ein untadliger Jäger, war sehr alt geworden. Er schoß einiges. Der halbe Abschuß wurde jedoch nicht erreicht. Später schüttelte er mir einmal sein bedrängtes Herz aus: „Zeitlebens war ich ein passionierter Jäger und auch ein erfolgreicher. Sie können mir das glauben. Aber man möchte die Jagd verfluchen und die Büchse an den Nagel hängen! Es kann ja nicht gutgehen! Mache ich mich zum Ansitz fertig, heißt es: ‚Waidmannsheil!' Verstehen Sie: mit Betonung! Und morgens am Kaffeetisch: ‚Haben Sie etwas geschossen? Mir war es so, als hätte es geknallt.' Friseur müßte man werden! Aber nicht Jäger! Himmel und Hölle! Helfen Sie doch!"

Ich sprach dem netten alten Herrn mein ehrliches Beileid aus; aber ich half nicht.

Wenn ich etwas in Gollin schoß — der hohe Abschuß wurde alljährlich erfüllt — rief ich, der bequemeren Verbindung wegen, den Wildhändler morgens vom Birkholzer Herren=zimmer aus an: „Herr Bansen! Ein Bock — Herr Bansen! ein Überläufer — ein Stück Rotwild — ein Hirsch . . .“ Worum es sich nun gerade handelte.

Ich tat es gern. Denn neben dem Herrenzimmer befand sich das eheliche Schlafgemach. Und jedesmal ertönte, nach mei=nem Anruf, eine eisgekühlte Stimme durch die geschlos=sene Tür:

„Waidmannsheil, Herr Liepmann!“

„Waidmannsdank, gnädige Frau!“ —

Nachdem wir uns lange genug gegenseitig kasteit hatten, kann, um mit dem Dichter zu sprechen, vom letzten Kriegs=jahr berichtet werden:

Itsch Werner und der aus Gollin,
des langen Haders müde,
besänft'gen ihren harten Sinn
und machen endlich Friede' . . .

Die Gutsküche erhielt Aufbrüche, ein feistes, nicht führendes Rottier zum Schlachtefest und einige beachtliche Frischlinge, die damals behalten werden durften. Wie sich so die Zeiten ändern: Heute wird aus jedem Frischling ein angehender Keiler gemacht. Und damals . . .

37

Die Brunft 1943 war nicht nur für die Hirsche kräfteverzeh=rend; für mich gestaltete sie sich fast noch aufreibender. Hin=ter dem Eichpfuhl schrie ein Hirsch mit gewaltiger Stimme, und am Turmberg fand ich die Fährte eines zweiten, bei deren Anblick sich etwas in mir zusammenkrampfte.

Noch war kein rechter Mondschein. Trotzdem lag ich bis weit nach Mitternacht zum Verhören irgendwo im Golliner Busch. Dann legte ich mich am Turmberg auf dem Rückwech=

sel vor. Gegen fünf Uhr pflegte ich in Quast für eine halbe, höchstens eine dreiviertel Stunde ins Bett zu fallen. Dann mußte ich zur Domäne ...

Einmal vertrat ich unter Mittag den Akkordmarken-Ausgeber bei der täglichen großen Kartoffelbuddelei. Ich saß auf dem Gummiwagen und riß mechanisch bei jeder ausgeschütteten Kiepe einen Bon ab, der ... einen ... Groschen ... bedeutete ...

Der Hirsch schrie. Er trollte auf mich zu. Ich hob den Drilling. Ich wollte schießen, aber das Gewehr versagte. Da senkte der Hirsch das vielendige Geweih und stieß mich behutsam an. „Un tiquet, s'il vous plaît, Monsieur Liepmann!“ Ich fuhr hoch und sah in das lachende Gesicht von Gros Albert, der mich diskret angestubst hatte.

Verlegen entschuldigte ich mich: „Sie haben es gut, Albert. Ihnen ist es erlaubt, jede Nacht zu schlafen. Mais quant à moi: les cerfs. Ich bin höchstens eine Stunde im Bett; ne plus qu' une heure ...“

Der dicke Franzose nickte bedauernd: „Ick verstehen! pauvre madame!“

Am Nachmittag rief das Forstamt an, ob ich bei meinem Nachbarn, bei Unter-Ücker, Wildschaden schätzen wolle. Damals war sein Feld dem Fiskus zugeschlagen.

Zum Termin nahte Förster Radieschen mit Forstmeister Bergmanns Vertreter. Der liebe alte Herr kam mir bekümmert vor. Erst nach und nach erfuhr ich den Sachverhalt. Am Vorabend war er nach langem vergeblichen Bemühen endlich auf ein Stück Wild zu Schuß gekommen, einen Überläufer. Am Morgen führte der Hund zu dem ... Gescheide. Das dicke Ende war fort. Der für unsere Einsamkeit unglaubliche Zufall hatte sich ereignet, daß ein Unbekannter, aber ein sauberen Aufbrechens Kundiger, den verendeten Kujel fand und auf Nimmerwiedersehen verschwinden ließ.

Bei der Besichtigung von Ückers Flava sang dieser das Lied

vom bösen Wild und den guten Kartoffeln laut, lange und begründet. Der würdige Forstmeister bangte um fiskalische Gelder. Der gute Radieschen quälte sich mit der undankbaren Rolle des Vermittlers ab.
Ich war als Vorhut immer 20 Schritt voraus. So habe ich's ja meistens im Leben gemacht. Manchmal war's gut, manch=mal schlecht, langweilig nie.
Diesmal war es gut: Denn so stieß ich als erster auf eine gewaltige Hirschfährte. Daraufhin begann ich zu hüpfen. Ich hüpfte wie einer, der in einem besonders eiligen Fall das Papier schon in der Hand hat, den Schlüssel aber nicht findet. Ich hüpfte von einer Hirschfährte zur anderen und trat sie allesamt aus. Da die andern langsam=bedächtig vorrückten, habe ich es geschafft. Es war sozusagen ein Akt schuldiger Ehrfurcht vor dem Alter. Der Forstmeister verfügte damals über keinen Liter Benzin zu jagdlichen Zwecken. Er wohnte zwei Wegstunden entfernt in Tütz. Nicht auszudenken, wenn ihn, besonders nach der seelischen Überläufererschüt=terung, die auch für Hinterpommern erstaunliche Fährte zu Gewaltanstrengungen verleitet hätte, denen seine Gesund=heit nicht gewachsen sein konnte.
Schließlich gab es noch ein kritisches Nachspiel. Die Besich=tigung war abgeschlossen. Des bequemeren Gehens wegen schlug ich vor, über Ückers Eichpfuhl zurückzukehren. ‚Raus aus die Kartoffeln!' war mein einziger Wunsch. Ich Verblen=deter! Da stand eine Kopfweide. Und an ihr waren verschie=dene Äste zerschlagen, höher hinauf als ein großgewachsener Mann reichen konnte.
Die beiden Grünröcke staunten: Das mußte ja ein sagenhaf=tes Geweih sein! Ich machte mein Pferdehändlergesicht, Ha=bicht mal Hammel: „Aber keineswegs, meine Herrn! Wie oft habe ich schon zugesehen, wenn sich ein Schneider die Zweige ins Geweih dreht und sie herunterzieht!"
„Wirklich? Meinen Sie?"

„Unzweifelhaft!"
Ein Glück, daß unter der dämlichen Weide Gras wuchs. —
Bedrückten Herzens fuhr ich an diesem Sonnabendnachmit=tag nach Hause. Ich bin eigentlich weichmütig und ein inniger Gatte. Am Abend waren wir bei dem Sägewerksbesitzer=Ehe=paar zum Krebsessen eingeladen. Ich esse Krebse ausgespro=chen gern; viel lieber zum Beispiel als durcheinandergekochte Mohrrüben. Und was es dabei zu trinken gibt, das trinke ich besonders gern. Das alles wollte ich, ohne mit dem Magen zu knurren, selbstverständlich drangeben. Aber wie würde es Christa aufnehmen, wenn ich ihr erklärte, ich müsse statt nach Schloppe zum Eichpfuhl? zum fünfzehnten-, sech=zehnten- oder siebzehntenmal hintereinander abends hin=aus? Wie hatte Gros Albert so treffend bemerkt? „O, pauvre madame . . ."
Nun, sie bewies einmal wieder ihr großes Verstehen= und Vergebenkönnen. Werners würden in Quast vorbeifahren und sie mitnehmen; ich solle ruhig dahin gehen, wohin mich nun einmal das Herz zöge.
Gegen Abend schlug der Wind nach Osten um. Das bedeu=tete: ich konnte den Hochsitz nicht benutzen. Er hatte acht Meter lichte Höhe. Wild, das näher als 200 Schritt vorbei=zog, bekam keine Witterung. Aber zwischen 200 und 300 Schritt war eine Zone, in der ein erfahrenes Leittier den Windfang hoch nahm und so lange bogenförmige Bewegun=gen damit beschrieb, bis es wußte, daß jemand oben saß. Ich habe das mehrfach beobachtet.
Nun tat ich etwas, was ich noch nie gewagt hatte und nie wieder versuchte: Ich legte mich genau in der Mitte der Tal=schonung direkt auf die Grenze. Mein voller Wind stand ins Staatliche hinein. Aber ich wußte aus Erfahrung, daß grö=ßere Rudel lieber um die Dickung herumzogen. War das Wild erst bei mir, dann hatte ich guten Wind.
Das war mein verstandesmäßig ausgeklügelter Plan. Unter=

bewußt aber jammerte in meinem armselig-schwachen Körper nur der eine Wunsch: Schlafen!
Heldenhaft hatte ich auf Krebse und Mosel verzichtet, hatte mich nicht ohne Seelenschmerz damit abgefunden, Christa allein ziehen zu lassen, und nun übermannte mich unmännliche Schwäche: Schlafen, schlafen, um jeden Preis schlafen!
Gegen sieben ungefähr, wickelte ich mich in meine Decke. Durch das sperrige Gezweig einer Jungkiefer sah ich zum Mond hinauf.
Der fast volle Mond hatte ein böses Gesicht.
Er ist mein Freund! Ich denke, daß wir uns beide sehr genau kennen. Deswegen weiß ich, daß es ein Städterirrtum ist, immer nur von dem braven, alten, ein wenig trottligen Gesellen zu sprechen. Vielerlei Gesichter besitzt er.
Die flache Silberschale, die am klaren Abendhimmel hängt, gleicht einem Gedicht, das scheu und innig von junger Liebe spricht.
Wenn man zum erstenmal den neuen Mond sieht, muß man, sich heimlich verneigend, ihn grüßen und einen Wunsch denken. Er geht in Erfüllung. Manchmal dauert es seine Zeit. Aber er geht in Erfüllung! Alle meine dem neuen Mond zugeflüsterten Bitten wurden mir gewährt. Es mag sein, daß ich die eine oder die andere vergaß, weil mir das Warten zu zeitraubend wurde; vielleicht geschah es auch in der Erkenntnis, daß ich Törichtes begehrt hatte.
Die Kinder glauben an das vertraute Verhältnis zwischen Himmelskörper und Erdenmensch nicht mehr. Als ich neulich zur Pütz sagte: „Da! der neue Mond! Mach einen Knicks und wünsch dir etwas ganz Schönes!" schüttelte sie verächtlich ablehnend den Kopf:
„Das kommt ja doch nicht", sagte sie.
„Das kommt bestimmt!" sagte ich.
„Quackelei!" sagte die Pütz. „Wie oft habe ich das schon versucht, und niemals ist es was geworden."

„Dann hast du dir etwas Verkehrtes gewünscht."
„Das habe ich nicht!"
„Was war es denn?"
„Ach, ist ja egal."
„Pütz, erzähle! Bitte erzähl' mir's. Ich sage auch nichts weiter."
„Ich weiß nicht mehr ... Na, meinetwegen. Aber du wirst ja doch bloß lachen."
„Ich lache bestimmt nicht. Ich versprech's dir."
„Das war so ... Zuerst immer, daß du wieder ganz gesund wirst. Und dann, daß ich eine Puppennähmaschine kriege."
„Mit meinem Gesundwerden hat sich der Mond leidlich Mühe gegeben", verteidigte ich meinen Freund. „Wenn er's nicht ganz geschafft hat, dann doch wenigstens knapp halb. Und die Puppennähmaschine ... möchtest du die denn überhaupt noch haben?"
„Ph! Jetzt noch? Jetzt darf ich doch schon auf der großen!"
„Also!" sagte ich. „Wünsche dir nur ruhig weiter ..." —
Wer wagt es abzustreiten, daß die reife Kugel, die im Sommer apfelsinenfarbig über dem Wald emporschwebt, anders aussieht, ja, ein anderes Wesen hat, als die silberweiße Scheibe hoch am eiskalten Winterhimmel?! Unser viel zu nüchterner Verstand lehrt, daß es sich immer um denselben Erdbegleiter handelt. Aber dieses Wissen ist für meine Phantasie gegenstandslos. Sie läßt es sich nun einmal nicht ausreden, daß der Mond nicht nur vielerlei Gestalt annehmen kann, sondern daß ihm auch die unterschiedlichsten Gesichter zu eigen sind.
Sogar richtig verlegen kann er aussehen. Wenn er nämlich, im letzten Viertel stehend, morgens beim Leuteanstellen in den Hof sieht. Dann stottert er vor sich hin: „Du bist draußen gewesen ..., zehn Nächte, freilich ... und bist nicht zu Schuß gekommen. Aber ist das etwa meine Schuld? Ich tat, was ich konnte. Freilich ..."

In der Nacht des 11. September 1943 hatte der Mond ein böses Gesicht. Vielleicht lag es daran, daß eilige Wolken von der falschen Seite, von Osten her, an ihm vorbeieilten. Eine Ostwindnacht muß klar sein, kaum daß sich ein Blatt am Baume bewegen darf, ein Blatt, das so leise nur raschelt, als spräche der Baum im Schlaf. Hasten in ihr kleine, verschwommene Wolkenfetzen über einen dunstigen Himmel, dann bedeutet es kommenden Aufruhr in der Natur, dem sich Wälder und Äcker, Menschen und Tiere werden beugen müssen. „Nicht böse sein, alter Kerl!" rief ich ihm zu, ohne die Lippen zu bewegen. Er verstand mich auch so. „Laß mich schlafen, Mond! Und paß ein bißchen auf den großen Hirsch auf. Verstehst du, Mond, ich bin todmüde!" Todmüde . . .

Ich fuhr aus tiefem Schlaf auf.

Da hatte doch ein Hirsch geschrien! Wie spät? Elf vorbei. Himmel! fast vier Stunden hatte ich geschlafen. Ich lauschte . . .

Da schrie der Hirsch wieder!

Oben auf der Gründüngung! Alles liegenlassen! Anpürschen!

Auf ihrer linken Seite umging ich die Grenzschonung und schob mich vorsichtig den deckungslosen Hang hinauf. Ungefähr da, wo damals das Stück Kahlwild verhofft hatte, der alte Hirsch, werbend und drängend, dem Schmaltier gefolgt war, wollte ich aufs Feld hinauslugen.

Aber kaum hatte ich den Hang erklettert, vorsichtig den Kopf über den Rand reckend, als oben auf dem Plateau ein starkes Rudel flüchtig wurde, in Richtung auf den Turmberg zu. Alles aus!

Hier muß ich unterbrechen: Meine Schlußfolgerung war falsch. Erst nach Tagen ist es mir klar geworden, daß ich nicht eräugt worden war. Die absonderlichen Umwege des Wildes im freien Felde hingen einzig mit der Brunft zusammen.

Aber in jener Nacht hielt ich alles für verloren. Also wagte ich das Letzte und schob mich bis zu einer einzelnen dicken Kusselkiefer hin, die am Schlagrand wie ein vorgeschobener Posten des Waldes Wache hielt. Weit draußen sah ich die Perlenschnur des Rudels der Langen Schonung zuziehen: zwölf leichte Jährlingsfohlen vorweg, ein schwerer Belgier am Schluß.

Zur Langen Schonung ...

Möglicherweise wählte das Leittier den Wechsel am Kleinen Eichpfuhl entlang. Wenn ich dort ... Aber da war es so eng, so wenig sichtig, daß es schon neben mir sein würde, bevor der Hirsch oben aus dem Holz heraus war. Die Blöße war zu gering. Aber was blieb mir weiter übrig?

Ich schlich zurück, um Rucksack und Decke zu holen.

Da, als ich am Großen Eichpfuhl entlangeilte, schrie der Hirsch.

Er schrie dicht hinter den Traum=Tannen auf dem Wildacker, höchstens zweihundert Schritt über mir.

Durch die Tannen führte ein Hohlweg hinauf.

Wie ich mich hier im Stockfinstern hinaufstahl, hatte ich ein Jagdfieber, das mich körperlich schmerzte. Nie wieder habe ich es erlebt, daß die vorwärtstreibende wilde Lust des Begehrens mit der Furcht vereint, einen Fehler zu machen, zu physischem Schmerz wurden. „Elender Narr! nur weil du Jäger bist, will dir das Herzklopfen fast die Brust zersprengen, läßt dich der eiserne Reifen um deine Lungen nicht atmen, krallt sich die Angst in dein Hoffen und Bangen! Elender Narr!" So tobte es in meinem Innern, als ich mich den Hohlweg hinauftastete, und über mir, unsichtbar, der Hirsch schrie.

Am Ausgang der Hohle hatte ich unter dem linken Randbaum einen Schirm gerichtet, zu dem nur lebende Fichtenzweige herabgezogen und an einer Querstange festgebunden waren. Nie sollte man totes Gezweig verwenden, das, viel zu schnell vergilbend, im Wald zu Klage und Anklage wird. In diesen Schirm glitt ich hinein.

Silberfahl lag der Mondschein auf der Lichtung.

Breit stand der Hirsch da, das Haupt nach rechts gereckt, und schrie. Vor und hinter ihm verteilte sich das Mutterwild.

Großer Hirsch, kleines Geweih, dachte ich, als ich durchs Glas blickte. So ganz außer mir war ich, daß sogar die jagdlichen Ausdrücke von mir abfielen, als wären sie nebensächlich.

Im Schuß gab es eine furchtbare Verwirrung.

Nach beiden Seiten flüchtete das Rudel auseinander.

Der Hirsch lag auf dem Anschuß und schlug wild um sich. Das zwang mich zu dem verhaßten Herantreten. So schnell wie möglich gab ich den Fangschuß aufs Blatt. In solcher Lage gilt nur der sicherste Schuß. Die Kugel auf den Hals könnte vorbeigehen oder gar das Geweih zerschmettern.

Dann lag der alte Hirsch vom Eichpfuhl reglos da.

Die Empfindungen der nächsten Minuten sind meine Empfindungen. Ich mag darüber nicht schreiben. Es würde auch mißlingen. —

Der alte Hirsch trug ein weitausgelegtes Zwölfergeweih, das in allen ertasteten Maßen mein bestes war. Aber auch noch im Tode war das Eindrucksvollste an ihm seine gewaltige Körperstärke. Er war mehr als zehn Jahre alt. Die erste Kugel saß sehr hoch über dem Blatt.

Als ich mich auf den weiten Heimweg machte, grüßte ich zum Mond hinauf. Stumm fragend grüßte er zurück:

„Glückselig?"

„Glückselig!" —

Gegen 3 Uhr früh kam Christa zurück. Erzählen ... Mitfreuen ... Gegen 4 Uhr hatte sie den ihrer sonstigen verständigen Art eigentlich zuwiderlaufenden Gedanken, die beiden Jungens in unsere Betten zu holen. Peter wurde an diesem Sonntag drei Jahre alt. Nun brauchte an Schlaf natürlich niemand mehr zu denken.

Nach zeitig eingenommenem Frühstück trafen wir uns mit Werners am Eichpfuhl, um meine Beute zu bewundern, zu photographieren und zu ... beriechen. Jawohl, beriechen! Da ich den halben Abschuß als erfüllt gemeldet hatte, durfte ich das nächste Stück behalten. Mengenmäßig erschien der Alte dazu nicht ungeeignet. Die Untersuchung ergab, daß er kaum einen Brunftflecken aufwies und noch nicht streng duftete.
Papa Werner fand eigentlich das netteste Wort: „Donner ja! das ist ja ein Karpatenhirsch!"
Von dem Wildbretsegen haben 31 Familien etwas abbekommen; und nicht nur solche, bei denen wir auf Gegengaben rechnen konnten. Auch diese so urväterliche Verwertung des alten Eichpfuhlhirsches war stimmungsvoller, als wäre er am Auto des Händlers festgebunden worden.
Als ich ihn auf einem im Hof aufgestellten Schragen zerwirkte, kam Förster Eichknüppel zufällig vorbeigetuckert. Großes Hallo. Wo das Geweih wäre?
„Das kocht im Waschkessel", sagte ich. „In der Küche gab es keinen passenden Pott."
Eichknüppel verschwand. Dann kam er zurückgestürzt: „Menschenskind! Das ist der Hirsch, den übermorgen der General schießen sollte! Er stand bald bei Radieschen und bald bei mir. Jetzt müssen wir ja abtelegraphieren!"
„Was für ein General?" fragte ich fröhlich-zufrieden.
„Ein Jagdgast von der Regierung! Ganz großes Tier!"
„Dann lassen Sie ihn doch einfach einen anderen Hirsch schießen."
„Einfach ist gut gesagt. Das war der einzige bestätigte Jagdbare im Forstamt. Himmelkreuzdonnerwetter!" Schließlich faßte sich mein Nachbar aber sehr vernünftig: „Ist egal! Sie haben alle Jahre den Wildschaden und der General nicht."
„Jawoll. Wenn er kommt, schicken Sie ihn her, daß er sich das Geweih anguckt. Das wird ihn ein bißchen trösten. Und nun gehen Sie mal bitte in meine Stube. Links vom Schreib-

tisch steht 'ne Flasche. Gläser kriegen Sie von meiner Frau. Ich habe schweißige Hände ..."
Alle ‚bahnamtlichen' Teile, einzeln auf der Dezimalwaage gewogen, ergaben 350 Pfund; die Decke allein brachte es auf 40 Pfund. Außerdem hatte der Hirsch noch zehn Pfund Feist. In beiden Forstämtern wurde in diesem Jahr kein besserer erlegt. —
Beim Warten auf Christa hatte ich noch in der Nacht zwei Briefe geschrieben. Meinen Eltern und der jagdfrohen Nichte berichtete ich in aller Kürze von meinem erschütternden Er=

lebnis. In der Antwort meiner Mutter und in der von Brigitte
fand sich das Wort: Lebenshirsch.
Der Hirsch des Lebens . . .
Diese Bezeichnung flößte mir Grauen ein; ich wehrte mich
dagegen. Der Bock, der Hirsch des Lebens sind Gipfel.
Zwangsläufig muß dahinter der Abstieg liegen, der mählich
oder steil in die Tiefe führt. Ich stieß die Erkenntnis zurück
und widersprach leidenschaftlich.
Als am 27. Januar 45 die Treckwagen in die unbekannte
Nacht hinausfuhren — wieder dieses Datum: Schauflerdou=
blette, Gutskauf und jetzt Abschied —, lag das Geweih des
alten Eichpfuhlhirsches festgeschnürt auf dem Verdeck von
Christas Gefährt. Irgendwo zwischen der Heimat und der
Oder streiften es Baumzweige ab, als die Fahrt im feindlichen
Granatfeuer fortgesetzt werden mußte.
Nur die nicht sonderlich scharfen Aufnahmen wurden geret=
tet. Soll ich traurig sein? Christa und die Jungens sind heil
und gesund geblieben.

38

Im kommenden Winter, nach der Erlegung des alten Zwöl=
fers, hatte ich ein Erlebnis, das mir den vielgepriesenen
Luderplatz in einem neuen, recht fragwürdigen Licht erschei=
nen ließ.
Seit Jahr und Tag vergrub ich 30 Schritt neben dem Eich=
pfuhlhochsitz allerlei zu Tode gekommenes Getier, um des=
sentwillen ich kein besonderes, behördlich vorgeschriebenes
Aufheben machen wollte. Der Deutsch=Kroner Kreis war
groß und die Abdeckerei weit. So fand sich immer etwas,
sagen wir, bis zu Schafgröße, das vom verschiedensten Wild
liebend gern, wenn auch oft erst nach Monaten, verspeist
wurde.

Ein Luderplatz soll der Fuchsjagd dienen; so schrieben unsere inzwischen zu Klassikern gewordenen Altvorderen, so schreiben nimmermüde ihre Nachfolger, deren man ohne Zweifel in hundert Jahren auch ehrend als Klassiker gedenken wird. Zwei oder drei Füchse schoß ich auf diese Art. Ein wahrhaft hundsmageres Ergebnis, bedenkt man die unzähligen Nächte, die ich neben dieser Speisekammer verwartete. Da ich allerdings auch in den Sommermonaten dort saß, wenn meine Füchse Schonzeit hatten, kann man einwenden, ich hätte sie durch mein mitternächtliches Nachhausegehen vergrämt. Ich lasse den Einspruch gelten, obgleich er für mich keine Überzeugungskraft besitzt.
Wer aus seiner linken Handfläche Zaubermelodien herauszuquiemen versteht, die zwei — drei — vier — fünf Füchse in wenigen Stunden vor den unersättlichen Flintenlauf zu zwingen vermögen, der sitzt nicht halbe und ganze Nächte neben dem Luder, um einen der hungrigen Kerlchen zu erwischen. Und wer Baue im Revier und Bauhunde daheim auf der Sauschwarte hat, der wird sich auch lieber auf sie verlassen.
Weit gefährlicher als den Füchsen werden verbuddelte Kadaver allerdings dem Schwarzwild, besonders älteren Keilern. . . Eines Nachts hatte ich plötzlich auf dem Luderplatz Besuch. Ich hörte Kratzen und Graben. Unter einer leichten Schneedecke war der Erdboden nur wenig gefroren. Zuerst konnte ich, bei bedecktem Mond, nichts erkennen. Dann wurde mir klar, daß die beiden Hof- und Hütehunde von Unter-Ücker zu eklem Schmaus vorzudringen versuchten. Das war in hohem Grade ärgerlich; sie wilderten nur amateurhaft aber nicht gewohnheitsmäßig. Ihr Besitzer war mein guter Bekannter, mit dem ich mich unter keinen Umständen überwerfen wollte. Der eine der Hunde war mir gleichgültig; der andere hatte sich in einen richtigen Eisbärenpelz eingemummelt, aus dem nur eine schwarze Nase und zwei kohlschwarze, vergnügte Augen herauslugten. Den mochte ich

gut leiden. Jedesmal rief ich ihm etwas Besänftigendes zu, fuhr ich am Gehöft vorbei; dann warf er sich nämlich heiser blaffend in seine Kette, als wollte er sie zersprengen, um mir die Buxen flicken zu können. Nur ein Narr hätte die Hunde erschossen.

Aber ich verspürte auch nicht die mindeste Lust, stillschweigend zu dulden, daß sie allnächtlich zum Eichpfuhl kamen, um sich dort den Wanst vollzuschlagen und mir das Wild zu vergrämen. Also beschloß ich, mit Schrot zwischen sie zu schießen, daß ihnen der Schneematsch ins Gesicht spritzen würde. Vermutlich bekamen sie dann einen gehörigen Schreck und blieben wenigstens ein Weile fort.

Sofort beim Abdrücken merkte ich, daß ich versehentlich mit Kugel geschossen hatte. War nicht mehr zu ändern.

Zweimal ist mir dieser Irrtum in zwanzigjährigem Drillingführen unterlaufen.

Einmal muschelte morgens ein Fuchs auf 60, 70 Schritt vor mir in der Wiese herum. Ich stellte so lange von Kugel auf Schrot und wieder zurück, bis ich ganz durchgedreht war. Schließlich warf ich ihm, als er nicht näher kommen wollte, irrtümlich eine Handvoll Hagel nach, der wirkungslos um ihn herumprasselte.

Das andere Mal war's im Schlopper Forst. In einer ziemlich harmlos aussehenden Schonung riefen die Treiber plötzlich: „Sauen! Sauen!" Es war aber bloß Wind, bloß blinder Alarm. Dann kam mir ein Hase, breit, gut schußmäßig. Ich funkte ihn sauber vorbei; mit Kugel. Er hatte es eilig, Forstmeister Schuberth anzulaufen, der neben mir stand. Er schoß ihn sauber vorbei; mit Kugel. Am meisten habe ich mich darüber geschämt, daß ich den Krummen nicht getroffen hatte. Das wäre doch mal ein Heldenstück gewesen: „So schießen die kleinen Mondscheinhocker!"—

Als nach dem Hundebesuch kein Wild kam, stieg ich mit den ewig gleichen Worten vom Hochsitz: „Der Klügere gibt

nach.“ Es war aber eine Saure=Trauben=Klugheit. Unten erwartete mich eine betrübliche Überraschung: Steif und kalt lag der Eisbär im Schnee, die versehentlich abgefeuerte Kugel wie hingezirkelt auf dem Hals. Jammerschade.
Er war nicht mehr lebendig zu machen. Nun galt es, ihn wenigstens so verschwinden zu lassen, daß sein Herr, der sich vermutlich nach dem Vermißten umsehen würde, nichts merkte. Bei Unter=Ückers kritischer Einstellung zur Jagd, konnte ich nicht zu ihm gehen und erklären: „Herr Nachbar! ich habe Pech gehabt. Es tut mir leid.“ Er hätte diese offene Entschuldigung nicht gelten lassen.
So schnitt ich mir am nächsten Vormittag einen kräftigen Knüppel ab, der oben eine Mücke hatte, schnürte dem Eisbären alle vier Läufe zusammen, hängte ihn an und schulterte mit einiger Anstrengung die nicht unbeträchtliche Last, die scheußlich hin und herschwankte, weil ich sie der auswanderungslüsternen Flöhe wegen nicht dicht am Rücken haben mochte.
Ich wurde auf meinem heimlichen Gang von niemand bemerkt. Um im weißen Winterwald nicht aufzufallen, hatte ich mein Schneehemd übergezogen. Tief in eine Bürstendickung hinein schleppte ich den armen Eisbären. Er ist dort kaum entdeckt worden.
Beim Rückweg trat ich genau in die eigenen Fußtapfen. Einige wenige Schweißtropfen verscharrte ich im Schnee. Schon nach kurzer Zeit würde man aus dem Spurbild nicht mehr schlau werden.
Bei solchem Tun ging es mir durch den Kopf, daß dieser verhältnismäßig harmlose Hund gestorben war, weil er seinem Naturtrieb nach Aas nicht widerstehen konnte. Der Ückersche Hof lag ungefähr anderthalb Kilometer vom Eichpfuhl entfernt. Von seiner Hütte aus oder bei einem Feldbummel witterte der Eisbär das Luder. Am Tage wurde er beaufsichtigt. Nachts gelang das verhängnisvolle Ausreißen.

Wo kann man heute noch guten Gewissens einen Luderplatz anlegen, ohne befürchten zu müssen, daß unschuldige Hunde jedweder Verwendungsart dadurch verlockt werden? Bei unserer unerfreulichen Besiedelungsdichte melde ich aus diesem Grunde erhebliche Bedenken gegen den Luderplatz an. Nachdem ich meine Beute auf diese gute oder höchstens leicht bedenkliche Art losgeworden war, beeilte ich mich, die übliche Rundfahrt durch die weitläufige Wirtschaft zu erledigen. Ich huldigte damals der naiven Anschauung, jeder unserer vierzig oder fünfundvierzig Arbeiter verspüre die Sehnsucht, mich an jedem Tage mindestens zweimal zu erblicken.
Schön der Reihe nach ging es zuerst zu dem verläßlichen Lisevski, der mit zwei Polen im Golliner Stangenholz durchforstete. Teilnahmsvolle Worte wurden den Aufladern der Brennereikartoffeln gewidmet. Malinke=Marja mußte begrüßt werden, die trotz des Schnees die Schafe im windtrocknen Gründung weidete. Sie war die körperlich schwächste der Ukrainermädchen und hatte deswegen den leichtesten Posten bekommen. Und schließlich kümmerte ich mich um die Mistbreiterkolonne. Ob der vom Trecker laufend herausgebrachte Dung auch tadellos gebreitet wurde. Bei 500 Morgen Hackfrucht mußte auch im Winter Mist gefahren werden; sonst wäre die Frühjahrsarbeitsspitze unüberwindlich groß geworden.
Befremdenderweise hatte ich das Gefühl, daß irgend etwas nicht stimmte; irgendwie wurde hinter meinem Rücken getuschelt und gekichert. Nun, ich war kein die Entenfüßchen einwärts drehender Backfisch auf dem Tanzstundenball, eilte also ohne aufsteigende Unsicherheit von einem Arbeitsplatz zum andern.
Als ich bei Gros Albert, meinem besondern Freunde, vorbeikam, war es mir sogar, als riefe er mir etwas Anzügliches nach: „Olala, M. Liepmann! c'était une vierge! Sans doute une vierge!"

So ähnlich klang es. Aber ich konnte mich auch geirrt haben. Das Motorrad würgte, spuckte und hustete schon an seinem entsetzlichen Ersatzsprit. So winkte ich dem wohlbeleibten Franzosen nur unbestimmt=freundschaftlich mit der Hand zu und fuhr gen Quast. Ich hatte ehrlichen Hunger.
Zu Hause schlug Christa die Hände zusammen. Verzweifelt rief sie: „Mann! wie siehst du bloß wieder aus?!"
„Iiiich?" fragte ich mit selten gutem Gewissen.
„Von hinten!" jammerte Christa. „Von hinten!"
Als ich den Schneemantel ausgezogen hatte, sah ich die Bescherung. Vom Gürtel abwärts war sein einst untadliges Weiß von langen Schweißspritzern und rundlich dicken Tropfen besudelt. Der Eisbär hatte noch im Tode Nasenbluten

bekommen. Nichtsahnend war ich so den ganzen Vormittag über rumgelaufen!

Sans doute une vierge. –

Mit dem Gewand der Unschuld hatte ich überhaupt Pech. Sollte es nicht ganz zu mir gepaßt haben?

In den nächsten Tagen wurde es richtig Winter. Zuerst schneite es sechsunddreißig Stunden, dann klarte es auf, und dann wurde es bitterkalt.

An einem dieser klaren, windstillen und doch eisigen Tage sah ich vom Quaster Tor auf das Domänenfeld hinaus. Der Schnee war zu einem 1000 Morgen großen blendendweißen Federbett geworden, unter dem die Saaten warm und geschützt auf den Frühling warten konnten.

Nur ein dunkles Viereck hob sich ab, der letzte Riesenkuhkohl, den wir in diesen Tagen verfüttern wollten. Bei seinem Anblick mußte ich mich immer wieder aufs neue wundern: Riesenkuhkohl, bewährte Wildäsung in zahlreichen Revieren, bei uns nach Landsberger Mischung gepflanzt, wurde vom Rotwild, vom Rehwild, von den Hasen verschmäht; so offensichtlich verschmäht, daß nur zufällige Fährten oder Spuren an ihm entlang zu finden waren, niemals zu ihm hinführten. Weswegen? Unser Wild äste die Wintersaat, stand in der abgefrorenen Serradella-Lupinen-Gründüngung oder suchte allüberall nach übriggebliebenen Kartoffeln. Den seit Jahren angebauten Kohl nahm es nicht an. Erst wenn die letzte Fuhre verfüttert oder eingesäuert war, kamen nachts einige Hasen, um an den abgehackten Stengeln oder liegengebliebenen Blättern zu knabbern.

Weit links vom Futterstück, mitten im Schnee, sah ich mit zusammengekniffenen Augen einen dunklen Fleck, einen winzigkleinen dunklen, fremden Fleck. Ich blickte durchs Glas. Fuchs.

Auf dem deckungslosen Domänenfeld saß ein Fuchs im Sonnenschein und fraß etwas.

Nichtjäger werden befremdet den Kopf schütteln, daß ein vierzigjähriger Mensch, der in seinem Leben schon viele Füchse geschossen und verschiedene gefangen hatte, im Trab nach Hause lief, in die Wohnung stürzte und brüllte: „Mein Schneemantel! Schnell! Ein Fuchs! Christa! Ljuba! Claudia! Wo ist mein Schneemantel? Schnell! Printko!" Das sind eben ahnungslose Nichtjäger, die einen solchen Sturm nicht begreifen können.

Meine Frau war als erste zur Stelle. „Der ist doch in der Wäsche." Sie sagte das in dem liebevoll-beschwichtigenden Ton, mit dem man einem kranken Kinde seinen unverständigen Wunsch ausredet.

„Haaaaaaa!"

Dieses Haaa wurde ganz unten in der Kehle geröhrt; Mittelding zwischen dem wütenden Schrei eines äußerst gereizten Hirsches und dem rasselnden Grollen eines ausgehungerten Löwen.

Ich rannte ins Schlafzimmer, wühlte das Ehebett zu gräßlichem Gehäuf und riß mein Nachthemd heraus. „Christa! Claudia! Ljuba! helfen!"

Die drei wagten kein Wort des Widerspruchs. Sie kannten mein lammfrommes Gemüt, so lange es sich *nicht* um jagdliche Dinge handelte. Sie halfen. Zwei hingen ziehend am Nachtgewand, die dritte ordnete von oben. Dann steckte ich in Pelzjoppe *und* Hemd wie die Mettwurst in der Pelle.

Botz stand daneben, trat unablässig von einer seiner vier Branten auf die andere und versicherte eindringlich, daß er genau wisse, es ereigne sich gleich etwas wahnsinnig Aufregendes, und er müsse mit, er müsse unter allen Umständen mit.

„Nach Haus, Botz! Nein! es geht nicht, es geht wirklich nicht! Nach Haus!"

Kann solch ein Wuschelknäuel, zusammengesetzt aus wildlodernder Jagdleidenschaft und nach allen Seiten hin wild-

lodernd abstehenden Haarbüscheln, doch plötzlich sterbens=
traurig aussehen und, keines Quiems mehr mächtig, unge=
weinte Tränen im Blick, dem davoneilenden Herrn nach=
schauen!
Der Fuchs saß noch an seinem Platz.
Bis zu ihm waren es 800 Meter. Als Landwirt schwingt man oft die Meßrute und kennt die wichtigsten Entfernungen oder kann sie einigermaßen genau abschätzen.
Ich ging offen auf ihn zu. Weiter blieb mir nichts übrig. Als Hintergrund hatte ich das halbe Hundert alter Birken, die als lichter Hain den Quaster Garten und das Gehöft auf der Feldseite vor Wind schützten. Leider knirschte der Schnee ein wenig. Sobald ich näher kam, unterbrach der Fuchs sein Mahl immer häufiger und äugte in die Runde.
Schließlich hatte ich den Eindruck: Schluß! Weiter geht's nicht. Man muß das fühlen, wie weit man sich vorwagen

darf. Wer es nicht vermag, bleibt zeitlebends ein Stümper, bestenfalls ein harmloser Durchschnittsjäger. F ü h l e n muß man es! auf der Jagd und in der Liebe.

Ich legte mich in den Schnee, strich am mitgenommenem Krückstock an und besah mir mein Ziel durch das siebenein=halbfache Glas des Drillings. Der rote Fleck war immer noch bedrückend winzig.

Auf gut Glück hielt ich eine halbe Spanne über die spitzen, mir mißtrauisch zugekehrten Gehöre.

Nach dem Schuß, der in der weiten Schnee=Einsamkeit ver=loren leise klang, flüchtete der Fuchs, einen Bogen beschrei=bend, schräg auf mich zu. Ich versuchte im Liegen eine neue Patrone hineinzubekommen, ohne daß der Lauf in den Schnee stippte. Da machte der Fuchs einige absonderliche Luftsprünge und fiel auf die Seite.

325 Schritte zählte ich gewissenhaft ab. Der Einschuß saß mitten auf dem Stich, ein Schweißtropfen nur haf=tete am weißen Haar; reglos lag er da, als ich hinzutrat. Er

hatte einen Hasen so weit verspeist, daß man — leider — mit dem Dichter sagen mußte: ‚Der Rest ist nicht mehr zu gebrauchen.' Im Hinblick auf meine Treffkunst dachte ich ergriffen: Was bist du doch für ein Kerl; dreihundertfünfundzwanzig Schritt.

Noch im selben Winter fehlte ich zwei andere Füchse auf 175 und 135 Schritt. Ich dachte bekniffen: Was bist du doch für ein Esel.

Darf man den Gedanken äußern, daß der Fuchs einen schönen Tod gehabt hat? oder ist es eine kaltherzige egoistische Überlegung?

Beim Zurückgehen traf ich auf halbem Weg mit Botz zusammen. Er wand sich vor Verlegenheit in meiner Spur und fing schon auf dreißig Schritt Abstand an, sich überstürzt und viel zu laut zu verteidigen: „Sieh mal!" quiemte er in klagend- anklagendem Ton. „Ich wußte doch, daß du etwas ganz Tolles vorhast. Und es hat wirklich geknallt. Und ich bin nur ein klein bißchen zum Gucken nachgeschlichen. Und ich habe bestimmt keinen Unfug angestellt. Und deswegen darfst du jetzt nicht schimpfen oder mich gar verhauen, denn ich wittere, daß du ihn gekriegt hast. Und wenn du etwas geschossen hast, dann kannst du hinterher doch gar nicht schimpfen oder hauen. Bitte! Bitte! Ich ... ich konnte nicht anders!"

All das erzählte mir das aus wildlodernder Jagdleidenschaft und ringsherum starrenden Haarbüscheln zusammengesetzte schwarzgraue Wuschelknäuel rasend schnell, bevor es, alle meine berechtigten Vorwürfe über den Haufen rennend, an mir hochsprang.

Der Botz ...

Als ich aus dem Polenfeldzug zurückgekommen war, galt es zuerst, Kartoffeln fortzuschaffen. Von einem Fuhrunternehmer in Schloppe wollte ich mir einen zusätzlichen Gummiwagen leihen. Beim Betreten seines Hofes kam ein winziges schwarzgraues Wollknäuel auf mich zugekollert, hob vorwurfsvoll eine beinah otter=breite, braungezeichnete Vorderbrante, die irgendwie an ihm festgemacht zu sein schien, und erzählte eine jämmerliche Litanei, wie weh die Pfote täte: „Au=a au=a, au=a." Ich hob das kleine Hundekind auf und befühlte den Lauf. Der Patient weimerte, daß Gott=erbarm, und machte in angstvollem Strietz Schön=pfuichen. Gebrochen war anscheinend nichts.

Da kam der Fuhrunternehmer dazu. Der Kerl stamme aus der berühmten Rauhhaar=Dackelzucht des Försters Sowieso ganz hinten im Busch wurde mir berichtet. Das Hundchen krieche überall rum. So sei er vor einigen Tagen von einem Pferd aus Versehen getreten worden. Denn Pferde täten so etwas natürlich nicht mit Absicht. Am Ende sei es aber gar nicht so schlimm.

Ich mußte an Hänne denken, dem ich aus Polen nichts mitgebracht hatte, und auch daran, daß die beiden alten Prehlower Dackel eingegangen waren. Ich brauchte unbedingt einen Hund, um ihn auf Schweiß zu führen.

„Was soll der kleine Dreiläufer kosten?" fragte ich vorsichtig.

„Weil Sie es sind: 20 Mark; trotzdem daß er aus der berühmten Zucht des Försters Sowieso . . ."

„Weil Sie es sind, gebe ich 10," sagte ich. „Unter der Bedingung, daß ich den Gummiwagen eine Woche kostenlos geborgt bekomme."

„Nehmen Sie s'e bloß alle beide mit!" Der gute Mann spuckte symbolisch auf meinen Zehnmarkschein und sagte vergnügt: „Wieder Geld, von dem die Frau nichts weiß."

Botz verschwand in meinem Rucksack. Er war auch sehr brav und hielt eine Stunde lang dicht. Botz. Nur dieser Name kam in Frage.

Er wurde der Treueste der Treuen.

Außerdem wurde er, alle ihm kynologisch vorgeschriebenen

Körpermaße sprengend, ein Riesendackel. Da er ringsherum mit vierfingerbreitem Struwelhaar bedeckt war, sah er besonders gewaltig aus. Ich mußte immer an Tibet denken, an das Dach der Welt. Das dort herrschende Klima hätte ihm behagt. Am wohlsten war ihm, wenn er sich in frisch gefallenem Schnee herumkollern konnte.
Seine Nase war mittelmäßig. Seine Leistungen auf der kalten Wundfährte waren entsprechend; immerhin eine Idee besser als die meiner Augen. Aber er war ein verläßlicher wachsamer Hofhund, der trotz unleugbarer Jagdpassion nachts frei beim Haus blieb, mochte das Wild sich noch so nah an den Gartenzaun heranäsen.
In seinem eigentlichen Fach blieb er ein freundlicher Stümper. Ich sah ihm seine Schwächen nach. Seine Anhänglichkeit wog alles doppelt auf.
Nachtrag zur Fuchserlegung: Christa, von ihren drallen Gehilfinnen wacker unterstützt, konnte mich nur stückweis aus meinem Nachtgewand herausschälen. Ein altes, von tief- und hintergründiger Weisheit zeugendes Bauernwort lautet: Rein ist leichter als raus.

39

Mein letztes Golliner Jagdjahr übertraf — beim Schwarzwild — mit sechzehn erlegten Sauen alle vorhergehenden. Außerdem schenkte es mir meinen stärksten Keiler.
Schon im Spätherbst spürte ich eine bessere Sau auf Ückers Feld, bei der an der linken Seite etwas Unbekanntes schleifte. Neben der Fährte war in regelmäßigem Abstand wie mit einem Stöckchen ein Drittel Kreisbogen in den Boden geritzt. Das Stück hatte aber schon vor acht Tagen den Acker überquert.
Pflichtgemäß berichtete ich Förster Radieschen von meiner

Beobachtung. Wobei ich mich allerdings nicht dem Wahn hingab, er könnte dem Kranken gefährlich werden. So krank, telephonstangen=krank sozusogen, war die Sau schließlich nicht.

Dann gab es Schnee. Ab und an, alle acht bis zehn Tage, fand ich die Fährte, mal auf der Domäne, mal bei mir. Das schleifende Anhängsel war abgestreift. Dafür verwischte der Tritt des linken Hinterlaufes den vorderen. Es sah aus, als hätte man eine geballte Faust in ihn hineingestubst. Gelegentlich fand sich ein winziger Schweißtropfen.

Ich hielt die Sau nicht für besonders stark. Also sprach ich, ehrliche Ratschläge nicht zurückhaltend, mit Direktor Dalei, sobald ich den Unsteten in seinem Jagdbann gespürt hatte. Ist ein Wild nicht zu begehrenswert, bin ich der selbstloseste Jagdfreund, den man sich nur wünschen kann.

An einem Sonntagmorgen im Spätwinter war ich der unverkennbaren Fährte einmal wieder auf dem Domänenfeld begegnet. Es lag guter Spurschnee. Hundert Schritt vor dem Birkholzer Tor hatte sich der Keiler am Wildzaun flach auf die Seite gelegt und unter dem nur an dieser Stelle losen Maschendraht hindurchgezwängt. Ich möchte behaupten, daß ein Hase hier nicht hinausgefunden hätte. Aber die Sau hatte das Haupt zwischen Draht und Erdboden gekeilt und dann mit gewaltiger Körperkraft angehoben. Durch das regelmäßig offen stehende Tor, das von Rot= und Rehwild ständig benutzt wurde, konnte ich niemals ein Stück Schwarzwild spüren. Die eigenwilligen Burschen suchten sich lieber uns Menschen scheußlich unbeqeum vorkommende Möglichkeiten, um das Ärgernis Wildzaun zu überwinden. Wie ich mir das neue Kriechloch so im Schnee betrachtete, kam Forstmeister Bergmann im Pferdewagen angefahren. Ich fragte, ob ich den Keiler bei ihm einkreisen solle. Dann könnten wir am Nachmittag auf ihn drücken. Zu ähnlichem Vertrauensamt war ich schon einige Male hinzugezogen wor=

den. Aber der große Nachbar hatte etwas Unaufschiebliches vor. Die Stunde des heimlichen Wildes war noch nicht ge=kommen. — — —
Beim nächsten Mond konnte ich nicht hinausgehen. Die Kin=der hatten Scharlach. Wo bekommen Gören, die mitten im Busch leben, nur die nötigen Bazillen oder Viren her, wenn nirgends ein zweiter Fall bekannt wird?! Wir Großen, meine Frau, die Mädchen und ich, bekamen reihum eine so bös=artige Halsentzündung mit allem Drum und Dran, daß es manchmal gar nicht so einfach war, einen zu finden, der die notwendigen Arbeiten verrichtete. Aus Furcht vor An=steckung getraute sich kein Mensch in unser verpestetes Haus.
Nur die fabelhafte Schwester Friederike, die damals den drei=viertel verbluteten Förster Radieschen rücklings gerettet hat=te, wagte sich unerschrocken zu uns, wobei die Gute zwei=mal 8 Kilometer mit dem Fahrrad zu bewältigen hatte. Ehr=lich betrübt war ich, daß mein Zustand zwar unerfreulich, aber noch nicht reif für künstliche Ernährung zu sein schien.
Aber beim Märzmond waren wir alle wieder auf dem Posten.
An einem der ersten milden Abende saß ich oberhalb der Traum=Tannen auf dem dort gezimmerten neuen Hochsitz. Unter den Fichten knackte es, im Wasserriß, an dessem Rande mein Marderschlagbaum stand. Es war die einzige Falle, die ich wintertags noch benutzte, poesievolles Überbleibsel aus einer vergangenen Zeit, die den Fang edlen Raubwildes mit Hingabe betrieb. Poesievoll, vom Standpunkt des Jägers aus betrachtet.
Dort knackte es ein paarmal. Dachs? Sau? Beide konnten sich für nicht mehr verwandte und weggeworfene Köder=reste interessieren.
Es war eine starke Sau, die schließlich heraufgezogen kam. Aber sie blieb argwöhnisch im breiten Baumschatten. Gerade, daß ich ein geringes Lahmen zu erkennen vermeinte.

Ich regte mich ziemlich auf. Der noch junge Mond stand tief. Längstens in einer halben Stunde war es finster. Dabei brach die Sau beharrlich im Schatten, wo zu allem Übel auch noch ein leichter Dunstschleier die Sicht erschwerte.
Selten habe ich wohl so oft abwechselnd durch das Fernglas und das Zielfernrohr gesehen, bis ich den Schuß wagte.
Die Sau flüchtete über eine schmale Kultur und brach kra= chend in die Lange Schonung hinein. Dieses Krachen verriet, daß die Kugel tödlich getroffen hatte. Ein gesundes Stück Schwarzwild wäre nach zwanzig Fluchten über eine Blöße hinweg schon so weit im Bilde gewesen, um lautlos in den nicht mehr zu dichten Bestand hineinzuschlüpfen.
Nach einer Weile ging ich hinterher. Ich war meiner Sache gewiß, wagte sogar, in der Schonung ein Streichholz anzu= stecken. Dort war es so rabenschwarz, daß ich sonst gegen die Bäumchen gestoßen wäre. Wie abenteuerlich sieht doch die

vertrauteste Schonung des Nachts aus, entzündet man in ihr ein kleines Flackerlicht: Schatten und Waldgeister!
Da lag der große, schwarze, weiche, streng riechende Hügel. Mein bester Keiler.
Fünf= bis sechsjährig, ein angehendes Schwein. Der linke Hinterlauf fehlte vom Sprunggelenk abwärts. Eine faust= große Verdickung war entstanden, die beim Ziehen aufge= setzt worden war. Alles zeigte einen ausgezeichneten Heil= verlauf. Die Keule der verletzten Seite hatte sich allerdings bis zur Unverwertbarkeit zurückgebildet. Darum wog die Sau anderntags nach dem Aufbrechen auch nur 165 Pfund.
Die guten Waffen sind durch beide Fluchten gerettet worden. Jetzt, beim Schreiben, kann ich ihnen einen Blick dankbaren Erinnerns zuwerfen.
Vom weiteren Schicksal meiner Beute berichte ich vertraulich. Es gibt beispielhaft korrekte Leute, die womöglich das Wort Schiebung aussprechen würden. So werde ich das Folgende klüglich nur unter dem Siegel strengster Verschwiegenheit erzählen.
„Du! ich habe einen Frischling geschossen", sagte ich zu Christa.
„Fein", antwortet sie. „Dann dürfen wir ihn ja frei behalten. Das paßt mir herrlich." Im letzten Kriegsjahr brauchte man Sauenkinder nicht abzuliefern.
Ich sagte: Ja, den behalten wir. Und du mußt mit rausfahren, zum Abholen."
„Ich? Weswegen denn?"
„Weil ich ihn nicht allein auf den Wagen kriege."
„Aaaaaaach . . ." Christas Mäulchen blieb eine Weile offen stehen. Bei manchen Männern sieht das ausgesprochen dumm, bei manchen Frauen ausgesprochen reizend aus. „Aaach! auf d e n Frischling bin ich aber mal gespannt!"

40

Sitzt man als bescheidener Eigenjagdbesitzer mit beinah unbescheiden hohen Jahresstrecken zwischen zwei Forstämtern, dann ist es verständlich, daß die Leiter der Standreviere mit besonders kritischen Augen auf diesen Einschuß in ihrem Bernstein blicken; ob es sich um ein gar harmlos Flieglein, ein ämables Meermädchen oder um ein greuliches Seeungeheuer handelt. Wenn dann plötzlich der eine dieser Forstmeister verkündet, er werde dem nicht ungefährlichen Mondscheinjäger einen Schein ausfüllen, dem zufolge er zwei Monate lang in den um seinen Wohnsitz liegenden staatlichen Jagen weibliches Rotwild und Sauen nach freiem Ermessen schießen dürfe, dann ist das nicht nur eine sehr hochherzig vertrauende, sondern, wie mir deucht, sogar ausnehmend kluge Geste. Vertrauen verpflichtet!
Es war nicht das erste Mal, daß ich allein im Fiskalischen jagte.
Zwei Winter zuvor hatte ich frechfröhlich nach Tütz geschrieben: ‚Wir hatten auf dem Jägerkamp Kartoffeln. Die Sauen brechen den abgeernteten Schlag um und dumm. So zeitig wie möglich soll Petkuser Hochzucht-Sommerroggen bestellt werden. Dann dürfte es schweren Wildschaden geben. Ein vorsorglicher Abschuß erscheint angebracht. Da es mir bekannt ist, wie erschreckend die Zahl der waffenfähigen Forstbeamten zusammengeschmolzen ist, bin ich jederzeit gern bereit . . . usw.‘
Daraufhin erteilte mir der vertretende hochbetagte Amtsleiter die Erlaubnis, die Sauen auf dem Jägerkamp zu ängstigen.
Das waren 56 Morgen gar nicht einmal so geringen Landes, die zehn Gehminuten hinter Quast mitten im Staatlichen lagen; ein Wildacker im Großformat.
Wir bauten dort zweimal hintereinander Roggen, das letzte

Mal mit Gründüngung, und dann Kartoffeln. In diesen war der Wildschaden, den der Fiskus laut Pachtvertrag nicht zu ersetzen hatte, manchmal happig; aber doch nie zu happig — meiner Schätzung nach; Papa Werner vertrat eine andere Ansicht. Für uns in Quast war es der gewöhnliche Sonntagnachmittags=Spaziergang, mit den Jungens zum Jägerkamp zu gehen. Besonders in dem Gründungherbst war es immer wunderhübsch, die dort über Tag äsenden Rehe zu beobachten.

Als ich die Sauen=Abschuß=Erlaubnis erhielt, benahm ich mich zum Händeringen dämlich:

Voll hing der Mond am ausgestirnten Himmel. Ich ging zum Jägerkamp und schoß einen zweijährigen Keiler, der eigens auf mich zu warten schien. Mitsamt Aufbruch schickte ich ihn am anderen Morgen nach Tütz.

Standhaft ertrug ich am Abend die staatliche Hochsitzbank, die sich knapp handschmal in meine edelsten Teile eindrückte. Als Belohnung schoß ich zwei zweijährige Sauen, mit denen ich wie oben beschrieben verfuhr.

Das war zum Händeringen dämlich von mir!

Jetzt brach nämlich — so vermute ich es wenigstens — auf dem Forstamt panischer Schrecken aus: Erster Abend — eine Sau. Zweiter Abend — zwei Sauen. Das geht so weiter: drei — vier — fünf . . . Abtelephonieren! So schnell wie möglich abtelephonieren!

Deswegen wurde ich angerufen, des Sauenängstigens sei vorläufig genug geschehen.

Ich hätt's genauso gemacht! —

Und jetzt durfte ich zwei Monate lang in den achthundert Morgen zwischen dem Jägerkamp, dem Großen Stern, wo sich zwei Wege und ein Gestell kreuzten, und dem Domänenfeld jagen!

Und ausgerechnet in dieser kritischen Zeit stieß dem geliebten Drilling etwas Arges zu. Länger als zehn Jahre lang hatte ich beim Wegstellen der Waffe die beiden Abzüge durchgezogen und damit die Schrotschlosse entspannt, es aber unterlassen, mit einer den Schlagbolzen auffangenden leeren Hülse im Lauf das Kugelschloß abzudrücken. Jetzt bestürzten mich bei ihm Versager, hervorgerufen durch einen zu geringen Schlag auf das Zündhütchen. Vielleicht waren auch nichtsnutzige Ölrückstände bis zur Feder durchgesickert, um dort hemmend zu verharzen. Wenn mir auch diese Erklärung des Übels wenig einleuchtete, denn ich ging mit dem Gewehröl äußerst sparsam um.

Ich war verzweifelt, von meiner Universalwaffe in einem Augenblick im Stich gelassen zu werden, als es nicht ratsam erschien, sie den Gefahren eines Posttransportes auszusetzen und hernach einer Büchsenmacherwerkstatt anzuvertrauen, die gerade dann zerbombt werden konnte.

In meiner Not verschrieb ich der Erkrankten eine vierwöchige Petroleumkur. Sie schlug so hervorragend an, daß ich bis zu unserer Trennung keinen Kummer mehr hatte. Aber wir wollen uns ja Erfreuliches erzählen.

Waffenkundige werden mich verwundert fragen, weswegen ich das Schießgewehr nicht einfach auseinanderschraubte. Ihnen sei erwidert: Das wagte ich bei einem Selbstspanner nur einmal im Leben als Vierzehnjähriger. Damals mußte ich die hundert Einzelteile, die ich nicht mehr zusammengebastelt bekam, lose zum Fachmann expedieren. Das hat mir für alle Zeiten einen Schock à la Freud versetzt, nie wieder ein solches Gewehr allein aufzubrechen.

Am ersten Abend meiner staatlichen Jagdfreiheit ging ich zur Suhlenkanzel unter den Eichen. Dicht neben Quast gab es eine Jagenabteilung dieser ehrwürdigen Bäume. Obgleich schon viele überständig waren, schonte man sie als einzige der Umgebung. Das Jahr zuvor gingen wir hier spazieren, um Brigitte diese Sehenswürdigkeit zu zeigen.

Ich erklärte meiner jagdbeflissenen Nichte: „Sieh mal, da

durch die Lücke durch! Dort hat Cäsar Greif, Radieschens Vorgänger, eine künstliche Suhle angelegt und daneben eine Kanzel. Und, stell' dir vor, am ersten Abend, nachdem das alles fertig war, hat schon ein Hirsch dringesessen."
„In der Kanzel?" Brigitte wollte keinen Witz machen. Es fuhr ihr, ernsthaft gemeint, heraus.
„Mädchen!" sagte ich erschlagen. „Ich bin zwar ein kleiner Jagdgeschichtenschreiber. Aber verlangst du von mir, daß ich auch beim harmlosen Erzählen jede grammatische Beziehung ängstlich beachte?!"
Cäsar Greifs Meisterwerk war von der schon mehrfach gerügten Ungastlichkeit fast aller mir bekannten Staatshoch=

sitze. Als besonders vergrämend empfand ich, daß die Rückenlehne beinah senkrecht über dem Bankbrettchen angebracht war. Statt Lehne sollte man deshalb besser Geradehalter sagen.

So war ich nicht besonders traurig, als ich mich bei schwindendem Licht mit gutem Gewissen fortstehlen durfte. Ich hatte nur etliche mittlere Basthirsche beobachtet, die sich um die Suhle herumdrückten, bis es ihnen die herabsinkende Dämmerung erlaubte, in die Quaster Süßlupinen zu ziehen. Es war ein klarer, windstiller Abend um Johanni herum. Ich beeilte mich, an den Feldrand der dichten Kiefernsaat zu kommen, in der sich damals das von Papa Schulz lauflahm geschossene Rotwildkalb eingestellt hatte. Hier im Freien genügte das Schußlicht noch für das sechsfache Glas der Doppelbüchse, die ich in Vertretung des erkrankten Drillings führte. Langsam geisterte ich am Rande der Dickung entlang. Alle zehn Schritt blieb ich stehen, um mit dem Glas das ebenfalls staatseigene, an Marther Bauern verpachtete Feld abzusuchen.

Da waren plötzlich Sauen. Fünf oder sechs Überläufer. Sie kamen schräg auf mich zu und wollten offensichtlich in die Schonung, deren nachtschwarzer Schatten mich vor dem Eräugtwerden schützte.

Ich legte mich hin und riß zweimal Feuer. Diesen wahrscheinlich noch aus der Landsknechtzeit stammenden, schon allzu abgegriffenen Ausdruck schätze ich nicht besonders. Da ich aber in der fortgeschrittenen Mittsommer-Dämmerung durch das am Tage nicht wahrnehmbare Mündungsfeuer geblendet wurde, sei er ausnahmsweise gestattet.

Nachdem sich der Schauplatz erwartungsgemäß schnell geleert hatte, blieb vorerst ein steintoter Überläufer zurück. Nur halb befriedigt, weil es ja eigentlich die doppelte Anzahl hätte sein sollen, lehnte ich die Büchse ‚an ein Baum' — lehnte — und machte mich ans Aufbrechen.

Da hörte ich im Feld ein Geräusch.
Es waren Sauen. Fünf oder sechs Überläufer. Sie kamen schräg auf mich zu und wollten offensichtlich ebendahin wie die erste Rotte.
Sauen waren bei uns weit seltener als beispielsweise Rotwild. So kam mir auch in den nächsten vierzehn Tagen keine mehr in Anblick. Es war also schon ein toller Zufall, daß mich zwei gleichstarke Rotten innerhalb einer Viertelstunde anliefen.
Nach Überwinden des ersten freudigen Schreckens sauste ich rücksichtslos mit niedrigen Panthersätzen zu meinem abgelegten Schießgewehr. Inzwischen war es nicht heller geworden. Aber ein lichter Nebelstreif hinten im Feld half mir. Vor ihm war das Schwarzwild noch deutlich zu erkennen.
Als die Neuen bei dem halb aufgebrochenen Überläufer verhofften, schoß ich das dritte Mal. Drüben herrschte Bestürzung. Ich lud inzwischen nach. Auf 30 Schritt trollte ein einzelnes Stück breit vorbei. Es lag aufklagend im Schuß und verendete gleich darauf.
Da ich stets fünf Patronen mitzuführen pflegte, war noch ein Lauf der Doppelbüchse angeheizt. Tatsächlich verhoffte da noch eine völlig ratlose Sau, die unbedingt in die Schonung hineinwollte, an deren Rand es so schreckerregend gewitterte. Ich hätte schießen können. Ich schoß nicht. Denn ich bin ein Mensch voll inneren Schamgefühls. Ich sagte mir: „An diesem herrlichen Abend sitzt dein hochverehrter Forstmeister Bergmann irgendwo draußen; und dein viellieber Revierförster Schulz sitzt irgendwo draußen; und Eichknüppel macht es natürlich genauso. Die zählen an den Fingern mit: eins, zwei, drei, vier ... Und wenn du noch einmal schießt, dann denken sie schaudernd das gleiche: Jetzt macht er alles tot!"
Darum folgte ich der Stimme meines inneren Schamgefühls und schoß nicht mehr. Außerdem lagen auf vier Schüsse hin erst zwei Sauen; zwei Nachsuchen von einem Anschußplatz aus genügten gerade.

Später beging ich das Fragwürdigste des ereignisschweren Abends. Da natürlich alle Kutscher den kurzen Schlaf der ländlichen Sommernacht schliefen, spannte ich selbst an und brachte die beiden staatseigenen Sauen ohne Ursprungs=schein, ohne Zeugen in den Quaster Wildkeller. Ich erinnerte mich des verschwundenen Forstmeister=Überläufers und dachte: Vorsicht ist besser als Nachsicht.

Am anderen Morgen begab ich mich mit Botz und Hänne zum Tatort. Der Junge war damals siebenjährig. Weswegen er nicht wie sonst die Marther Schule besuchte, ist mir ent=fallen. Vielleicht schwärmten die Bienen seines Lehrers. Der gehörte noch zu diesen entzückenden Dorfschulmeistern, die über Schönschreiben und Einmaleins ihren Bienenstand nicht vergaßen. Vielleicht behielt ich den Jungen auch zu Haus, weil eine Nachsuche etwas so Lehrreiches ist, daß man ihret=wegen ruhig ein paar Stunden Schulbankwetzen drangeben sollte.

Der Anschuß befand sich auf einer als Kuh= und Schafweide genutzten Unlandfläche, die mit viel Quecken und wenig Sauerampfer bestanden war. Sie war so hart zusammen=getrampelt, daß sich keine Wildfährte erspähen ließ.

Ohne auch nur eine Sekunde zu faseln, führte uns Botz an die beiden Aufbruchstellen, an denen noch das Gescheide lag. „Hänne!" sagte ich seufzend, aber gefaßt, „von hier aus sind zehn Sauen weggespritzt. Wenn du denkst, daß der Botz sich für eine dieser Fährten jetzt noch interessiert, wo er das hier gefunden hat, dann irrst du dich."

„Der würde am liebsten fressen", sagte Hänne klar beob=achtend.

„Wenn auch nicht das", sagte ich, mich für den Treuesten der Treuen heimlich schämend, „auf jeden Fall müssen wir die Sache selbst anpacken. Alles, ob krank oder gesund, ist in die Schonung rein. Absuchen! Ich nehme drei Reihen, du zwei . . ."

„Ich denke, das heißt . . . Der Esel geht . . .“ Schon Sieben=jährige sind manchmal unangenehm altklug.
„Ruhig! Aufpassen! . . . du zwei, und dann 100 Meter rauf, 100 Meter runter, bis wir was finden. Los!“
Bei derartigen Unternehmungen muß ich immer an Löns denken, der mal recht anschaulich beschrieben hat, was man dabei alles in den Mund bekommt: Dürrnadeln, Borkenstückchen, Hirschläuse, Spinnweben und tote Fliegen ohne Saft und Kraft. Er mag noch einiges vergessen haben. Wir gaben uns Mühe, nicht genau hinzuschmecken.
Beim vierten oder fünften Umgang schrie ich: „Schweiß!“
Natürlich schreit man im Wald nicht lauthals blökend, sondern nur unterdrückt. Vielleicht war es also nur ein Flüstern, aber so voller Jubel, daß es von der Inbrunst eines ganz wilden Schreies durchzittert wurde.
Schweiß! Ein Stück über der Erde an einem bereits weißrindigen Birkenstämmchen abgestrichen. Nicht dagegengetropft. Also hatte die Sau den Baum angeflohen.
Jetzt lagen wir beide auf den Knien, Hänne und ich, und arbeiteten mit tiefen Augen. Blieb uns auch gar nichts anderes übrig. Wie will man sonst in einer Kiefernsaat, die sich noch nicht gereinigt hat, querüber vorwärtskommen?!
Schweiß, Schweiß und immer wieder Schweiß!
Dann jauchzte Hänne: „Der Botz! Der Botz!“
Der Wildstrubbelbärtige saß auf einem längst steifen Überläufer und rupfte strahlenden Gesichtes.
Begeistert schlug ich Hänne auf die Schulter; er mich auf irgendwelche Körperteile, an die er heranlangen konnte.
Dann verkrümelte er sich, während ich den ein wenig zu weit hinten auf dem äußersten Leberrand sitzenden Schuß begutachtete. Und dann kam er zurück, sein kleines Taschenmesser aufgeklappt in der mageren Jungenshand. Darauf hielt er ein Zweigchen, dem man das mühsame Abreißen ansah, und sagte richtig ernsthaft: „Waidmannsheil, Papa!

Weißt du, ich habe doch keinen Hut, auf dem ich dir den Bruch geben kann."

Na ja ...

Anschließend haben wir treu und brav, reihauf, reihab die ganze Abteilung durchgesucht. Wir fanden nichts, nicht ein= mal die Abwurfstange, die ich bei solcher Gelegenheit schon drei= oder viermal als Trostpreis bekommen hatte.

Blieb als leiser Stachel der unaufgeklärte vierte Schuß zurück. —

Wie schon vermeldet, war mir in der nächsten Zeit kein An= blick beschieden. An einem der ersten Julitage erfreute ein schweres Gewitter das Landwirt= und Jägerherz. Gleich nach Feierabend pürschte ich vom Quaster Hof aus ein Gestell hinunter, das zuerst ein mit Jungeichen und Wacholder durch= setztes Kiefernaltholz schnitt, um dann zwischen ausgedehn= ten Schonungen für das Menschenauge winzigschmal zu wer= den. Zum Schluß wurde es von den grünen Mauern erdrückt;

nur noch niedrige Bäume und Himmel blieben übrig, als wäre dort die Welt zu Ende.
30 Schritt vor mir, im alten Bestand, zog Rotwild von links nach rechts: Tier, Kalb, Schmaltier. Eine Viertelstunde lang schlich ich im Sonnenschein den drei Stücken nach; auf Schrotschußentfernung. Und wagte nicht abzudrücken, in der Befürchtung, den Jährling mit seiner Mutter zu verwechseln. Gelang es glücklich, das Gesäuge zu erspähen, stand das andere Stück verdeckt. Und nachher kamen sie mir wieder durcheinander. Das Kalb zu schießen kam nicht in Frage: so ein unreifes Geschöpf in seiner weißgetupften Sommerdecke. Schließlich trennten wir uns in Frieden.
Als ich später Forstmeister Bergmann Bericht erstattete, lachte er mich aus: „Sie Mondscheinjäger! Am Gesicht allein unterscheidet man ein Alttier von einem jährigen Stück."
„Das sagen Sie so", verteidigte ich mich. „Ja, wenn ich nachts im Eichpfuhl auf meinem Hochsitz hocke, und sie kommen hübsch der Reihe nach rausgezogen, dann ist es eine Kleinigkeit: groß, klein, mittel; groß, klein, mittel ... Dann brauche ich bloß genau hinzugucken, ob Nummer sechs keinen dicken Hals und keine Spieße hat. Unter Garantie liegt ein Schmaltier. Aber wenn man im Wald das Wild vor Bäumen nicht sieht ..."
Nach diesem Vorspiel setzte ich mich ein gutes Stück weiter so auf mein Jagdstühlchen, daß ich durch jüngeres Stangenholz gedeckt, den Rand der ersten großen Schonung beobachten und ein sie teilendes Gestell hinunterblicken konnte. Die Sonne hatte nur kurz geschienen. Es wurde ein regenverhangener, nebeltrüber Abend; ein Lausche-Abend, ein Komme-Abend.
Bei noch ausreichendem Licht schoben sich etliche Überläufer, vier oder fünf, am jungen Bestand hin und her. Ich schoß zweimal auf höchstens siebzig Schritt. Einer lag mit ungewöhnlicher Steilflucht im Feuer. Der Erfolg des zweiten Schusses blieb ungewiß.

Das war ärgerlich. Schließlich sucht man in der mehrere hundert Morgen großen Schonung des Nachbarn Anfang Juli nicht unbeschwert herum. Da stehen auch Basthirsche, die man als Gast ungern vergrämt. Aber was half das alles.

Gegen 4 Uhr war ich am nächsten Morgen mit Botz zur Stelle; selbstverständlich ohne Hänne; allein schon, weil es milde und durchdringend ‚Kartoffeln regnete'. Als ich um 6 Uhr den Leuten trockne Arbeit in Holzstall, Scheune und Speicher anwies, quatschte alles an mir.

Eine Stunde später steckte ich wieder in der Schonung. Törichterweise hatte ich frische Sachen angezogen. Sie hielten nicht lange vor. Bei solchem Wetter sehen Jungkiefern nicht grün aus sondern hellgrau; so dicht hängen ihre Nadeln voller Wassertropfen. Dazu kommt das himmlische Naß. Ich schätzte, daß alles hinten am Hals Reinlaufende zehn Minuten brauchte, um an den Ärmeln zu enttröpfeln. Bis zum Mittagsläuten fand ich nichts; gar nichts; überhaupt nichts. —

An einem der nächsten Tage sagte ich beim Abendbrot: „Ich weiß nicht, jedesmal, wenn ich durchs Stangenholz fahre, kurz vor Quast, riecht es da so komisch."

„Wie denn?" fragte Hänne.

„Nach verludert", sagte ich.

„Das ist einer von deinen Überläufern", sagte Christa. Ich habe mir bisher aufrichtige Mühe gegeben, sie von so rosigem Licht umflossen zu schildern, wie es ihr zukommt. Trotzdem muß, einmal wenigstens, erwähnt werden, daß sie auch hart zuzuschlagen weiß.

„Einer meiner Überläufer!" sagte ich und wand mich in seelischem Schmerz. „So etwas überhaupt zu denken . . ."

Es war keine verluderte Sau, sondern ein anbrüchiger Hase; der dritte, den ich in diesem Vorsommer schon fand. Aus verständlichen Gründen unterblieb eine fachmännische Untersuchung, um welche Seuche es sich handeln mochte. Wir hatten vordringlichere Sorgen.

Die beiden ungeklärten Schüsse ließen mich aber nicht zur Ruhe kommen. Am Sonntagvormittag sagte ich zu den Jungens: „Wir wollen mal auf Scheibe schießen. Hänne! stell dich hinter den Pferdestall und paß auf, daß niemand dazwischengeschliddert kommt."

Dieses Unternehmen ging bei uns nämlich grenzmärkisch-sittlich vonstatten. Ich setzte mich auf die Veranda und schoß quer Hof. Die Scheibe hing an der Scheunenwand. Die Anordnung war völlig unfallsicher, und die Scheune Eigentum der Domänenkammer.

Zu meinem Entsetzen stellte sich heraus, daß der rechte Lauf der Doppelbüchse eine Spanne zu hoch schoß. Als ich sie vor 15 Jahren gekauft hatte, saßen die Kugeln auf einer Streichholzschachtel zusammen. 100 Stück Wild mochte ich mit ihr erlegt haben. Was ihre Schußleistung anbetraf, hatte sie nie Grund zur Klage gegeben. Eine Doppelbüchse, die nicht zusammenschießt, ist so sinnlos wie ein Paar linker Stiefel.

Leicht ließ sich nun rekonstruieren, daß die vier Überläufer mit dem linken Lauf erlegt worden waren, den ich, des bequemeren hinteren Abzuges, des festeren Griffes der Schußhand wegen, immer zuerst benutzte. Je einmal schoß ich rechts; und das ging eben drüberweg.

Ich saß da wie Hannibal auf den Trümmern von Karthago und blickte in tränenlosem Schmerz auf die treulose Geliebte. Zwecklos.

Als typische Übersprunghandlung betätigte ich einige Male den wunderbar ‚saugend' gearbeiteten Teschnerverschluß. In den Ausfräsungen des Stoßbodens hatte sich ein wenig Schmutz festgesetzt, der von der rückwärts gleitenden Laufverlängerung gewaltsam festgepreßt war. Es ist ziemlich beschämend einzugestehen, daß ich mich als großer Waffenfreund mit diesem Zustand einfach abgefunden hatte, indem ich das Gewehr schon seit Wochen nicht mehr peinlich genau schloß. Es war auch dann sicher verriegelt, wenn der

Hebel sich nicht einwandfrei unter dem Vorderschaft befand, sondern ein wenig links überstand.
Mit müden Bewegungen hakte ich die Büchse auseinander, schnipselte mir ein Hartholzstäbchen und reinigte die Aus-fräsungen blitzblank. So, nun schloß sie wenigstens wieder einwandfrei.
Auch als (den Jahren nach) reifer Mensch kann man sich ein Kindergemüt bewahren und willig an Wunder glauben. So beschloß ich, noch eine der nicht überreichlich vorhandenen Patronen zu opfern.
Hänne verschwand hinter dem Pferdestall. Ich saß am Verandatisch. Das perfide Schießgewehr ruhte auf einem Sofakissen. Sechsfaches Fernrohr; 80 Schritt Entfernung: da sind Zielfehler leidlich ausgeschlossen.
Schuß mit dem rechten Lauf. Gewehr senkrecht hochgestellt.
„Hänne!"
Der Junge kam hinter der Deckung vor und lief zur Scheibe.
Er brüllte: „Mittendrauf!"
„Was?" schrie ich zurück. Es klingt häßlich. Meine Kinder hielt ich deswegen strikte an ‚wie bitte' zu fragen.
„Mitten drauf!"
„Zeigen! Zeigen, Schafskopp! tritt doch zur Seite!"
Er zeigte mitten in den Tintenklecks.
„Verschwinde!"
Schuß. Zentrum. Schuß. Zentrum. Zur Abwechslung den lin-ken Lauf. Schuß. Zentrum.
Die Erde hatte mich wieder.
Der unsachgemäß verriegelte Lauf war im Schuß neuen Schwingungen unterworfen, die das abscheuliche Abweichen der Geschoßbahn zur Folge hatten. Das ist die einzig mög-liche und auch einleuchtende Erklärung. Man soll eben die Waffe auch nach 15 Jahren noch wie eine Braut behandeln, nicht wie eine Ehegattin.
Zwei Überläufer verdankten ihr Leben zusammengepreßtem

Pulverschmauch, der mengenmäßig die Hälfte eines Schrot=korns Nr. 7 ausmachen mochte.
„Gottseidank! daß die Ballerei zu Ende ist“, sagte Christa aus dem Wohnzimmerfenster heraussehend.
„Du sollst weiterballan!“ sagte Peter. Er war damals vier Jahre alt.
„Ich puhl' die Kugeln raus!“ sagte Hänne und lief mit einer alten, meißelspitz abgeschliffenen Pflug=Anlage zur Scheune, um an ihr Handlungen vorzunehmen, die ihrem baulichen Zustand abträglich waren.

41

Mein Frei=Jagen im Staatlichen bedeutete nun aber keines=wegs, daß ich dort Abend für Abend umherschlich. Gollin und der Turmberg durften nicht vernachlässigt werden. Und auch ins Domänenfeld zog es mich mit geradezu magischer Gewalt. Der Grund war ein über spannenlanges, tiefbrau=nes, klobigdickes, kaum verecktes Stangenpaar.
An einem Frühsommertag hatte mich irgend etwas Ärger=liches daran gehindert, rechtzeitig zum Ansitz zu fahren. Um die geliebte Stunde beim Herabsinken der Dämmerung nicht im Zimmer zu versäumen, schlenderte ich vom Hof.
Schwer lastete der sündige Wohlgeruch der beiden großen Akazien in der Toreinfahrt. Die hohen Bäume schimmerten weiß und lichtgrün, hatte sich doch ihr sperriges Geäst unter den aus zahllosen, zierlichen Schmetterlingen gebildeten Blü=tentrauben verborgen.
Ihr sündiger Wohlgeruch läßt der Phantasie das Bild einer zauberhaften, einer hinreißenden, einer gefährlichen Frau er=stehen, angetan mit dem Atlaskleid und dem von weichfal=lenden Straußenfedern geschmückten, breitrandigen Hut einer vergangenen Zeit.

Einige Wochen später, beim erdnah=kräftigen Atem eines gelbblühenden Lupinenfeldes muß ich an ein wunderschönes Bauernmädchen denken, das ungeduldig den Liebsten er=wartet.
Über allem jedoch steht der zarte Hauch einer Serradellabreite in ihrer hohen Zeit. Erinnert eine stille, innige Frau in ihrem Handeln, ihrem Wort und ihrem Fühlen an diesen zarten Hauch, dann sollte man alles daransetzen, sie zu gewinnen und festzuhalten.
Nicht mitleidig den Kopf schütteln! Daß ein Gemälde oder ein Lied, die sich dem Auge oder dem Ohr schenken, Gleich=nis für einen bestimmten Menschen werden, verwundert nie=mand. Nicht anders geht es mir mit Düften und Gerüchen. — Mannshoch stand an diesem Juniabend das Getreide auf den Quaster Feldern. Dazwischen gediehen üppig die Kartoffeln. Über einen dieser Schläge zog ein Reh. Ich verschwand in der Deckung und hob das Glas.
Der klobigste Bock, den ich jemals gesehen hatte, zog schräg an mir vorüber. 80 Schritt. Der freie Domänenbock war noch nicht geschossen. Aber ich hatte für den kurzen Abend=spaziergang kein Gewehr mitgenommen ... Sogar die star=ken, nach außen geneigten Rosen waren zu erkennen. Dicke, nicht ganz regelmäßige Stangen. An der linken unscheinbare Enden. Die andere als mächtiger Spieß emporragend.
Der klobigste Bock, den ich jemals gesehen hatte, und ich waffenlos ...
Vertraut zog er in den nächsten aus Hafer, Gerste und Som=merroggen bestehenden Gemengeschlag.
Ich schlich mich zum Aussprung, neben dem sich die Rehe eine schrägschmale Rinne zum Hin= und Herwechsel angelegt hatten. An ihr band ich mein Taschentuch fest. Dann ging ich nach Quast zurück. In das stets offen stehende Zauntor stellte ich mein Jagdstühlchen, auf das ich den Rucksack legte. Obgleich es auf dem öffentlichen Weg Gollin—Marthe

geschah, durfte ich sicher sein, daß nichts verrückt oder gar entwendet würde. Ein Auswechseln des Bockes zum anderthalb Kilometer entfernten Turmberg war unwahrscheinlich. So wiegte ich mich in der Hoffnung, ihn in der Mausefalle zu haben; allerdings in einer, die verschiedene hundert Morgen groß war, auf denen die Frucht mannshoch stand.

Die Frühpirsch war ergebnislos.

Der Abendansitz verlief genauso.

Eine Woche lang suchte ich vergeblich nach meinem Bock in der Mausefalle.

Für den Sonntag plante ich ein Gewaltunternehmen. Nachdem ich endlich einmal wieder ausgeschlafen hatte, frühstückte ich mit Hingabe. Dann ging ich, wohlversehen mit Mund- und Lesevorrat, zu einem recht ausgefallenen Plätzchen.

Überall am Wildzaun entlang blieb ein schmaler Rain liegen, gerade breit genug, daß man darauf entlanggehen konnte. Am oberen Rande des Sommergetreideschlages, in den der Bock damals gewechselt war, senkte sich der Acker zu einer schwach angedeuteten Geländefalte. Hier stand, auf diesem engen Steig, allerlei Klee und Gekräut, das sich wild angefunden hatte.

Gegen zehn Uhr vormittags setzte ich mich dort, an einen Zaunpfahl gelehnt, an. Auf unserer Seite wiegte sich die weiche Wand des Getreides im leisen Lufthauch. Links hinter dem Drahtgeflecht versperrte junges Stangenholz die Aussicht. Dazwischen, kaum meterbreit und nur einen guten Steinwurf weit, lag das grüne Band des Raines.

Ich hatte den aus Ungewißheit und Hoffen geborenen Glauben, daß hier fahlgelb und mächtig im Gebäude der verschwundene Bock auftauchen müßte.

Einmal, unter Mittag, machte mir der Störenfried Wind Sorgen. Aber dann wehte er wieder beständig hangauf. Wenn ich die Augen nicht mehr auf das satte Grün vor mir richten

konnte, weil bunte Punkte vor ihnen zu tanzen begannen, schloß ich sie für eine Weile. Um nicht einzuschlafen rauchte ich danach vorsichtig eine Zigarette. Hellbauschige Schönwetterwolken segelten lautlos über den Himmel, glitten vor die Sonne, daß mich trotz der Sommerwärme in der jäh düster gewordenen Welt fröstelte, und schwebten weiter, um hinter den Baumkronen unterzutauchen. Ich holte das Buch hervor und las; Gedichte von Rilke. ‚Und dann und wann ein weißer Elefant . . .'
Gerade als die Kirchenglocken verklungen waren, legte sich eine Hand schwer auf mein Herz und preßte es zusammen, daß es für eines Atemzuges Länge stockte. Die Getreidehalme verschoben sich ein wenig. Hinter ihrem blaßgrünen Schleier schimmerte es rot.
Brandrot.
Viel zu rot für meinen fahlen Bock.
Eine Schmalricke war es, die vertraut ins Freie zog. Ohne das Glas heben zu müssen, sah ich ihr schwarzes lebhaftes Mäulchen, das wir Jäger Äser nennen, und erkannte, wie die sorgsam ausgesuchten Halme und Blättchen geschwind in ihm verschwanden. Minutenlang blickte ich, ohne das Glas heben zu müssen, in ihre großen, sanften, feuchtschimmernden Lichter.
Dann war ich wieder allein; Stunden um Stunden.
Gegen neun Uhr abends ging ich beutelos nach Hause. Ich war nicht traurig. Auch ohne Schuß war es kein verlorener Tag.
Und dann und wann ein weißer Elefant. — — —
Die Kartoffelschläge blühten weiß und lila. Mein Bock blieb verschwunden.
Das Getreide reifte und wurde gelb. Die Mähmaschine riß das Korn an sich und warf die schweren Garben ab. Lange Mandelreihen verbanden den Wildzaun mit dem Querweg am Großen Dreesch. Zwischen ihnen wurden die toten Stop=

peln umgebrochen und das graubraune Feld mit Gründung=samen bedrillt. Im Trab kamen die pferdebespannten Ernte=wagen leer angefahren und schwankten als hohe Getreide=berge langsam zum Hof zurück.
In all diesen Wochen vergaß ich meinen Bock nicht. Aber so sehr ich mich auch nach ihm umtat, morgens, abends und einige Male auch in der stillen Stunde des Mittags, er blieb verschwunden.
Vorsichtig horchte ich die Nachbarschaft aus: „Leidlicher Ib ... fast endenlos ... über Lauscher=lang ... ?“ Aufat=mend stellte ich fest, daß keiner erlegt war, dessen Beschrei=bung auch nur annähernd auf ihn zutraf.
In den ersten Augusttagen spürten sich überall Sauen, die so lange im Korn gesteckt hatten. Schwer trugen die Hirsche am fertig verfegten Geweih. Die Sauen und die Hirsche lockten. Und doch wehrte ich mich dagegen, den Bock aufzu=geben, den ich nur an einem Juniabend für wenige Minuten gesehen hatte.
War ich töricht? Vielleicht. Und trotzdem: Das Kaum=noch=Erreichbare zwingt uns, ihm nachzujagen, so lange die heim=liche Stimme raunt: „Niemals verzagen! Niemals nachlassen! Niemals sich mit Kleinem bescheiden und darüber das große Ziel im Stich lassen!“
Am 5. August fuhren wir mit allen Gespannen Gemenge ein. Die meisten Felder waren schon vorherbstlich leer. Wenn der Wind über die Haferstoppeln weht, steht der Herbst vor der Tür. Nur auf dem letzten Quaster Schlag standen noch 30 Morgen mit Hafer untermischte Saatlupinen auf dem Halm. Es ging auf Feierabend.
Im Lupinenschlag war eine Bewegung. Ein Rehhaupt tauchte auf. Nein, es waren zwei. Ich sah durchs Glas. Ricke und Bock.
Mein Bock.
Mein Bock, den ich Wochen und Wochen vergeblich gesucht

hatte, stand 300 Schritt neben mir, und ich durfte meinen Posten nicht verlassen. Ich durfte nicht . . .

Die letzten Gespanne kamen mit den lautlos rollenden Gummiwagen angetrabt. Sie wurden beladen. Feierabend. Motorrad. Birkholzer Hof. Papa Werner: „Morgen fahren wir dann ja wohl das letzte ein . . ." Laufschritt durch die Ställe: „Was Neues?" „Nein, nichts Neues." Und immer das Bild, das wie von einer photographischen Platte aufgefangen war: Der Lupinenschlag; eine Bewegung; Ricke und Bock; mein Bock. Motorrad. Quast. Drilling. Patronen. Motorrad. Bis zum Großen Dreesch. Und in jeder Minute, jeder Sekunde, das Bild.

Jetzt begann die Jagd.

Unschwer konnte ich bis zur äußersten, noch stehengebliebenen Mandelreihe gelangen. Das Wild stand noch am selben Platz. Die dicken Lupinenschoten ragten so hoch empor, daß von den Rehen nichts zu sehen war, hielten sie den Hals waagerecht. Nur wenn sie gelangweilt umheräugten oder von den Haferrippen die milchreifen Körner abzupften, erschienen dunkelbraune Flecke über der hellbraunen Frucht. Ich legte auf der Getreidepuppe auf und versuchte ein Handbreit unter dem Bockhaupt einen Halsschuß anzubringen. Das Ziel war schmal und bewegte sich. Neben mir stand die Besorgnis, weit genug vom Gehörn fortzubleiben. Und neben mir stand das Wissen um den un=gerechten Schuß.

Die Kugel ging vorbei.

Die Ricke äugte argwöhnisch umher. Der Bock schüttelte nur apathisch die Lauscher. Er war völlig abgebrunftet. Ihm war alles gleichgültig.

Auf diese Art bekam ich ihn nicht. Also ging ich offen auf die Rehe zu. Der in der Zaunecke liegende Schlag war von zwei Seiten eingedrahtet. Zwei Seiten waren offen. Die Ricke eräugte mich und machte ein paar unschlüssige Fluchten. Doch wagte sie den Durchbruch nicht. Der Bock folgte ihr

müde und widerwillig. Ein in der stehenden Feldfrucht ab=springendes Reh erscheint in kurzen Steilfluchten über den hindernden Halmen oder Stauden. Die Dauer des Auftau=chens dürfte kürzer als eine Sekunde sein. Dabei einen guten Schuß anzubringen, ist die würdige Aufgabe eines Kunstschützen, vergleichbar mit dem Versuch, ein flüchten=des Stück Damwild zu treffen.

Zweimal schoß ich vorbei. Die dritte Kugel warf den Bock zusammen.

Das Gehörn war so gut, wie ich es mir seit einem Vierteljahr erträumt hatte. Ich stammelte nur in einem fort: „Dank! Dank! Dank!“

Nachdem sich zu Hause in Quast der erste Sturm gelegt hatte, stellte ich fest, daß der Bock meistens nur auf einer Seite gekaut hatte, so daß die eine Zahnreihe weit schärfer abgenutzt war als die andere. Ich schätzte sein Alter auf fünf Jahre. Da ich in meiner Prehlower Zeit dem Institut für Jagdkunde den weißgestiefelten Lauf eines Rotwildkalbes vermacht hatte, führten die Herrn netterweise für mich Altersuntersuchungen gebührenfrei aus. Sie hielten den Bock

nur für vierjährig. Doch glaube ich, in diesem Falle ohne Überheblichkeit sagen zu dürfen: Auch Institute können irren; in Kriegszeiten besonders leicht.
Mustert heute ein fachmännischer Gast meine übriggebliebenen fünf Gehörne, dann greift er nicht schnell nach dem prahlenden Prehlower Medaillenbock, nicht nach dem Starken aus dem Eichpfuhl, der Siewischer Murchelbock bleibt vorerst unbeachtet und vom falsch geschossenen Hundertsten gleitet der Blick ab; mit Sicherheit sagte der Kundige, auf den Quaster deutend sofort: „Donnerwetter! der ist dick!"
„Ja," sage ich dann. „Das ist auch mein einziger richtiger Pommernbock."

42

Auch was die Hirsche anbelangte, durfte ich mit dem letzten hinterpommerschen Jagdjahr nicht unzufrieden sein. Blieb mir auch ein Starker versagt, so hatte ich doch allen Grund zur Dankbarkeit. Welchem kleinen Eigenjagdbesitzer gelingt es schon, in jedem Herbst einen Jagdbaren zu strecken, selbst wenn es auf Grund weitgespannter Erlaubnis gestattet sein sollte?!
Doch sei heute im rückschauenden Betrachten ausdrücklich zugegeben, daß es um unser Jagen nicht zum Allerbesten bestellt war. Wenn in meinem ‚Blickfeld' jährlich zwei- bis dreihundert Stück Rotwild geschossen wurden, hätten mehr reife Hirsche darunter sein müssen. Aber die Alten, Starken waren zu dünn — nicht gesät! sondern: übriggeblieben.
Im Forst wurde in Sankt Raesfelds Namen eifervoll mit der Büchse gehegt. Um die Forst herum wurden die großzügig zum Abschuß Freigegebenen eifervoll erlegt, so gut oder weniger gut es gelingen wollte.

Wieviel mehr Freude würden doch alle haben, dürften die Hirsche alt werden, sogar jene, bei denen ein Kronenende inkorrekt geschoben ist.
Diese Kritik muß einmal ausgesprochen werden, weil die meisten aus ihrer Heimat Vertriebenen zu dem mit schmerz=lich=verklärten Lächeln geflüsterten Bekenntnis neigen: „Bei uns zu Hause hat sogar der Mist besser gerochen." Wie kann man nur so etwas aussprechen? Mit dieser doch nur auf Ab=lehnung stoßenden Behauptung mache ich mich nicht lächer=lich. Ich nicht! Nur im stillen d e n k e ich: „Natürlich hat er besser gerochen! denn es war unser Mist!"
Neben Ückers Eichpfuhl hatte ich mir ein tiefes Loch gebud=delt. Ich weiß, mit welchem häßlichen Hohnwort eine der=artige Einrichtung belegt wird. Aber vermag ich aus ihm heraus das Geweih eines Hirsches ehrlich anzusprechen, dann ist es mir lieb und wert, das vielgeschmähte Bauernklosett! Fast an jedem Abend der Feistzeit, wenn ich dort wartete, kam Wild, das schöpfen oder suhlen wollte.
In einer wunderbar klaren Spätaugustnacht, in der sich die letzten Erntegerüche mit denen eines frühen Herbstes mischten, hörte ich ein einzelnes Stück anwechseln.
Hirsch. Nicht mehr jung. Widersinniges Geweih. Schwer den einen Lauf schonend.
Ich schoß auf sechzig Schritt. Nach wenigen taumelnden Fluchten brach der Hirsch zusammen. Er hatte links eine starke Achterstange; rechts über der guten Augsprosse nur ein langes, schräg=verbogenes Ende. Der linke, der diagonale Hinterlauf fehlte unterhalb der Keule. Die Wunde war voll=kommen verheilt. Das mußte ein recht fahrlässiger Schütze gewesen sein, der einen so schwer angeschweißten Hirsch nicht bekam, oder ein recht gewissenloser, der ihn nicht dem Nachbarn meldete.
Ohne die Harmonie des Hauptes mit dem scheußlichen ‚Backenschlitz' zu vernichten, ertastete ich mit der Mittel=

fingerkuppe der rechten Hand ein Alter von 7 bis 8 Jahren. Der richtige Hirsch; der richtige Schuß; wie zufrieden und glücklich durfte ich sein! — — —
Bestimmt haben manche unserer Kartoffelsammler oft und oft innerlich über mich geflucht, wenn ich mit sinkender Sonne bei ihnen erschien, um dafür zu sorgen, daß sie nicht zu früh ausrissen, und manche werden mich deswegen gehaßt haben.
Hätten sie geahnt, wie ich selbst den Arbeitsschluß herbeisehnte! Wie es in mir bohrte und zerrte, bettelte und mich beschwor: „Zum Teufel die fünf Minuten! Sag: ‚Feierabend!' und du bist fünf Minuten früher bei den Hirschen!"
Beide sind sie gebunden, der die Arbeit ausführt und der andere, dessen Aufsichtsamt so bequem aussieht.
Zum Anfang der Brunft machten wir draußen um halb sechs

Schluß. Zehn Minuten später beehrte ich den Domänenhof mit meiner Anwesenheit. Zehn Minuten später war ich am Fuß des Turmbergs und keuchte den dreihundert Schritt langen Hang hinauf, an dem ich damals den Nebel=Vier=zehnender geschossen hatte.

Und abermals zehn Minuten darauf strich ich an der Leiter des Hännehochsitzes an. Auf einem in den Wald einge=sprengten Ückerschen Serradellastück stand im Schein der untergehenden Sonne ein ungerades Zehnerchen. In der Brunft erlebte ich es mehrfach, daß Hirsche, die wahrschein=lich seit Tagen nicht mehr richtig geäst hatten, plötzlich der Übermacht ihres Heißhungers erlagen und jede Vorsicht außer acht ließen.

Der Schuß war weit. Die Kugel saß etwas zu hoch auf dem Rückgrat. Ich mußte zum zweitenmal schießen.

Nachher hatte ich ein nicht ganz reines Gewissen: Der Hirsch war nur vierjährig, allenfalls bei ‚milder' Beurteilung fünf Jahre alt. Hätte er Zukunft gehabt? Ich wagte es nicht, die Frage selbstsicher und überheblich zu entscheiden. — — —

Ähnliche Zweifel blieben mir beim letzten Hirsch dieses Jahres erspart. Wieder saß ich im Erdloch an Ückers Eich=pfuhl. Die Brunft war am 2. Oktober im Ausklingen.

Beim Mondaufgang hörte ich Wild im staatlichen Hochholz schräg=links von mir herumtreten. Mindestens zwanzig Minuten hielten sie sich dort sichernd auf. Einmal knörte ein Hirsch leise.

Einmal hustete ein Stück.

Endlich kamen sie, den breitausgetretenen Wechsel benut=zend, ins Feld gezogen. Dabei sah ich die schwarzen Wild=körper auf dem mählich ansteigenden Hang längere Zeit gegen den Horizont, an dem die orangefarbene Mondkugel emporschwebte.

Es waren vier Stück Mutterwild, verwunderlicherweise ohne Kälber, gefolgt von einem mittelalten Achter, der jetzt im

Freien mehrmals laut schrie. Bis ich mir von ihm ein möglichst genaues Bild gemacht hatte, waren es zum Rudel hinauf 165 Schritt geworden. Aber kann man auf dem Rand eines Erdloches auflegen, ist der Schuß kein Wagnis.
Wieder saß die Kugel etwas zu hoch, vielleicht in dem naheliegenden Gedanken: weit! höher halten! Der Hirsch brach sogleich zusammen, brauchte aber noch den Fangschuß.
Er war sechs bis sieben Jahre alt und trug ein ausgesprochen langweiliges Durchschnittsgeweih. Das mit Bedacht gewählte Wort: langweilig soll um des Himmels willen nicht herablassend, eingebildet, übersättigt klingen. Es dient nur der genauen Beschreibung. Diese mittelalten nicht starken und nicht schwachen Achter ohne jedes besondere Kennzeichen wirken nun einmal ein wenig langweilig. Das so sehr viel kleinere Gehörn des Rehbocks ist meistens eigenwilliger geformt. — — —
Am nächsten Nachmittag besuchte uns Forstmeister Bergmann. Ich hatte ihn angerufen, daß in der Nacht ein starker Hirsch am Jägerkamp geschrien habe, so, ‚daß bei uns in Quast die Fenster zitterten.' Der große Nachbar war noch nicht zu Schuß gekommen. Mit meinen drei Hirschen kam ich mir unbescheiden vor. Von Herzen hätte ich ihm Waidmannsheil gegönnt.
Schnell, bevor er zum Jägerkamp ging, veranstalteten wir eine interne Geweihschau. Den mir fraglich erscheinenden Turmberg=Zehner nahm ich zuerst, um allen Einwendungen sofort begegnen zu können. Meine heimlichen Befürchtungen waren unnötig. Es hieß: „Dünnstangig; mit mindestens vier Jahren keine sichtbare Neigung zur Kronenbildung; richtig geschossen."
Nun, um den Langweiligen war es noch besser bestellt; der war nicht nur richtig, der war goldrichtig.
Kam als Letzter, nicht als Geringster, der lahme Abnorme. Bei dem sagte unser Gast etwas Bemerkenswertes: „Um

diesen Hirsch ist es eigentlich schade. Enden hin oder her, das ist schließlich gleichgültig. Aber er hat Masse; und Masse brauchen wir vor allem."
„Ohne Zweifel," sagte ich verblüfft. „Aber, entschuldigen Sie, Herr Forstmeister, entschuldige liebe Christa! der Hirsch hatte nur e i n e n Hinterlauf. Es dürfte ihm schwergefallen sein, seine Masse erfolgreich zu vererben."
Dieser Einwurf war nicht von der Hand zu weisen. —
Nachdem die schlanke Gestalt des Forstmeisters am Hoftor verschwunden war, ging ich zum Stall, wo mir ein Häuflein aufgeregter Menschen kundtat, daß inzwischen etwas Unvorhergesehenes geschehen war. Unvorhergesehenes bedeutet in der Landwirtschaft todsicher Ärger.
Was war passiert? Zum erstenmal sollten an diesem Tage die fünf Deputatkühe auf dem Jägerkamp-Gründung gehütet werden. Ein nicht übertrieben aufgewecktes Russenknäblein und zwei deutsche Schuljungens bildeten das Begleitpersonal. Hänne war mit seinen Freunden mitgegangen. Schließlich ist es ein Hauptspaß, mitten in einem Walde, an dessen Rand zwei Hochsitze stehen, die Kühe zu bewachen;

zum mindesten im Anfang; mit der Zeit pflegt der Reiz solcher Unternehmungen nachzulassen.
Tja, wenn die Jungen nur richtig aufgepaßt hätten! Als es Zeit zum Heimtreiben war, fehlte Bertha Schlenders Püsche! Das war ein verrücktes Vieh, voller Ungehorsam und Eigenwilligkeit. Und jetzt war sie weg! Der Panje wurde mit den vier restlichen Tieren nach Quast geschickt, um dort Vermißtenanzeige zu erstatten. Unsere drei Bengels begannen allsogleich in großer Bekniffenheit die Randschonungen nach der Ausreißerin zu durchkriechen. Bald gesellten sich alle Quaster beiderlei Geschlechts zu ihnen, die unter den teils lockenden, teils zornigen Rufen „Püsche! Püsche!" die gesamte Umgebung des Jägerkamps rebellisch machten. Erst bei einbrechender Dämmerung kehrte man, unverrichteter Sache und entsprechend verzagt zum Hof zurück.
Und ich armer Irrer hatte Herrn Forstmeister Bergmann angerufen er möge sich am wohl letzten Tage der Brunft an diesem Ort des Vergrames ansetzen!
Zwei Stunden später, im Schein des späten Mondes, kam er zurück. Er schwang einen großen Knüppel und trieb die Püsche vor sich her. „Eigentlich war es recht spannend," berichtete er mit Fassung, „als es in der Dickung zu knacken anfing." — — —
Bei der nächsten Schlopper Treibjagd gab Herr Forstmeister Schuberth am gastlichen Frühstücksfeuer diese Geschichte zum besten. Er schilderte sie aber so, als hätte ich die Püsche mit Absicht im Busch versteckt. Und das mußte ich mir klaglos mit anhören. Denn Widerspruch ist in solchen Fällen doch zwecklos.

43

Mit dem Birkholzer Schlachtstück klappte es 1944 vorerst gar nicht. Ostdeutsche Gutsfrauen pflegten zum Schweineschlachten bei ihrem Jagdbeflissenen ein Stück Rotwild zu bestellen, dessen Keulen und Blätter in die Dauerware kamen — der Ziemer ist zu schade dazu; er diente zu drei bis vier Geburtstagsgeschenken an besonders Bevorzugte — während die Leber die entsprechende Wurst zwar vermehrte, aber nicht unbedingt zarter und wohlschmeckender machte.

Um meinen wenigstens in dieser Beziehung guten Ruf nicht zu gefährden, hatte ich den sichersten Wechsel des Reviers, den zwischen Ückers Eichpfuhl und meiner Grenzschonung, nach dem letzten dort geschossenen Achter nicht weiter beunruhigt. So saß ich dort Mitte November in der schönen Sicherheit, die schon den halben Erfolg gewährt, fast so wie die Braut auf der Fahrt zum Standesamt.

Wieder hörte ich das Wild im Holz. Wieder dauerte es endlos lange. Aber dann kam ein großes Rudel; 12 oder 13 Stück. Mitten zwischen ihnen ein leidlicher Zehner, der ein Tier trieb; ein nachbrunftendes Stück.

Das mußte ich haben!

Wenn es sechs Wochen zu spät beschlagen wurde, gab es ein Sommerkalb, das nie wieder den Anschluß an die zur rechten Zeit gesetzten finden würde.

Jetzt verhoffte das Stück breit am Hang. Es war weit, aber der aufgelegt abgegebene Schuß konnte nicht vorbeigehen. Jetzt ‚stand der Zielstachel auf dem Blatt', wie der in solchen Situationen allzu häufig genutzte Ausdruck lautet.

Jetzt . . . peng!

Hatte sich was mit dem Schuß, der nicht vorbeigehen konnte! Teufel nochmal! Im Augenblick, wie ich schoß, drängte der Hirsch vor, tänzelte das Stück weiter. Blitzsauber fuhr die Kugel zwischen dem unzeitgemäßen Liebespaar hindurch.

Grausam ernüchtert fuhren sie auseinander. Man male sich aus: Wenn uns derlei zustieße! Wildes Fluchtgepolter. Dicht vor dem Holz schoben sich alle Stücke auf einen Haufen zusammen und verhofften.

Ich gestehe es ungern, daß ich im Anschlag lag, um noch einmal zu schießen, falls sich ein Tier freistellte. Derart versessen war ich darauf, meine Zusicherung einzuhalten. Aber nach kurzer Umschau wechselten alle schnell weiter und verschwanden im Waldschatten. So unterblieb der leichtsinnige Schuß. Den todsicheren Wechsel hatte ich mir bildschön vergrämt. — — —

Im Dezembermond lag Schnee. Zwei Stunden lang pürschte ich eines Abends hinter 15 Stück Rotwild her, die auf dem Domänenfeld Kartoffeln nachstoppelten. Die einzige Dekkung war der Große Dreesch, eine zweihundert Schritt lange, schmale Sandscholle, die nur zum Kartoffelaufbewahren diente. Die Mieten mit den an beiden Seiten tief ausgeschippten Gräben gaben reichlich Deckung ab. Ringsherum lag das ebene, winterkahle Feld, 300—500—500—1100 Meter tief.

War ich am oberen Rand des Dreesches, schien sich das weit auseinandergezogene Rudel dem unteren zu nähern. Hatte ich es in gebücktem Eilmarsch erreicht, fuhren sie dort, mit dem Geäse die Kartoffeln suchend, durch den lockeren Schnee, wo ich eine Viertelstunde vorher gehockt hatte. Das ist ein recht amüsantes Gesellschaftsspiel, bei dem man zum mindesten nicht kalt wird. Wir nannten es als Kinder: Verwechselt, verwechselt das Bäumchen!

Als ich einmal so behutsam wie möglich die Nase um ein Mietenende herumsteckte, machte ein Fuchs von der anderen Seite genau das gleiche. Viel hätte nicht gefehlt, daß wir mit den Köpfen zusammenstießen. Der Schreck hieb ihn geradezu nieder.

Einen winzigen Augenblick lang, für die Dauer eines Wimpernzucks, klappte er zusammen wie ein gutdressierte Ge=

brauchshund vor einem herausfahrenden Hasen. Dann verschwand er in windender Fahrt. —

Nach langem vergeblichen Bemühen glaubte ich, den Schuß auf ein Stück, das sich abseits hielt, wagen zu dürfen. Es wurde aber nichts. Mit den anderen zusammen flüchtete es in die äußerste Feldecke, in der ich den dicken Pommernbock geschossen hatte. Obwohl es da zwei Aussprünge gab, hielt ich es für unwahrscheinlich, daß sie einen davon benutzt hätten. Außer einem von Herrn Dalei am Tage angeschweißten leidlichen Zehner, den wir mit Forstmeister Bergmann zusammen in der Nähe des Jägerkamps verendet fanden, war noch niemals ein Stück Rotwild auf diesem so bequemen Weg ins Staatliche zurückgekehrt.

Vorsichtig schob ich mich am Zaun entlang. Standen sie wirklich noch im letzten Winkel, konnte es vielleicht doch klappen. Aber nirgends waren sie zu entdecken. Da ging ich auf den Acker hinaus, um die Fährten zu suchen. Bald stieß

ich auf die dunkle Furche im grausilbernen Schnee. Ohne zu zögern hatte das Leittier sein Rudel auf das große Zaunloch zugeführt, durch das seit Monaten die Rehe und Sauen ein- und ausspazierten. In Gedanken machte ich dem erfahrenen Stück eine Verbeugung anerkennenden Respekts: Es hatte um das Loch gewußt, sonst wäre es außerstande gewesen, den Durchschlupf im Zwielicht der Mondnacht sofort zu finden. Niemals war er in friedlichen Nächten benutzt worden. Da wurde der Wechsel oben am Turmberg, um das Zaunende herum, gewählt. Es ist auch nicht Rotwildart, durch eine Zaunlücke zu kriechen, die höchstens dreiviertel Geviertmeter aufklaffte. In der Gefahr jedoch erinnerte sich die Führerin des noch nie betretenen Ausweges und zögerte nicht, auf ihm das in blindem Gehorsam folgende Wild in Sicherheit zu bringen. Ist das nicht ein Beispiel hoher Intelligenz und bewundernswerter Überlegenheit?!
Am anderen Morgen fand ich am Anschuß ‚blutrote' Schweißspritzer, die zum Zaun hin immer spärlicher wurden. Ohne viel Hoffnung auf Erfolg verabredete ich mich mit Förster Eichknüppel, der jetzt schon fast das halbe Forstamt betreute, die Nachsuche.
Mit der uralten Schweißhündin Silva, die unangeleint kurz vor den Jägern suchte, folgten wir weit ins Holz hinein. Der Schweiß hatte längst aufgehört. Dort, wo das beschossene Stück zusammen mit den anderen Heidekraut geäst hatte, brachen wir in der Überzeugung ab, daß ihm nichts Ernstliches geschehen war. Das war ein beruhigendes Gefühl – aber kein Schlachtstück.

44

Am nächsten Tage setzte überraschend Tauwetter ein. Ein warmer Südwestwind fraß den Schnee. Dann schlug das Wet-

ter noch einmal um. In der Vollmondnacht wurde es bitter=kalt.
Ich saß in einem vorsorglich gegrabenen Loch neben dem Wildzaunende am Turmbergweg. Drei geringe Hirsche kamen. Sie machten mir beim Kartoffelsuchen Verbeugungen, als wollten sie sagen: „Wir sind einwandfrei IIa, was gegen den hellen Horizont Euer Hochwohlgeboren nicht verborgen bleiben dürfte. Außerdem duften wir immer noch leicht brunftanrüchig, eignen uns also zum Verwursten kaum besser als ein alter Ziegenbock." Auf Schrotschußweite zogen sie an mir vorbei, tiefer hinein ins Domänenfeld.
Heute ist die Idealnacht zum Reizen, haderte ich mit mir selbst, Frost, Windstille, Mondschein. Sie ist zu schade, um im Luderloch lauernd durchzufrieren. Schluß! Schluß!
Eine halbe Stunde später saß ich drüben in Gollin auf dem Brigitten=Hochsitz. Mit meiner Nichte zusammen hatt ich ihn eingeweiht. Er stand genau in der Mitte der Dreißig Morgen.
Warten. Zigarette. Reizen . . . Reizen . . .
Starker Fuchs, von links nach rechts querüber.
Querüber war verwunderlich. Da die Dreißig Morgen von zwei Seiten von Wald begrenzt wurden und an der dritten steil abfielen, mögen sich die Töne mit dem Echo getroffen und so vermischt haben, daß der Fuchs ausnahmsweise die Richtung nicht genau einhielt.
Schon seit Jahren zielte ich nachts auch die Schrotschüsse durch das siebeneinhalbfache Glas. Das bedeutete, daß ich den einen oder anderen Fuchs verpaßte, weil ich ihn nicht schnell genug fand; aber das Abkommen war dafür sicher.
Der Fuchs lag reglos im Schuß. Ich blickte durch das Jagd=glas. Reglos und flach lag er auf der Seite.
Ich blieb sitzen und rauchte. Dann reizte ich.
Der zweite Fuchs kam. Ziemlich unglücklich blieb er schräg hinter mir stehen, machte zwei, drei zögernde Tritte, blieb wieder stehen. Ich bekam das Kunststück fertig, mich umzu=

drehen. Jetzt konnte ich durch die offen gelassene Hochsitztür schießen.
Der erste war ein alter Rüde; der andere eine Jährlingsfähe. Beide verwahrte ich oben auf dem Hochsitz.
Weiter! Zum Eichpfuhl!
Ich kletterte auf den Hochsitz, oberhalb der Tannen, von dem aus ich im Frühjahr den dreiläufigen Keiler geschossen hatte. Vor mir dehnte sich das Feld im Tageshelle vortrügenden Mondschein. Hinter mir dämmerte die Lange Schonung mit einer vorgeschobenen schmalen Kultur. Dahinter, zur Linken, ragten die Tannen empor.
Dreimal reizte ich vergeblich. Aber ich konnte mich noch nicht losreißen. Zu schön war die lautlose, klare, kalte Nacht. So schickte ich meine berühmten drei ‚ersterbenden Töne' hinterher, an die ich felsenfest glaubte, obgleich sie mir eigentlich nur sehr selten Erfolg gebracht hatten.
Da kam etwas aus den Tannen heraus. Schwarz, nicht fahl; hüpfend, nicht schnürend, hechelnd, nicht lautlos. Verschwand in der Langen Schonung.
Mein Herz dröhnte: dong! dong! dong! dong! So dröhnte mein Herz.
Ich stand auf, reizte, einen winzigen Ton nur.
Das schwarze Ding kam auf die Kultur zurück. Es hechelte. Dreißig Schritt. Schuß.
Ein Donner wie das Zusammenstürzen von Bergriesen am jüngsten Tage. Ein Schlag auf meine Nasenwurzel, daß ich taumelte. Das Wasser schoß mir in die Augen. Blut rieselte über das Gesicht.
Mechanisch öffnete ich den Drilling. Er hatte gedoppelt. Beide 12er Patronen waren leer. Ich lachte! Ich lachte lautlos ganz tief innendrin. Denn unten lag reglos das schwarze Ding.
Mit benommenem Kopf stieg ich vom Hochsitz, ging ich in einer Pflanzreihe der Kultur entlang, zuerst ungeduldig

schnell, dann langsamer, als hemmte die Ungewißheit den Schritt. Dann bückte ich mich in unbeschreiblichem Jubel, in einem Jubel, der zu groß war, als daß man ihn mit den zu oft schon gebrauchten Worten beschriebe.
Baummarder.
Wild, fremd, gut duftender, starker Baummarderrüde mit dichtem, betörend weichem Balg, den die glattstreichende Hand nicht loslassen mochte.
Was tat es, daß an der Waffe tatsächlich etwas in Unordnung geraden war?! Denn jedesmal beim Abdrücken des linken Schlosses schlug auch der rechte Schlagbolzen übereifrig zu. Es tat nichts! Ich lud nur noch den einen Lauf und führte in den wenigen mir noch zugemessenen Jagdwochen gleichsam eine Büchsflinte.
Was tat es gar, daß mitten auf der Stirn, da, wo das schwere Zielfernrohr im unerwarteten Rückschlag des Doppelschusses mit seiner durch die Gummiblende nur unvollkommen gepolsterten Stahlkante zugeschlagen hatte, ein beträchtliches Einhorn wuchs? Das war meinem Glück nur eine derblustige Zugabe, als krachte die Faust des Jagdkumpans in der Begeisterung ein wenig zu grob auf die Schulter.
Alles das versank zur Unwichtigkeit gegen meinen Marder...
Den kürzesten Heimweg wählend, ging ich über den Domänenhof. Er lag im tiefen Schlummer der Winternacht. Nur aus der Franzosenstube stahl sich schwacher Lichtschein durch die verhängten Fenster, drangen leise schwermütige Töne. Henri spielte auf der ihm von Werners geliehenen Geige.
Plaisir d'amour ne dure qu'un moment . . .
Am Kirchhof ging ich vorbei und durch Kiefernaltholz den Weg zum Feld hinauf. Bevor ich ins Freie trat, hob ich das Glas.
Rotwild.
Elf oder zwölf Stück Rotwild auf beste Schußentfernung.

Das Schlachtstück.
Mit dem sechsten Sinn des Jägers, der seit seinem dreizehnten Lebensjahr einige tausend Nächte draußen verbracht hatte, suchte ich ein etwas abseits stehendes Stück, das vom Rudel durch zwei geringe Hirsche getrennt war. Dieser sechste Sinn kann trügen, man darf sich nicht blind auf ihn verlassen. Aber wird man nicht durch ungehemmte Schießgier verblendet, dann erweist er sich hilfreich.
In seinen taumelnden, strauchelnden letzten Fluchten beschrieb das Stück einen Halbkreis. 30 Schritt vor dem Waldrand brach es zusammen. 30 Schritt vor einer kaum noch benutzten, schon ein wenig lebensgefährlichen Leiter, die zu einem Sitz hoch oben in den Kiefernwipfeln führte.
Ein frisch geschossenes Wild! Schweißwitterung! Baumkronenversteck!
Ohne zum Stück zu gehen, kletterte ich hinauf, wartete, reizte ...
Aus den fast unendlichen Wäldern hinter mir kam ein Fuchs und schlich sich, ängstlich-zögernd und doch unwiderstehlich der Lockung erliegend, zu dem Rottier. Lautlos strich er daran vorbei, umkreiste er es.
Der Mond stand schon tief, noch ungewisser, noch trügerischer als vorher war sein fahler Schimmer. Als ich schoß, wischte der Fuchs, wie von Furien gehetzt, davon. Sofort erkannte ich meinen Irrtum: ich hatte nicht auf ihn gezielt, der grau mit dem grauen Feld verschmolz, sondern auf seinen deutlicher sichtbaren Schatten. Was tat das schon?!
Wie dankbar mußte ich trotz des Fehlschusses sein. Das starke, feiste Rottier hatte in diesem Winter kein Kalb geführt.
Noch eine gute halbe Stunde hatte ich zu gehen. Erst dabei wurde mir bewußt, daß ich die ganze Zeit über das alte melancholische Volkslied in mir gesummt hatte.
Chagrin d'amour dure toute la vie ...

Aber es hatte sich in eine Melodie der Glückseligkeit verwandelt.

45

Wer sich einbildet, Forstverwaltungen wären fasanendumm, der irrt gewaltig. Im Gegenteil: ich halte sie für ausgesprochen schlaulistig. Besonders wird dies offenbar, gilt es die alljährliche Zuweisung des Selbstwerbungsholzes.

Bei der Selbstwerbung führt der Holzliebhaber nach Anordnung des Försters das Schlagen der Bäume eigenhändig aus und setzt säuberlich geschichtete Haufen. Die werden abgenommen und dürfen, ist ein unerheblicher Taxpreis bei der Forstkasse entrichtet, aufgeladen und heimgefahren werden. Birkholz lag in weite Forsten eingebettet, wie die Perle in der Auster. Wurden wir nun im Spätherbst auf dem Amt vorstellig, es möge uns ein Jagen zur Selbstwerbung bezeichnen, damit wir unseren Leuten die ihnen zustehende ‚Brennung' verabfolgen könnten, dann fiel die Wahl keinesfalls auf ein Gelände, das auch nur andeutungsweise in der Birkholzer Bannmeile lag. Leittier-klug wurde uns ein Revierteil bezeichnet, in dem sich bei völligem Hasenmangel die wenigen vorhandenen Füchse allein Gutenacht sagen mußten, weit, weit dahinten in der Heide ... Es handelte sich auch gewöhnlich um ein so miserables Stangenholz, daß einem schon vorher windelweich zu Mute wurde.

Weswegen behandelte uns die Hohe Verwaltung so liebeleer? Aus schnöder Neidsucht? Nein! Keineswegs! Aus fiskalischer Scharfsichtigkeit und Kalkulation! An den uns überlassenen wüsten Orten konnte nämlich kein im Akkord schlagender Holzhauer auf seine Kosten kommen. Dort Stangenhaufen zusammenzuschuften, würde einen höheren Arbeitslohn bedingen als der Verkaufserlös einzubringen

vermochte. Deswegen gestattete man uns in der Hundetürkei die Selbstwerbung. Und ich war's zufrieden.
Denn es waren die unterhaltsamsten und bequemsten Wochen des Jahres was meine Arbeit anbetraf. Am grauen Morgen wurden die beilbewaffneten Männlein und die unbewehrten Weiblein mit geziemender Strohunterlage auf die Gummiwagen gesetzt und vom Trecker in den finsteren Busch getuckert. Ich besuchte die wenigen auf der Domäne zurückgebliebenen Leute, frühstückte in Quast noch einmal gehörig und fuhr hinterher.
Manchmal war ich mit Förster Eichknüppel zum Auszeichnen verabredet. Das ließ ich mir nicht entgehen; ist es doch eine der lehrreichsten Arbeiten im Walde, zu entscheiden: dieser Baum darf leben, jener nicht.
Mit wichtiger Miene ging Eichknüppel durch den Bestand, auf jeder Seite einen von unseren Leuten, die mit dem Beilchen das Todeszeichen in die Stämme laschten. Mit Wink und Wort wies er uns an: „Protz — raus! Zopftrocken — raus! Altgeschält — raus! Altgeschält — raus! Nein! der bleibt stehn; ist zwar krumm, aber bedeckt den Boden. Peitsche — weg! Posthorn — weg! Zwiesel — weg! Halt! der Dünne bleibt stehn! -- ist mein bester Baum!"
Förster Eichknüppel verstand sein Geschäft und war flink zu Fuß. Hatten wir derart ohne Pause zwei Stunden ausgezeichnet, konnten wir drei Tage lang schlagen. — — —
Kurz vor dem Weihnachtsfest 44 hatte ich nur noch 5 Liter Sprit für das Motorrad. Als eiserne Reserve mußten sie für den Notfall aufgehoben werden. So kutschte ich mit dem Einspänner umher. Der Pferdewagen ist poesievoller, die Maschine billiger und schneller. Man kann sie auch sommer- und wintertags überall abstellen. Ein Pferd schlägt, von den Bremsen zerstochen, alles kurz und klein oder friert sich bei Kälte zuschanden.
An einem dieser Tage sagte ich, nach einem frühen Mittag-

essen zu Christa: „Ich fahre jetzt in den Busch. Zu Feierabend muß ich in Birkholz teilnehmende Worte sprechen. Dann will ich gleich zum Eichpfuhl. Du weißt, die letzte Ricke. Ich nehme mein Zeug mit, weil ich vorher nicht zurückkommen kann."
Also verstaute ich den Rucksack und das vorschriftsmäßig im Futteral verwahrte Gewehr auf meinem Gefährt. Dann zuckelte ich los. Wärmer und gemütlicher und vor allem besinnlicher sitzt man ja auf dem Wagen; das sei der Gerechtigkeit halber nachträglich festgestellt.
Große Dreesch — Fehlschuß auf das Schlachtstück; Turmbergweg — die Fährte des Vierzehnenders, heraus, hinein, die Dreißig Morgen — zwei Füchse; das Stadtbruch — meine beiden einzigen Golliner Schnepfen. Winziger Teil nur des an jedem Ort erlebten. Grund genug, sich auf geruhsamer Wagenfahrt dankbaren Herzens zu erinnern.
Dicht hinter Gollin begann der große Wald. Zuerst kam die Schonung, an der ich bei der Treibjagd im vergangenen Jahr den neuneinhalbpfündigen Hasen geschossen hatte. Viermal donnerte ich mit der ausnahmsweise geführten Selbstladeflinte, bis er lag.
Feierlich überreichte mir Papa Schulz hinterher einen ansehlichen Bruch. Ebenso feierlich steckte ich ihn an, wobei ich nicht vergaß, dem Krummen sein Zweiglein abzuteilen. „Er war mit dem ersten Schuß angekröpelt. Also mußte ich so lange schießen, bis ich ihn hatte," verteidigte ich mich.
„Vortrefflich!" sagte Papa Schulz. „Deswegen gab ich Ihnen ja auch den Bruch."
Meine Fahrt ging weiter. Linkerhand dehnte sich, vom Wald umschlossen, ein staatliches Ackerstück aus, das ein Golliner Bauer in Pacht bewirtschaftete. Dicht neben mir wurde plötzlich ein lauflahmes Kitz aus einem geringen Haufen Mietenstroh hoch und quälte sich vorwärts, um das offene Feld zu überqueren.

In rasender Eile überlegte ich: Eichknüppel kriegst du heute nicht mehr zu fassen. Außerdem weiß er schon so nicht mehr, wo ihm der Kopf steht. Außerdem kann die alte Silva keine Hetze mehr machen. Schnell! Schieß! So schnell wie möglich!
„Prrr!"
Mein mittelschwerer Ostpreuße stand mucksstill. Mit eiligen Händen zog ich den Drilling aus seinem Behältnis und lud eine Kugelpatrone. Das Kitz war inzwischen bis zur gegenüberliegenden Schonung gezogen. Dort verhoffte es, spitz von hinten auf mich zurückäugend. Es war höllisch weit, an die 150 Schritt. Ich hatte mir nicht die Zeit genommen, das Fernrohr auszupacken und aufzuhaken. Machte das kranke Reh nur einen Schritt vorwärts, war es verschwunden.
Der Schuß riß es zusammen. Ich hatte allen Grund, mit mir zufrieden zu sein. Das bin ich immer gern.
Am Stück warteten meiner der Überraschungen einige:
Zuerst sah ich sofort an dem länglichen Schädel, daß es kein heuriges Kitz war, sondern ein erbarmungswürdig abgekommener Jährling. Dazu war es ein Bock. Der jammervollste Knopfbock, der mir in all den grenzmärkischen Jahren begegnete. Auf der einen Seite besaß er einen erbsengroßen Knopf, auf der anderen besaß er gar nichts.
Böcke hatten im Dezember Schonzeit. Aber der zerschmetterte, in der Sommerdecke mumifizierte, nur noch an einigen Sehnen hängende Lauf würde den Abschuß wohl rechtfertigen.
Als meine Besichtigungen so weit gediehen waren, kam die letzte und dramatischste Überraschung: der Bock wurde lebendig, und zwar mit den erheblichen Kräften eines Rehes, das sich in Todesangst befreien will. Weit gefehlt, sie zu unterschätzen! Der Drilling lehnte im Wagen. Der Wagen stand dreißig Schritt entfernt auf dem Weg.
Das Jagdmesser! Nach wenigen Augenblicken streckte sich die arme Kreatur. Ich hatte die große Schlagader am Herzen getroffen.

Jetzt begann die Suche nach dem Schuß. Vergeblich. Nirgends zeigte sich ein Treffer. Auch beim Aufbrechen fand ich keine Spur davon.
In gewisser Weise bin ich wundergläubig. Ich traue mir auch mächtig viel zu. Aber daß ein von mir auf 150 Schritt vorbeigeschossenes Reh vom Schreck betäubt umfällt und mehrere Minuten reglos daliegt, bis es sich abfangen läßt, das vermochte ich damals nicht zu glauben, als ich diese zwanzig Pfund Elend hin und herdrehte.
Endlich kam mir die Erklärung des schier Unbegreiflichen, das allerdings einem echten Wunder nicht viel nachgab: Meine Kugel war zu hoch gegangen, vermutlich, weil ich in der Eile Vollkorn genommen hatte. Sie traf nur ein Gehörnknöpfchen und zerschmetterte es so vollkommen, daß ich auf ihr natürliches Fehlen geschlossen hatte. Infolge der Erschütterung sank der Bock bewegungslos zusammen. Überlegte ich mir nachträglich die Stellung des spitzstehenden Rehes, wie es mich mit zurückgedrehtem aber nicht hochgereckten Haupt angeäugt hatte, dann genügte ein gar nicht so erheblicher Zielfehler, um statt des Blattes das gefegte Ende des kümmerlichen Rosenstockes zu treffen.
Abends gab ich den Bock in der Försterei Gollin ab, nachdem ich ihn durch das halbe Amt spazierengefahren hatte; natürlich ohne Ursprungsschein. Wie erwartet, steckte Eichknüppel noch irgendwo im Revier. Ich rief das Forstamt an und meldete:
„Ich habe im Staatlichen einen Rehbock ohne Auftrag geschossen. Das Loch hinter dem Blatt ist vom Waidmesser. Sonst zeigt er keine frische Verletzung."
„Gut", sagte Forstmeister Schuberth. „Bitte weiter."
Ich berichtete die Einzelheiten.
„Gut", sagte der Forstmeister noch einmal. „Das haben Sie gut gemacht; sehr gut sogar." Dann lachte er, und dann fügte er hinzu: „Sowas kriegen auch bloß Sie fertig!"

Ob ich von meinem irrigen Ansprechen erzählt habe, weiß ich heute nicht mehr. Möglicherweise habe ich es als unerheblich für mich behalten.
Das war der letzte Schuß mit meinem Drilling.
Zwei Wochen später hielt ich mit gemischten Gefühlen einen 98er allerältester Bauart in den Händen.

46

Vor dieser einschneidenden Änderung rüsteten wir uns, das Weihnachtsfest noch einmal zu Hause zu feiern.
Im Eichpfuhl standen zwar eine ganze Menge Fichten, aber von dort den Christbaum zu holen, dazu konnte ich mich nie entschließen. Mit einem schlechten durfte ich Christa nicht unter die Augen kommen, und die gutgewachsenen zu schlagen, brachte ich nicht übers Herz. Deswegen suchte ich für Werners und uns alljährlich im Staatlichen eine geeignete Rottanne aus, für die wir den Festpreis von einer Mark zu entrichten hatten.
Diesmal fuhr ich mit unserem bretonischen Milchkutscher François Costiou in den nebelverhangenen Wald. Der frühe Winterabend war nicht mehr weit.
Eng nebeneinander saßen wir auf dem leichten Milchwagen.
„François ..." fing ich an, in meinen geringen französischen Sprachkenntnissen nach den rechten Wörtern suchend. Unwillkürlich dämpfte ich die Stimme, obwohl weit und breit keine Menschenseele war, die uns hätte belauschen können.
„François, si c'est nécessaire, que vous partirez, tous ... daß alle ... abreisen müssen. Und ich bin nicht dabei ... Passen Sie auf meine Frau und die Kinder auf. Bitte!"
„Mais naturellement, Monsieur Liepmann! Ich es versprechen!"
Er und seine Kameraden und die Polenjungens und all die

andern Ausländer haben unsere schutzlosen Frauen und Kinder nicht im Stich gelassen. Auch nicht, als es galt, im feindlichen Artilleriebeschuß bei den Pferden auszuhalten. Das soll ihnen unvergessen sein. –

Um das uns bezeichnete Jagen, aus dem wir die Bäume holen durften, zu erreichen, mußten wir an einem der großen Seen vorbeifahren, die, überall verstreut, in ihrem schwermütigen Reiz so recht zu der ernsten Landschaft gehörten.

Mit kraftvollem Flügelschlag ruderte ein mächtiger Vogel über das schweigende Gewässer. Wir sahen ihn gleichzeitig. „Un aigle! un aigle!" rief François staunend.

Tatsächlich! Es war der einzige seines Geschlechtes, den ich jemals in freier Wildbahn gesehen hatte, ein riesiger Seeadler, der, wie es mir vorkam, langsam dem Hochholz zustrebte, um im Nebelgrau zu einem undeutlichen Schatten zu verschwimmen und sich schließlich in ihm aufzulösen.

Noch lange, während der blonde französische Bauernjunge schon abgestigen war, um die im alten Bestand verstreuten Jungtannen zu mustern, starrte ich dem verschwundenen gewaltigen Vogel nach. Mit halbem Ohr horchte ich dabei auf ein dumpfes, drohendes Grollen, das durch den schwachen Ostwind von weither getragen wurde; Geschützdonner von der zusammenbrechenden Front.

Kanonendonner . . . Der sagenumwobene Wappenvogel . . . Die Alten glaubten an den das Schicksal kündenden Vogelflug . . . War es der schwarze preußische Adler gewesen, der sich mir gezeigt hatte, oder der weiße polnische?

Tiefe Verzagtheit wollte sich meiner bemächtigen.

Da rief François mit lauter, fröhlicher Stimme: „Hé Monsieur Liepmann! Un arbre! un merveilleux arbre! Allez regarder ce merveilleux arbre de Noël!"

Wie aus einem bösen Traum erwachend fuhr ich auf: „Ja, mein Freund! ich komme! Ich komme, um den wundervollen Weihnachtsbaum anzusehen!"

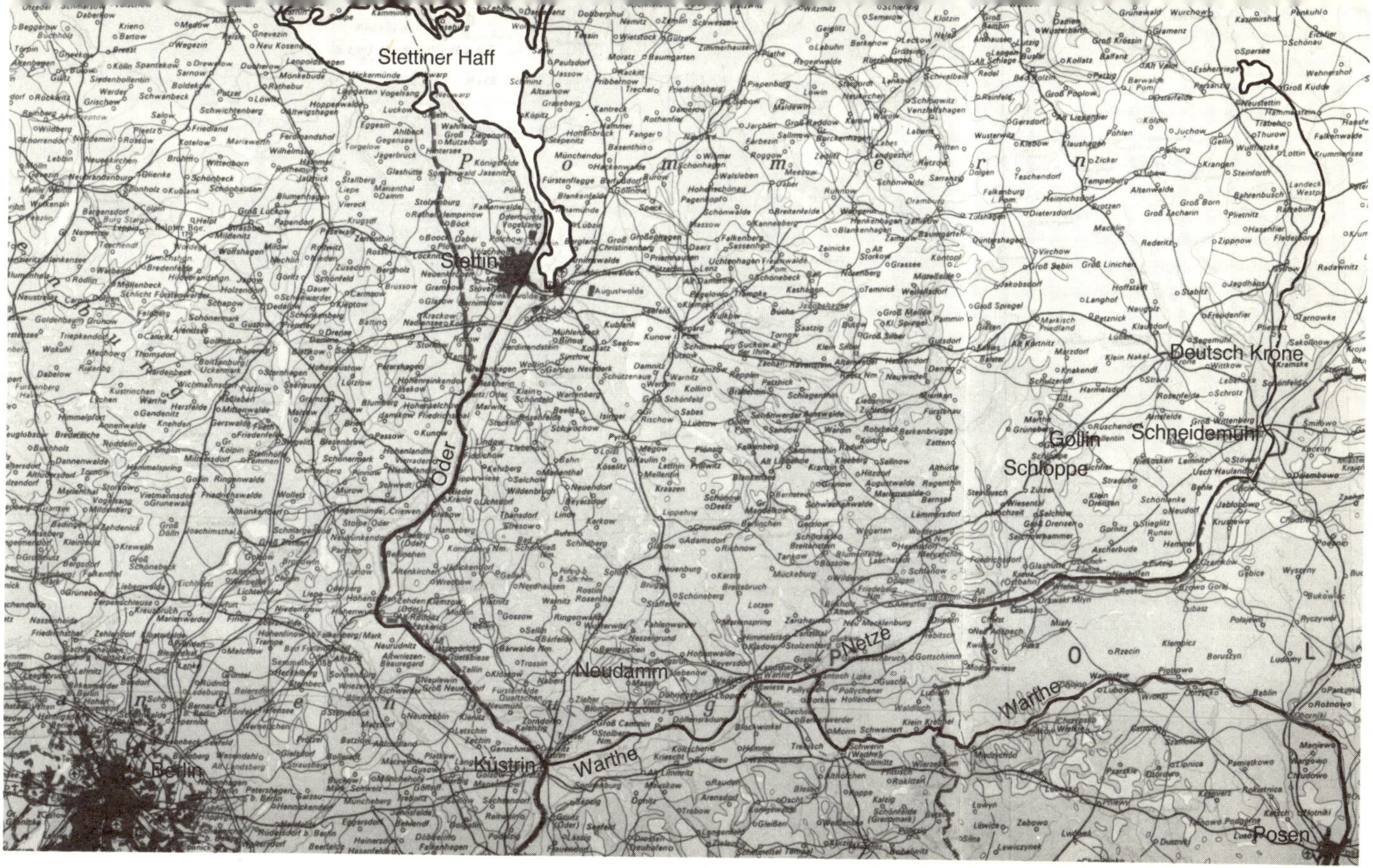
Stettiner Haff
Stettin
Oder
Küstrin
Warthe
Neudamm
Netze
Berlin
Deutsch Krone
Schneidemühl
Gollin
Schloppe
Posen

HANS LIEPMANN

Jäger sind auch nur Menschen

340 Seiten, 15 Abbildungen auf 8 Kunstdrucktafeln,
43 Textillustrationen von Hannes Liederley,
Geschenkband-Ausstattung, 2. Auflage.

Dieses Buch ist eines der aufschlußreichsten Zeitdokumente jagdlichen Inhalts aus den „Goldenen Zwanzigern".

Jäger sind auch nur Menschen hat Hans Liepmann dieses Buch betitelt, denn es ist der Mensch, der die Büchse führt. Es ist der Mensch, der schicksalhaft eingreift in das Walten der Natur, und es sind Begierde und Beherrschung, Sehnsucht und Überdruß, Haß und Liebe, die sein Handeln lenken.

Es hat einen eigenen unwiderstehlichen Reiz, den Autor bei seinem Jagen zu begleiten und dabei, wie dieser Jäger seine Mitmenschen ernsthaft beobachtet, ironisch belächelt und eigenwillig einschätzt.

Das ist mehr, als wären nur einige hundert Seiten mit der Aufzählung mehr oder weniger spannender Begebenheiten bei der Erlegung allerlei Wildes gefüllt.

VERLAG J. NEUMANN-NEUDAMM
3508 MELSUNGEN

HANS LIEPMANN

Jäger sind zähe Menschen

408 Seiten mit 45 Textillustrationen von Hannes Liederley, Geschenkband-Ausstattung, 2. Auflage.

Wer schon andere Bücher von Hans Liepmann – sicherlich mit großem Vergnügen – gelesen hat, weiß, daß der Autor sich stets bemüht in jeder Widerwärtigkeit des Lebens noch nach einem Zipfelchen Humor, und sei es Galgenhumor, zu suchen. Das wird ans Tagelicht gezogen.

Diese Absicht wird in dem vorliegenden Werk besonders deutlich, weil Erlebnisse aus einer Zeit geschildert werden, an die weder der Autor noch der Leser unbeschwert zurückdenken kann.

Verständnisvolle Revierherren ermöglichten dem Verfasser, wieder mit dem Jagen zu beginnen. Das neue Waidwerk war so erfolgreich und oft so vergnüglich, daß die schwere Vergangenheit jede Bitternis verlor.

VERLAG J. NEUMANN-NEUDAMM
3508 MELSUNGEN

Bücher der NEUMANN-JAGDPRAXIS

Dr. K. Lemke

Hüttenjagd

12 x 19 cm, 104 Seiten mit 32 Abb., folienkaschierter Pappband.

Eine Anleitung und Anregung für den Jäger, die interessante Hüttenjagd wieder neu zu entdecken, zumal aus zahlreichen Nachzuchten heute wieder genügend Großeulen zur Verfügung stehen, die nicht ausgebürgert werden können.

Dr. K. Lemke

Lockjagd

12 x 19 cm, 94 Seiten mit 39 Abb., folienkaschierter Pappband.

Für alle Jäger eine Hilfe beim Erlernen und sicheren Beherrschen der Lockjagd, die das Ansprechen des Wildes und damit den Wahlabschuß erleichtert.

H. G. Schumann / M. Fischer

Fährten, Spuren, Geläufe

12 x 19 cm, 94 Seiten mit über 200 Zeich., folienkaschierter Pappband.

Hier werden die Fährten, Spuren und Geläufe der wichtigsten vorkommenden jagdbaren und geschützten Wildarten als Zeichnung sowie mit kurzer Beschreibung der Hauptmerkmale dargestellt.

Dr. K. Lemke / D. Epple

Äsungsverbesserung für Schalenwild

12 x 19 cm, 128 Seiten mit 44 Abb., folienkaschierter Pappband.

Jägern und Forstbediensteten wird hier eine praxiserprobte Anleitung für die Schaffung und Pflege von Wildäsungsflächen gegeben, die sich aber ebenso an Vertreter des Naturschutzes und der Landschaftspflege sowie an Naturfreunde wendet.

Klaus Rolfs

Abrichten des Jagdhundes

12 x 19 cm, 176 Seiten mit 60 Textill., folienkaschierter Pappband.

Der Junghund des Jägers soll ein unentbehrlicher und zuverlässiger Helfer für die Jagd werden. Dieses Buch vermittelt das für das praktische Abrichten notwendige Wissen und gibt entsprechende Anleitungsbeispiele.

VERLAG J. NEUMANN-NEUDAMM
3508 MELSUNGEN